Multisim14
电子电路设计与仿真实战

周润景　李波　王伟　编著

化学工业出版社

·北京·

内容简介

本书全面系统地介绍了用 Multisim 14 进行电路设计与仿真的方法。本书分为十章，主要包括 Multisim 使用入门、电子电路设计基础、电子电路元件库与仿真仪器、电子电路仿真分析方法、音频功率放大器设计、直流稳压源设计、组合逻辑电路设计、时序逻辑电路设计、LabVIEW 虚拟仪器以及综合设计实例——小型称重系统设计。

本书图文并茂，结合大量实例循序渐进地进行讲解，同时配合每章的习题，帮助读者拓展思维，举一反三。

本书可供广大的电子设计人员参考，也可作为高等院校电子、自动化类专业的教材。

图书在版编目（CIP）数据

Multisim 14 电子电路设计与仿真实战 / 周润景，李波，王伟编著. — 北京 ： 化学工业出版社，2022.9
ISBN 978-7-122-41329-1

Ⅰ.①M… Ⅱ.①周… ②李… ③王… Ⅲ.①电子电路–电路设计–计算机辅助设计–教材②电子电路–计算机仿真–应用软件–教材 Ⅳ.①TN702

中国版本图书馆 CIP 数据核字（2022）第 076314 号

责任编辑：万忻欣
文字编辑：吴开亮
责任校对：杜杏然
装帧设计：李子姮

出版发行：化学工业出版社
　　　　　（北京市东城区青年湖南街 13 号　邮政编码 100011）
印　　装：大厂聚鑫印刷有限责任公司
787mm×1092mm　1/16　印张 23　字数 599 千字
2023 年 2 月北京第 1 版第 1 次印刷

购书咨询：010-64518888
售后服务：010-64518899
网　　址：http://www.cip.com.cn
凡购买本书，如有缺损质量问题，本社销售中心负责调换。

定　　价：88.00 元

前言

Multisim 是一款主要用于开发和仿真的软件，是 NI 公司出品的系列辅助开发软件之一，以其界面形象直观、操作方便、分析功能强大、易学易用等突出优点，深受广大电子设计工作者的喜爱，特别是在许多院校，已将 Multisim 软件作为电子类课程和实验的重要辅助工具。Multisim 14 是 Multisim 软件的最新版本，不仅具有强大的交互式 SPICE 仿真和电路分析功能，而且集成了 LabVIEW（实验室虚拟仪器工作平台）虚拟仪器，可在电路设计分析中调用自定义的 LabVIEW 虚拟仪器以完成数据的获取和分析。将该功能应用于工程设计，可提高设计效率，减少设计系统开发时间。

为了便于读者学习和掌握 Multisim 14 仿真软件，提高 Multisim 14 的操作水平，本书以零基础为起点，由浅入深、循序渐进，结合大量电子电路实例，引导读者逐步认识、熟悉、掌握和应用 Multisim。

本书介绍了用 Multisim 14 进行电路设计与仿真的方法，对音频功率放大器、正负电压跟随可调直流稳压源和多种组合与时序数字电路进行了详细分析。本书还介绍了如何利用 Multisim 和 LabVIEW 两个软件对系统进行联合仿真，并以"小型承重系统设计"为例，讲解了使用 Multisim 和 LabVIEW 交互设计项目的整体过程。本书实用性强，读者不仅能快速入门、夯实基础，也能扩展思路、提升技能。

本书部分电路图及逻辑符号为软件截图，为方便读者阅读，本书保留与软件一致的绘制标准，部分电路符号与国标有差别。

本书由周润景、李波、王伟编著。由于水平有限，书中难免有不足之处，敬请读者批评指正。

编著者

目录

第4章 电子电路仿真分析方法　　103

第1章
Multisim 使用入门

1.1　Multisim 软件简介

　　Multisim 的前身为 EWB（Electronics Workbench）软件。它以其界面形象直观、操作方便、分析功能强大、易学易用等突出优点，早在 20 世纪 90 年代就在我国作为电子类专业课程教学和实验的一种辅助手段得到迅速推广。21 世纪初，EWB 5.0 版本更新换代，推出 EWB 6.0，并更名为 Multisim 2001，2003 年升级为 Multisim 7，2005 年发布 Multisim 8.0，其功能已十分强大，能胜任电路分析、模拟电路、数字电路、高频电路、RF（射频）电路、电力电子及自控原理等各方面的虚拟仿真，并提供多达 18 种基本分析方法。

　　Multisim 和 Ultiboard 是美国国家仪器公司（National Instruments）下属的 ElectroNIcs Workbench Group 推出的交互式 SPICE 仿真和电路分析软件的最新版本，专用于原理图捕获、交互式仿真、印制电路板（PCB）设计和集成测试。这个平台将虚拟仪器技术的灵活性扩展到了电子设计者的工作台上，弥补了测试与设计功能之间的缺口。通过将 NI Multisim 电路仿真软件和 LabVIEW 测量软件相集成，需要设计制作自定义印制电路板（简称电路板）的工程师能够非常方便地比较仿真和真实数据，规避设计上的反复，减少原型错误并缩短产品上市时间。

　　使用 Multisim 可交互式地搭建电路原理图，并对电路行为进行仿真。Multisim 提炼了 SPICE 仿真的复杂内容，这样使用者无须懂得深入的 SPICE 技术就可以很快地进行捕获、仿真和分析新的设计，这也使其更适合电子学教育。通过 Multisim 和虚拟仪器技术，使用者可以完成从理论到原理图捕获与仿真再到原型设计和测试这样一个完整的综合设计流程。

　　Multisim 和 Ultiboard 推出了很多专业设计特性，主要是高级仿真工具、新增元器件和扩展的用户功能，主要的新增特性包括：

　　① 电路的仿真和分析流程已经改进，所有分析及其设置都放在一个对话框中，以便更直观地设置和仿真分析。单独分析对话框已不存在。

　　② 此版本的探针功能被重新设计，可以用一个清晰和方便的方式对电压、支路电流和功率等进行测量。同时可以对选择的输出变量进行自动分析，如瞬态分析和交流分析，运行分析后，变量的值会显示到记录仪中。

　　③ 元件可以在搜索结果中预览，在搜索结果对话框中加入了元器件符号和封装预览窗口。

　　④ 在两个仿真之间可以自动保存的记录仪设置有：图表标题、图表背景颜色、网格线、数轴标题、迹线颜色、跟踪启用/禁用状态、轨迹线视觉风格、手动改变的缩放比例、光标状态/位置、加到图表中的顶部和右坐标轴。但这不适用于参数分析、温度分析、蒙特卡罗分析和最坏情况分析。

　　⑤ 用户可以添加自定义的封装到主数据库的 RLC 元器件中。在 RLC 元器件表中有新的管理封装按钮可以打开新的管理 RLC 封装对话框。使用这个对话框可以从主数据库、用户数

据库或者共同数据库增加任何封装到默认封装菜单以供选择。

⑥ 当放置图表或从剪贴板粘贴时，支持的图片格式有：.bmp、.jpg、.jpeg、.jpe、.jfif、.gif、.tif、.tiff、.png、.ico 和.cur。

⑦ PLD（可编程逻辑电路）仿真支持 Xilinx ISE 10.1SP3 或者更高版本，12 系列和更高版本，13 系列和14.1～14.7 版本，NI LabVIEW FPGA Xilinx ISE 14.7 工具。

1.2　Multisim 的安装

下面来逐步介绍 Multisim 的安装过程，安装前应关闭 Windows 其他应用程序，禁止病毒扫描功能，这样可以提高安装速度。Multisim 的安装步骤如下：

① 将安装光盘放入光驱，将自动运行安装程序，出现如图 1-1 所示的安装界面。如果没有自动运行安装程序，可手动打开光盘，运行其中的 SETUP.EXE 文件。安装程序首先初始化，如要取消安装，则单击"Cancel"按钮。

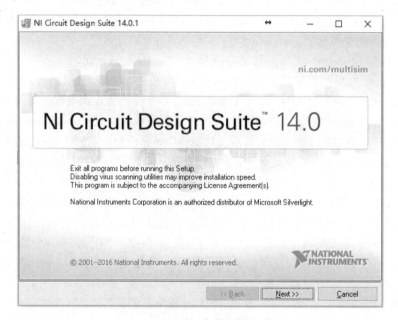

图 1-1　安装界面

② 初始化后单击"Next"按钮可执行下一步安装。

③ 弹出"用户信息"对话框，要求输入用户全名及公司或组织名称。如已有软件产品序列号，则输入相应序列号；如没有序列号，则选择后面的备选项，安装评估版产品。单击"Cancel"按钮取消安装，单击"Next"按钮继续执行下一步安装，单击"Back"按钮回到上一步。

④ 输入的序列号校验通过后，将弹出"安装地址"对话框，用户可选择默认的安装路径，或者单击"Browse"按钮选择新的安装地址。

⑤ 选择要安装的功能模块，如图 1-2 所示，这部分有一个备选模块，是主要程序部分，即 NI Circuit Design Suite 14.0.1。对话框下面的按钮的作用如下："Restore Feature Defaults"按钮可恢复默认设置，"Disk Cost"按钮可对相应磁盘的剩余空间及所需的安装空间进行分析，

其他按钮的功能和上面相同。

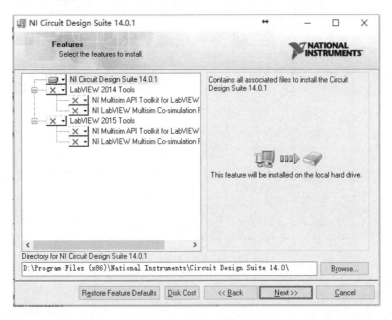

图 1-2 安装特性选择

⑥ 弹出"NI 软件许可协议"对话框，选择"接受协议"，才可选择下一步。

⑦ 仍然是两个协议，选择"接受协议"，进入下一步。

⑧ 对安装信息进行确认，空白框内为已安装模块，可单击"Adding or Changing"重新选择安装模块。如确认无误，单击进行软件安装。

⑨ 软件安装完毕后，选中备选项后可对支持和升级单元进行配置。如不准备配置支持和升级单元，可结束安装。

⑩ 软件安装及配置结束后，软件提示重启计算机。计算机重启后，软件就可以使用了。此时已安装的软件除了 Multisim 14 以外，还包括 Ultiboard 14。

1.3　Multisim 的基本界面

打开 Multisim 后，其基本界面如图 1-3 所示。Multisim 的基本界面主要包括菜单栏、标准工具栏、视图工具栏、主工具栏、仿真开关、元件工具栏、仪器工具栏、设计工具箱、电路工作区、电子表格视窗、状态栏等，下面将对它们进行详细说明。

1.3.1　菜单栏

和所有应用软件相同，菜单栏中分类集中了软件的所有功能命令。Multisim 的菜单栏包含 12 个菜单项，它们分别为文件（File）菜单、编辑（Edit）菜单、视图（View）菜单、放置（Place）菜单、MCU（微控制器）菜单、仿真（Simulate）菜单、文件输出（Transfer）菜单、工具（Tools）菜单、报告（Reports）菜单、选项（Options）菜单、窗口（Window）菜单和帮助（Help）菜单。以上每个菜单下都有一系列功能命令，用户可以根据需要在相应的菜单下寻找功能命令。

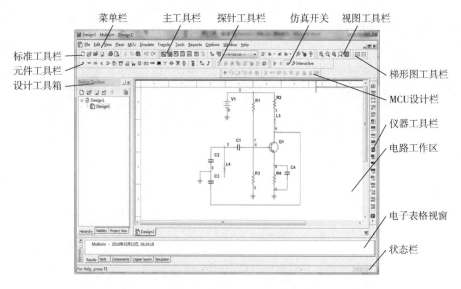

图 1-3　Multisim 的基本界面

下面对各菜单项作详细的介绍。

（1）文件（File）菜单

该菜单主要用于管理所创建的电路文件，如对电路文件进行打开、保存和打印等操作，如图 1-4 所示，其中大多数命令和一般 Windows 应用软件基本相同，这里不再赘述。下面主要介绍一下 Multisim 特有的命令菜单。

① "Open samples"：可打开软件安装路径下的自带实例。

② "Snippets"：对工程中的某部分电路进行的操作，该选项包括 4 个子选项，"Save selection as snippet" "Save active design as snippet" "Paste snippet" 和 "Open snippet file" 分别为将所选内容保存为片段、将有效设计保存为片段、粘贴片段和打开片段文件，可以实现对部分电路的灵活操作。

③ "Projects and packing"：对工程项目进行的操作，该选项包括 8 个子选项，"New project" "Open project" "Save project" "Close project" 命令分别为对工程文件进行创建、打开、保存、关闭操作；"Pack project" "Unpack project" 和 "Upgrade project" 命令分别为对工程文件进行打包、解包和升级；"Version control" 用于控制工程的版本，用户可以用系统默认产生的文件名或自定义文件名作为备份文件的名称对当前工程进行备份，也可以恢复以前版本的工程。一个完整的工程包括原理图、PCB 文件、仿真文件、工程文件和报告文件几部分。

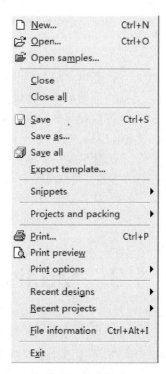

图 1-4　文件菜单

④ "Print options"：包括两个子选项，"Print sheet setup" 为打印电路设置选项，"Print instruments" 为打印当前工作区内仪表波形图选项。

（2）编辑（Edit）菜单

编辑菜单下的命令如图 1-5 所示，主要用于绘制电路图的过程中，对电路和元件进行各种编辑，其中一些常用操作如复制、粘贴等和一般 Windows 应用程序基本相同，这里不再赘述。下面来介绍一些 Multisim 特有的命令。

① "Paste special"：对子电路进行操作。该选项包括 2 个子选项："Paste as subcircuit" 用于将剪贴板中的已选内容粘贴成子电路形式；"Paste without renaming on-page connectors" 用于对子电路进行层次化编辑，完成对子电路的嵌套。

② "Delete multi-page"：从多页电路文件中删除指定页，该操作无法撤销。

③ "Find"：搜索当前工作区内的元件，选择该项后可弹出如图 1-6 所示的对话框，其中包括要寻找元件的名称、类型以及寻找的范围等。

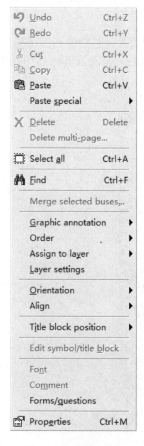

图 1-5　编辑菜单

图 1-6　寻找元件对话框

④ "Merge selected buses"：对工程中选定的总线进行合并。

⑤ "Graphic annotation"：图形注释选项，包括填充颜色、样式，画笔颜色、样式和箭头类型。

⑥ "Order"：安排已选图形的放置层次。

⑦ "Assign to layer"：将已选的项目［如 ERC（电气规则检查）错误标志、静态探针、注释和文本/图形］安排到注释层。

⑧ "Layer settings"：设置可显示的对话框。

⑨ "Orientation"：设置元件的旋转角度。

⑩ "Align"：设置元件的对齐方式。

⑪ "Title block position"：设置已有标题框的位置。

⑫ "Edit symbol/title block"：对已选元件的图形符号或工作区内的标题框进行编辑。在工作区内选择一个元件，选择该项命令编辑元件符号，则弹出图 1-7 所示的元件编辑窗口，在这

个窗口中可对元件各引脚端的线型、线长等参数进行编辑，还可自行添加文字和线条等；选择工作区内的标题框，选择该项命令，则弹出图 1-8 所示的标题框编辑窗口，可对选中的文字、边框或位图等进行编辑。

⑬ "Font"：对已选项目的字体进行编辑。

⑭ "Comment"：对已有注释项进行编辑。

⑮ "Forms/questions"：对有关电路的问题或选项进行编辑；当一个设计任务由多人完成时，常需要通过邮件的形式对电路图、记录表及相关问题进行汇总和讨论，Multisim 可方便地实现这一功能。

⑯ "Properties"：当不选中任何元件时选择此项，可对电路图属性，包括电路图可见性、颜色、工作区、布线、字体等信息进行编辑；当选中一个元件时选择此项，可对其参数值、标识符等信息进行编辑。

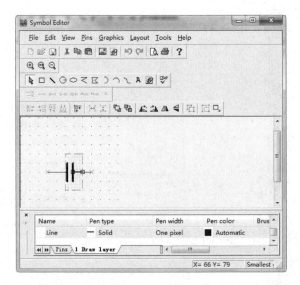

图 1-7　元件编辑窗口

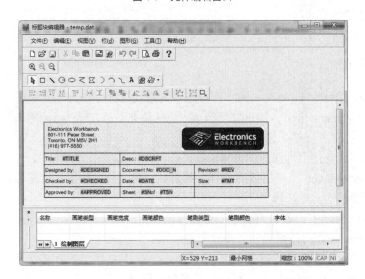

图 1-8　标题框编辑窗口

（3）视图（View）菜单

用于设置仿真界面的显示及电路图的缩放显示等，其菜单如图 1-9 所示。视图菜单的主要命令及功能如下。

① "Full screen"：将电路图全屏显示。

② "Parent sheet"：总电路显示切换，当用户正编辑子电路或分层模块时，选择该命令可快速切换到总电路，当用户同时打开许多子电路时，该功能将方便用户的操作。

③ "Zoom in"：原理图放大。

④ "Zoom out"：原理图缩小。

⑤ "Zoom area"：对所选区域的元件进行放大。

⑥ "Zoom sheet"：显示整个原理图页面。

⑦ "Zoom to magnification"：用户可根据图 1-10 所示对话框设置放大电路。

⑧ "Zoom selection"：对所选的电路进行放大。

⑨ "Grid"：是否显示栅格。

⑩ "Border"：是否显示边界。

⑪ "Print page bounds"：是否打印纸张边界。

⑫ "Ruler bars"：显示或隐藏工作空间上边和左边的尺度条。

图 1-9　视图菜单

图 1-11　工具栏选项

图 1-10　"放大比例设置"对话框

⑬ "Status bar"：显示或隐藏工作空间下方的状态栏。

⑭ "Design Toolbox"：显示或隐藏设计工具箱。

⑮ "Spreadsheet View"：显示或隐藏电子表格视窗。

⑯ "SPICE Netlist Viewer"：显示或隐藏 SPICE 网表查看器。

⑰ "LabVIEW Co-simulation Terminals"：LabVIEW 协同仿真终端。

⑱ "Circuit Parameters"：显示或隐藏电路参数表。

⑲ "Description Box"：显示或隐藏电路描述框。

⑳ "Toolbars"：在图 1-11 所示的菜单下选择工具栏。

㉑ "Show comment/probe": 显示或隐藏已选注释或静态探针的信息窗口。

㉒ "Grapher": 显示或隐藏仿真结果的图表。

（4）放置（Place）菜单

放置菜单提供在电路窗口内放置元件、连接点、总线和子电路等命令，其下拉菜单如图 1-12 所示。该菜单的主要命令及功能如下。

① "Component"：选择一个元件。

② "Probe"：放置一个探针。

③ "Junction"：放置一个节点。

④ "Wire"：放置一根导线（可以不和任何元件相连）。

⑤ "Bus"：放置一根总线。

⑥ "Connectors"：放置连接器，如图 1-13 所示，其下拉菜单包括：在页连接器（On-page connector）；全局连接器（Global connector）；层次电路或子电路连接器（Hierarchical connector）；输入连接器（Input connector）；输出连接器（Output connector）；总线层次电路连接器（Bus hierarchical connector）；平行页连接器（Off-page connector）；总线平行页连接器（Bus off-page connector）；LabVIEW 协同仿真终端（LabVIEW co-simulation terminals），其下拉菜单如图 1-14 所示，包括电压输入、输出终端以及电流输入终端。

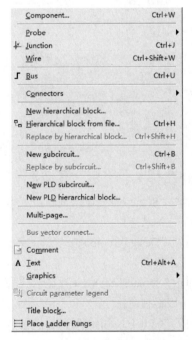

图 1-12　放置菜单

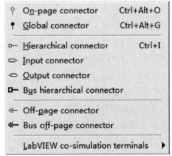

图 1-13　连接器子菜单

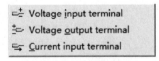

图 1-14　LabVIEW co-simulation terminals 下拉菜单

⑦ "New hierarchical block"：放置一个新的层次电路模块。

⑧ "Hierarchical block from file"：从已有电路文件中选择一个作为层次电路模块。

⑨ "Replace by hierarchical block"：将已选电路用一个层次电路模块代替。

⑩ "New subcircuit"：放置一个新的子电路。

⑪ "Replace by subcircuit"：将已选电路用一个子电路模块代替。

⑫ "New PLD subcircuit"：放置一个新的 PLD 子电路。

⑬ "New PLD hierarchical block"：放置一个新的 PLD 子电路模块。

⑭ "Multi-page"：新建一个平行设计页。

⑮ "Bus vector connect"：放置总线矢量连接器，这是从多引脚器件上引出很多连接端的首选方法。

⑯ "Comment"：在工作空间中放置注释。

⑰ "Text"：在工作空间中放置文字。

⑱ "Graphics"：放置图形。

⑲ "Circuit parameter legend"：总线向量连接。

⑳ "Title block"：放置标题栏，可从 Multisim 自带的模板中选择一种进行修改。

㉑ "Place Ladder Rungs"：放置梯级。

（5）MCU 菜单

MCU 模块用于含微处理器的电路设计，MCU 菜单提供微处理器编译和调试等功能。图 1-15 为工作空间内没有微处理器时的 MCU 菜单，图 1-16 为工作空间内含有 8051 微处理器时的 MCU 菜单，其主要功能和一般编译调试软件类似，这里不做详细介绍。

（6）仿真（Simulate）菜单

仿真菜单主要提供电路仿真的设置与操作命令，其下拉菜单如图 1-17 所示，其中的主要命令及功能如下。

图 1-15 无微处理器时的 MCU
菜单图

图 1-16 含有 8051 微处理器时
的 MCU 菜单图

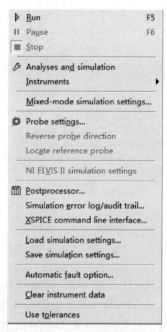

图 1-17 仿真菜单

① "Run"：运行仿真开关。

② "Pause"：暂停仿真。

③ "Stop"：停止仿真。

④ "Analyses and simulation"：选择仿真分析方法。

⑤ "Instruments"：选择仿真用各种仪表。

⑥ "Mixed-mode simulation settings"：混合模式仿真设置，如图 1-18 所示，用户可以选择进行理想仿真或实际仿真，理想仿真速度较快，而实际仿真结果更准确。

⑦ "Probe settings"：设置探针属性。

⑧ "Reverse probe direction"：选择探针，执行该命令可改变探针的方向。

⑨ "Locate reference probe"：把选定的探针锁定在固定位置。

⑩ "NI ELVIS Ⅱ simulation settings"：NI ELVIS Ⅱ仿真设置。

⑪ "Postprocessor"：打开后处理器对话框。

⑫ "Simulation error log/audit trail"：显示仿真的错误记录/检查仿真轨迹。

⑬ "XSPICE command line interface"：打开可执行 XSPICE 命令的窗口。

⑭ "Load simulation settings"：加载曾经保存的仿真设置。

⑮ "Save simulation settings"：保存仿真设置。

⑯ "Automatic fault option"：电路故障自动设置选项，如图 1-19 所示，用户可以设置添加到电路中的故障的类型和数目。

⑰ "Clear instrument data"：清除仿真仪器（如示波器）中的波形，但不清除仿真图形中的波形。

⑱ "Use tolerances"：设置在仿真时是否考虑元件容差。

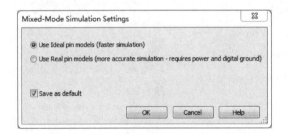

图 1-18 混合模式仿真设置　　　　图 1-19 电路故障自动设置选项

（7）文件输出（Transfer）菜单

文件输出菜单提供将仿真结果输出给其他软件处理的命令，其下拉菜单如图 1-20 所示，其中的主要命令及功能如下。

① "Transfer to Ultiboard"：将原理图传送给 Ultiboard。

② "Forward annotate to Ultiboard"：将原理图传送给 Ultiboard 14。

③ "Backward annotate from file"：将 Ultiboard 电路的改变反标到 Multisim 电路文件中，使用该命令时，电路文件必须打开。

④ "Export to other PCB layout file"：如果用户使用的是 Ultiboard 以外的其他 PCB 设计软件，可以将所需格式的文件传到该第三方 PCB 设计软件中。

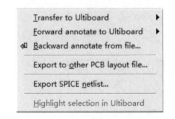

图 1-20 文件输出菜单

⑤ "Export SPICE netlist"：输出网格表。

⑥ "Highlight selection in Ultiboard"：当 Ultiboard 运行时，如果在 Multisim 中选择某元件，则在 Ultiboard 的对应部分将高亮显示。

（8）工具（Tools）菜单

提供一些管理元器件及电路的一些常用工具，其下拉菜单如图 1-21 所示，其中的主要命令及功能如下。

① "Component wizard"：打开创建新元件向导。

② "Database"：数据库菜单，下面又包括一个子菜单，如图 1-22 所示，其中 Database manager 为数据库管理，用户可进行增加元件族、编辑元件等操作，Save component to database 将对已选元件的改变保存到数据库中，Merge database 可进行合并数据库的操作，Convert database 将公共或用户数据库中的元件转成 Multisim 格式。

③ "Circuit wizards"：电路设计向导，该部分的功能将在第 2 章详细介绍。

④ "SPICE netlist viewer"：查看网络表。

⑤ "Advanced RefDes configuration"：元器件重命名/重新编号，可以实现对元器件名/编号的统一修改。

⑥ "Replace components"：对已选元件进行替换。

⑦ "Update components"：若工作空间中打开的电路是由旧版本 Multisim 创建的，用户可以将电路中元件升级，以匹配当前数据库。

⑧ "Update subsheet symbols"：更新 HB/SB 符号。

⑨ "Electrical rules check"：运行电气规则检查，可检查电气连接错误。

⑩ "Clear ERC markers"：清除 ERC 错误标记。

⑪ "Toggle NC（no connection）marker"：在已选的引脚放置一个无连接标号，防止将导线错误连接到该引脚。

⑫ "Symbol Editor"：打开符号编辑器。

⑬ "Title Block Editor"：打开标题栏编辑器。

⑭ "Description Box Editor"：打开描述框编辑器。

⑮ "Capture screen area"：对屏幕上的特定区域进行图形捕捉，可将捕捉到的图形保存到剪切板中。

⑯ "View Breadboard"：用 3D 图像查看试验电路板。

⑰ "Online design resources"：在线设计资源。

（9）报告（Reports）菜单

报告菜单用于输出电路的各种统计报告，其下拉菜单如图 1-23 所示，其中主要的命令及功能如下。

① "Bill of Materials"：材料清单。

② "Component detail report"：元件细节报告。

③ "Netlist report"：网络表报告，提供每个元件的电路连通性信息。

④ "Cross reference report"：元件的交叉相关报告。

图 1-21　工具菜单

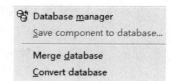

图 1-22　数据库子菜单

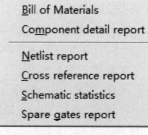

图 1-23　报告菜单

⑤ "Schematic statistics"：原理图统计报告。

⑥ "Spare gates report"：空闲门报告。

（10）选项（Options）菜单

选项菜单用于对电路的界面及电路的某些功能的设定，其下拉菜单如图1-24所示，其中主要的命令及功能如下。

① "Global options"：打开"整体电路参数设置"对话框。

② "Sheet properties"：打开"页面属性设置"对话框。

③ "Global restrictions"：打开"全局限制属性设置"对话框。

④ "Circuit restrictions"：打开"电路限制属性设置"对话框。

⑤ "Simplified version"：打开"简化电路"对话框。

⑥ "Lock toolbars"：锁定工具条。

⑦ "Customize interface"：自定义用户界面。

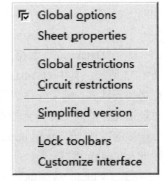

图1-24　选项菜单

（11）窗口（Window）菜单

窗口菜单为对文件窗口的一些操作，其下拉菜单如图1-25所示，其中的主要命令及功能如下。

① "New window"：打开一个和当前窗口相同的窗口。

② "Close"：关闭当前窗口。

③ "Close all"：关闭所有打开的文件。

④ "Cascade"：层叠显示电路。

⑤ "Tile horizontally"：调整所有打开的电路窗口使它们在屏幕上水平排列，方便用户浏览所有打开的电路文件。

⑥ "Tile vertically"：调整所有打开的电路窗口使它们在屏幕上垂直排列，方便用户浏览所有打开的电路文件。

⑦ "Next window"：转到下一个窗口。

⑧ "Previous window"：转到前一个窗口。

⑨ "Windows"：打开窗口对话框，用户可以选择对已打开文件激活或关闭。

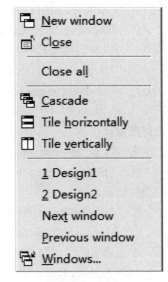

图1-25　窗口菜单

（12）帮助（Help）菜单

帮助菜单主要为用户提供在线技术帮助和使用指导，其下拉菜单如图1-26所示，其中的主要命令及功能如下。

① "Multisim help"：显示关于Multisim的帮助目录。

② "NI ELVISmx help"：显示关于NI ELVISmx的帮助目录。

③ "New Features and Improvements"：显示关于Multisim新特点和提高的帮助目录。

④ "Getting Started"：打开Multisim入门指南。

⑤ "Patents"：打开"专利"对话框。

⑥ "Find examples"：查找实例。

⑦ "About Multisim"：显示有关Multisim的信息。

图1-26　帮助菜单

1.3.2 标准工具栏

标准工具栏如图 1-27 所示,主要提供一些常用的文件操作功能,按钮从左到右的功能分别为:新建文件、打开文件、打开设计实例、文件保存、打印电路、打印预览、剪切、复制、粘贴、撤销和恢复。

图 1-27　标准工具栏

1.3.3 视图工具栏

视图工具栏如图 1-28 所示,其中按钮从左到右的功能分别为:放大、缩小、对指定区域进行放大、在工作空间一次显示整个电路和全屏显示。

图 1-28　视图工具栏

1.3.4 主工具栏

主工具栏如图 1-29 所示,它集中了 Multisim 的核心操作,从而可使电路设计更加方便。该工具栏中的按钮从左到右分别为:
① 显示或隐藏设计工具栏;
② 显示或隐藏电子表格视窗;
③ 显示或隐藏 SPICE 网表查看器;
④ 打开试验电路板查看器;
⑤ 图形和仿真列表;
⑥ 对仿真结果进行后处理;
⑦ 打开母电路图;
⑧ 打开新建元器件向导;
⑨ 打开数据库管理窗口;
⑩ 正在使用元器件列表;
⑪ ERC（电气规则检查);
⑫ 将 Multisim 原理图文件的变化标注到存在的 Ultiboard 14 文件中;
⑬ 将 Ultiboard 电路的改变反标到 Multisim 电路文件中;
⑭ 将 Multisim 电路的注释标到 Ultiboard 电路文件中;
⑮ 查找范例;
⑯ 打开 Education 网站;
⑰ 打开 Multisim 帮助文件。

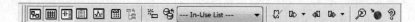

图 1-29　主工具栏

1.3.5　仿真开关

用于控制仿真过程的开关有三个，如图 1-30 所示。从左往右依次为仿真启动、暂停、停止开关和交互式仿真分析选择。

图 1-30　仿真开关

1.3.6　元件工具栏

Multisim 的元件工具栏包括 20 种元件分类库，如图 1-31 所示，每个元件分类库放置同一类型的元件，此外元件工具栏还包括放置层次电路和总线的命令。元件工具栏从左到右的模块分别为：信号源库、基本元件库、二极管元件库、晶体管元件库、模拟元件库、TTL 元件库、CMOS 元件库、其他数字元件库、混合元件库、显示元件库、功率元件库、其他元件库、高级外设元件库、RF（射频）元件库、机电类元件库、NI 元件库、连接器元件库、微控制器模块库、层次化模块库和总线模块库，其中层次化模块库是将已有的电路作为一个子模块加到当前电路中。各元件库（也称元件数据库）又有不同的分类，我们将在第 3 章详细介绍。

图 1-31　元件工具栏

1.3.7　仪器工具栏

仪器工具栏包含各种对电路工作状态进行测试的仪器仪表及探针，如图 1-32 所示。仪器工具栏从左到右分别为：数字万用表、函数信号发生器、功率计、双通道示波器、四通道示波器、波特图仪、频率计数器、字信号发生器、逻辑转换仪、逻辑分析仪、伏安特性分析仪、失真度分析仪、频谱分析仪、网络分析仪、安捷伦函数发生器、安捷伦万用表、安捷伦示波器、泰克示波器、LabVIEW 虚拟仪器和电流探针。各仪器仪表的功能将在第 3 章详细介绍。

图 1-32　仪器工具栏

1.3.8　设计工具箱

设计工具箱用来管理原理图的不同组成元素。设计工具箱由三个不同的标签页组成，它们分别为"层次化"（Hierarchy）页、"可视化"（Visibility）页和"工程视图"（Project View）页，如图 1-33（a）、（b）、（c）所示。下面介绍一下各标签页的功能：

①　"Hierarchy"页：该页包括了所设计的各层电路，页面上方的 5 个按钮从左到右分别为新建原理图、打开原理图、保存、关闭当前电路图和（对子电路、层次电路和多页电路）重命名。

②　"Visibility"页：由用户决定工作空间的当前页面显示哪些层。

③　"Project View"页：显示所建立的工程，包括原理图文件、PCB 文件、仿真文件等。

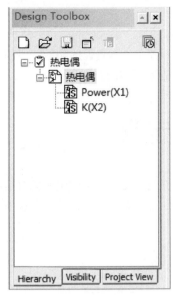
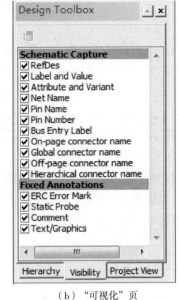
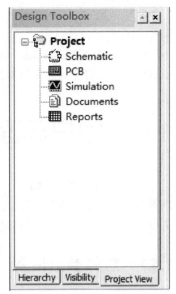

（a）"层次化"页 （b）"可视化"页 （c）"工程视图"页

图 1-33 设计工具箱

1.3.9 电路工作区

在电路工作区可进行电路图的编辑绘制、仿真分析及波形数据显示等操作，如果需要，还可在电路工作区内添加说明文字及标题框等。

1.3.10 电子表格视窗

在电子表格视窗中可方便查看和修改设计参数，如元件详细参数、设计约束和总体属性等。电子表格视窗包括 5 个页面，下面将简单介绍各页面的功能：

① "Results"页：该页面可显示电路中元件的查找结果和 ERC 校验结果，但要使 ERC 校验的结果显示在该页面，需要运行 ERC 校验时选择将结果显示在 Result Pane。

② "Nets"页：显示当前电路中所有网点的相关信息，部分参数可自定义修改；该页面上方有 9 个按钮，它们的功能分别为：找到并选择指定网点、将当前列表以文本格式保存到指定位置、将当前列表以 CSV（Comma Separate Values）格式保存到指定位置、将当前列表以 Excel 电子表格的形式保存到指定位置、按已选栏数据的升序排列数据、按已选栏数据的降序排列数据、打印已选表项中的数据、复制已选表项中的数据到剪切板和显示当前设计页面中的所有网点（包括所有子电路、层次电路模块及多页电路）。

③ "Components"页：显示当前电路中所有元件的相关信息，部分参数可自定义修改。

④ "Copper Layers"页：显示 PCB 层的相关信息。

⑤ "Simulation"页：显示运行仿真时相关信息。

1.3.11 状态栏

状态栏用于显示有关当前操作以及鼠标所指条目的相关信息。

1.3.12 其他

以上主要介绍了 Multisim 的基本界面组成，当用户常用视图菜单下的其他的功能窗口和工具栏时，也可将其放入基本界面中，各功能窗口和工具栏的说明不再重复。

1.4 用户界面与环境参数自定义

1.3 节简单介绍了 Multisim 的基本界面和主要功能，下面将介绍在设计电路前应如何对用户界面与环境参数进行自定义，以适合用户的需要和习惯。软件和界面的相关设置可在选项菜单下进行修改。下面对各类参数的设置进行分类介绍。

1.4.1 总体参数设置

总体参数设置（Global Options）完成对软件的相关设置，其对话框包括 7 个选项页，如图 1-34（a）~（g）所示，各页面的相关设置为：

① "Paths"页：该页的设置项主要包括电路的默认路径、模板默认路径、用户按钮图像路径、用户配置文件路径和数据库文件路径以及其他设置。这些设置用户一般不用修改，采用软件默认设置即可。

② "Message prompts"页：检查提示用户想要显示的情况，包括代码片段、注释和出口、布线和组件、输出模板、NI 例程查找器、项目封装、网络表查看器、分析和仿真、VHDL 输出、组设置。

③ "Save"页：该页用于定义文件保存的操作，主要设置项包括是否创建电路文件安全拷贝、是否自动备份及备份间隔、是否保存仪器的仿真数据及数据最大容量以及是否保存.txt文件作为无编码文件。如用户无特殊要求，该页的设置也可按默认设置。

④ "Components"页：该页分为三部分，它们分别是放置元件模式设置、符号标准设置、视图设置。在放置元件模式设置中，用户可以选择是否在放置元件完毕后返回元件浏览器，以及元件放置的方式，如一次放置一个元件、仅对复合封装元件连续放置或连续放置元件（按ESC 或单击右键结束）；符号标准设置可将元件的符号设为 ANSI 标准和 IEC 标准；视图设置为当文本移动时查看相关组件和当元件移动时显示原始位置。

⑤ "General"页：该页可设置框选行为、鼠标滑轮滚动行为、元件移动行为、走线行为和语言种类。框选行为可选择 "Intersecting"项（指当元件的某一部分包括在选择方框内时，即将元件选中）或 "Fully enclosed"项（指只有当元件的所有部分，包括元件的所有文本、标签等都在选择框内，才能选中该元件）；鼠标滑轮滚动时的操作可设为滚动工作空间或放大工作空间；在元件移动行为中还可设置移动元件文本（元件标号、标称值等）时是否显示和元件的连接虚线及移动元件时是否显示它和原位置的连接虚线；走线行为设置的内容为当引脚互相接触时是否自动连线，是否允许自动寻找连线路径，当移动元件时 Multisim 是否自动优化连线路径以及删除元件时是否删除相关的连线；语言选项中可选英文或德文。

⑥ "Simulation"页：网络表错误提示、图表设置、正相位移动方向设置。网络表错误提示可以设置当网络发生错误时是否提示或者继续运行；图表设置为图表和仪器设置背景颜色；正相位移动方向设置仅影响交流分析中的相位参数。

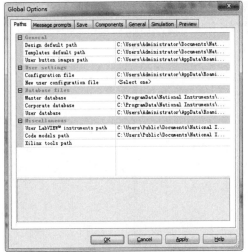

（a）"Paths" 页

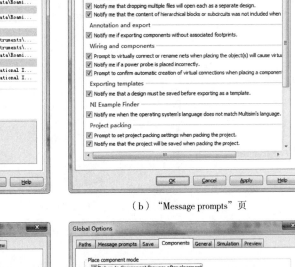

（b）"Message prompts" 页

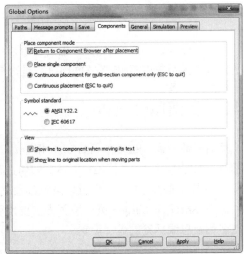

（c）"Save" 页

（d）"Components" 页

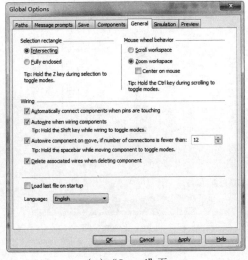

（e）"General" 页

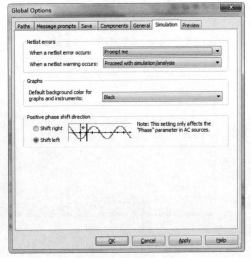

（f）"Simulation" 页

图 1-34

（g）"Preview"页

图 1-34　总体参数设置

⑦ "Preview"页：预览页，包括是否显示选项卡式窗口缩略图，是否显示设计工具箱缩略图，是否显示主电路/电路多页预览，是否显示分支电路/层次块预览。

1.4.2　页面属性设置

页面属性设置（Sheet Properties）用于对工作区内的当前页面进行设置，该窗口包括 7 个选项页，如图 1-35（a）~（g）所示，如勾选窗口最下方的"Save as default"选项，当前保存的设置将作为其他页的默认设置。各选项页的功能说明如下：

① "Sheet visibility"页：该页面主要用于电路参数显示。参数显示部分包括元件参数、网点名称及总线标签的显示设置。

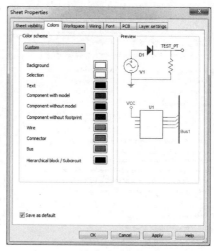

（a）"Sheet visibility"页　　　　　　　　　（b）"Colors"页

（c）"Workspace"页

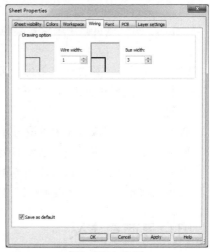

（d）"Wiring"页

（e）"Font"页

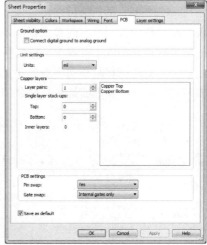

（f）"PCB"页

（g）"Layer settings"页

图 1-35　页面属性设置窗口

② "Colors"页：该页面用于背景颜色的设置。背景颜色有多种备选项，用户也可自己定义。

③ "Workspace"页：该页面主要用于工作区显示形式和页面大小的设置。可选择工作区内是否显示栅格、页边界和页边框；页面大小可选已有尺寸，也可自定义大小，且可定义纸张方向为横向或纵向。

④ "Wiring"页：在该页面中可设置导线和总线的宽度。

⑤ "Font"页：该页用于设置字体的类型和大小以及字体应用的对象。

⑥ "PCB"页：该页用于设置印制电路板的相关内容。

⑦ "Layer settings"页：该页可自定义注释层。

1.4.3 用户界面自定义

用户界面自定义窗口包含 5 个选项页，如图 1-36（a）～（e）所示，各页的主要功能为：

① "Commands"页：该页左边栏内为命令的分类菜单，右边栏内为各类菜单下的全部命令列表。左边栏中各菜单下的命令可能不全包含在软件菜单栏的各子菜单下，我们可以将要用到的命令拖拽到相应子菜单下，或直接拖拽到菜单栏的空白处，右键单击已移到菜单栏空白处的命令，可选择将其移动到新的子菜单下，对该子菜单重命名，即完成了新子菜单的建立。如不需要某个子菜单或其某一命令，右键单击可选择将其删除。

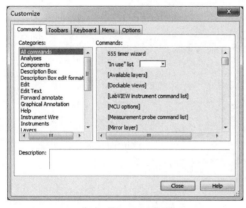

（a）"Commands"页

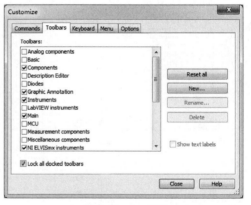

（b）"Toolbars"页

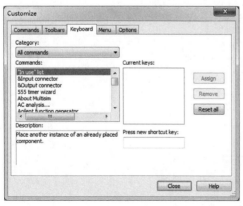

（c）"Keyboard"页

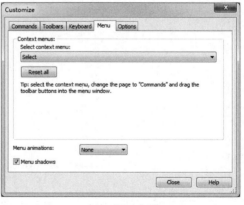

（d）"Menu"页

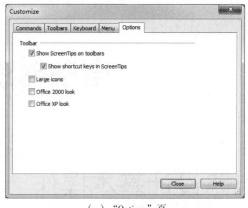

（e）"Options"页

图 1-36   用户界面自定义窗口

② "Toolbars"页：可将已选工具栏显示在当前界面中，用户也可新建工具栏。

③ "Keyboard"页：该页用于设置或修改各已选命令的快捷键。

④ "Menu"页：用于设置打开菜单时菜单的显示效果。

⑤ "Options"页：用于工具栏和菜单栏的自定义设置，如是否显示工具栏图标的屏幕提示（即快捷键）、是否选用大图标及工具栏和菜单栏的显示风格等。

注意：初学者可以先选用默认的参数设置，等对电路设计入门后再选择符合自身习惯的设置！

习题与思考题

1. 完成 Multisim 软件的安装，熟悉 Multisim 的主要界面。

2. 尝试设置原理图背景颜色、导线颜色、元件颜色及文本颜色。

第 2 章

电子电路设计基础

2.1　电子电路设计基本操作

下面以 BJT 共射放大电路为例来介绍电路原理图的建立和仿真的基本操作。所要建立的
电路如图 2-1 所示，电路中所用到的元件都为常用元件，如电源、电阻、电容和晶体管等。

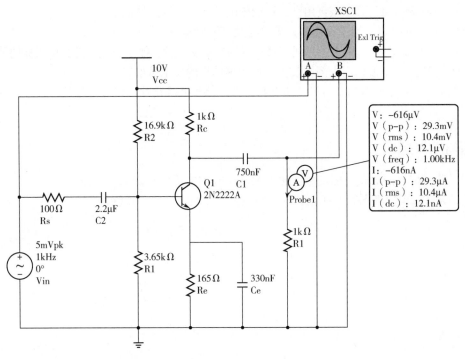

图 2-1　BJT 共射放大电路

2.1.1　建立新电路图

首先从系统开始菜单的所有程序中找到 National Instruments/Circuit Design Suite
14.0/Multisim，启动 Multisim 后程序将自动建立一个名为 "Design1" 的空白电路文件，用户
也可以选择菜单 "File" / "New" / "Blank" 来新建一个空白电路文件，或直接单击标准工具
栏中的 "New" 按钮新建文件。所新建的文件都按软件默认命名，用户可对其重新命名。

在建立电路原理图之前，需要对页面进行一些简单设置。首先打开 "Options" 菜单下的
"Global Options" 对话框，将元件的符号标准选为 ANSI，然后再打开 "Options" 菜单下的 "Sheet
Properties" 对话框进行简单的页面设置，主要的设置页如图 2-2（a）和（b）所示。

在"Sheet visibility"页中，我们主要设置整体电路图中元件参数的显示项目，勾选"Component"框内的相应参数项，在右边的图中将有显示浏览；为了方便电路的仿真分析，可选择显示所有的网点名称（Net Names）；设置完成后单击"OK"按钮保存设置。

在"Workspace"页中，我们主要设置页面的形式，为了抓图清晰，可以不选择栅点；页面的大小根据所设计电路的情况进行设置，由于本例中电路较简单，选择较小页面即可；设置完成后单击"OK"按钮保存设置。

（a）"Sheet visibility"页　　　　　　　（b）"Workspace"页

图 2-2　简单页面设置

2.1.2　元件操作与调整

（1）元件的操作

元件的操作包括以下几种：

① 选取元件：元件可在界面中的元件工具栏中选取，也可选择"Place"菜单下的"Component"命令打开"元件选择"对话框，如图 2-3 所示。所有元件分为几组（Group），各组下又分出几个系列（Family），各系列元件在"Component"栏下显示。当选中相应的元件，元件的符号将在右边的符号窗内显示；单击右边的"Detail report"按钮，将显示元件的详细信息；单击"View model"按钮，将显示元件的模型数据；单击"OK"按钮，将选择当前元件；若不清楚要选择的元件在哪个分类下，单击"Search"按钮，将弹出图 2-4 所示的"元件查找"对话框，当仅知道芯片的部分名称，可用"*"号代替未知的部分进行查找，如要查找晶体管 2N2222A，但用户仅知道元件后面的编号，此时用户可输入"*2222A"进行查找，图 2-5 所示为"元件查找结果"对话框，选择要找的元件，单击"OK"按钮选取元件。

② 移动元件：要把工作区内的某元件移到指定位置，只要按住鼠标左键拖动该元件即可；若要移动多个元件，则需将要移动的元件框选起来，然后用鼠标左键拖拽其中任意一个元件，则所有选中的元件将会一起移动到指定的位置。如果只想微微移某个元件的位置，则先选中该元件，然后使用键盘上的箭头键进行位置的调整。

③ 元件调整：为了使电路布局更合理，常需要对元件的放置方位进行调整。元件调整的方法为鼠标右键单击要调整的元件，将弹出一个菜单，其中包括元件调整的四种操作，如图2-6所示，它们分别为水平反转（Flip horizontally）、垂直反转（Flip vertically）、顺时针旋转90°（Rotate 90 clockwise）和逆时针旋转90°（Rotate 90 counter clockwise）。

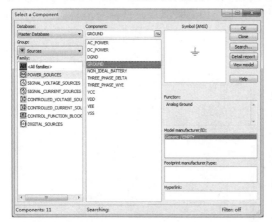

图 2-3 "元件选择"对话框

图 2-4 "元件查找"对话框

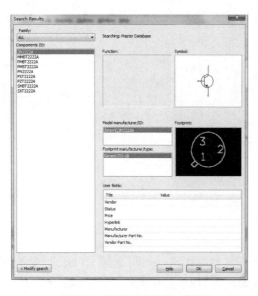

图 2-5 "元件查找结果"对话框

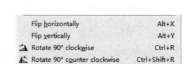

图 2-6 元件的调整

④ 元件的复制和粘贴：如用到的元件当前电路中已有，可直接复制已有元件然后粘贴。元件的复制/粘贴有三种方法：一种是选中要复制的元件后在菜单栏的"Edit"菜单下执行复制（Copy），然后同样在"Edit"菜单下选择"粘贴"（Paste）；一种是选中要复制的元件后在标准工具栏内单击"复制"按钮，然后单击"粘贴"按钮进行粘贴；还有一种是右键单击要复制的元件，然后在弹出的菜单下选择"复制"及"粘贴"命令。

⑤ 元件的删除：要删除选定元件，可在键盘上按 Delete 键，或在"Edit"菜单下执行"删除"命令，也可右键单击该元件，在弹出的菜单下选择"删除"命令。

（2）元件参数的设置

双击电路工作区内的元件，会弹出"属性"对话框，该对话框包括 5 个选项页，下面分别介绍各页的功能及设置：

① "Label"页：该页如图 2-7 所示，可用于修改元件的标识（Label）和编号（RefDes）。标识是用户赋予元件的容易识别的标记，编号一般由软件自动给出，用户也可根据需要自行修改。有些元件没有编号，如连接点、接地点等。

② "Display"页：该页如图 2-8 所示，用于设定已选元件的显示参数。

图 2-7 "Label"页

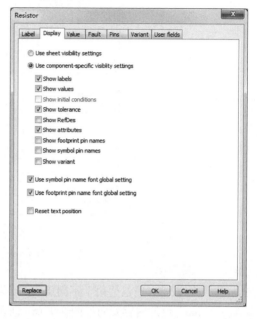
图 2-8 "Display"页

③ "Value"页：当元件有数值大小时，如电阻、电容等，可在该页中修改元件标称值、容差等数值，还可修改附加的 SPICE 仿真参数及编辑元件引脚，如图 2-9（a）所示；当元件有数值大小，且为电源类，如电压源，其"Value"页如图 2-9（b）所示，需设置的参数除了

（a）电阻参数设置

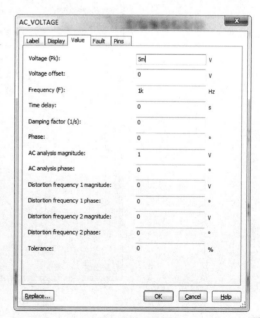
（b）交流源参数设置

图 2-9

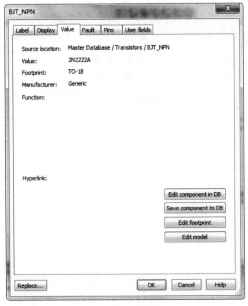

（c）三极管参数值设置

图 2-9　"Value"页

幅值、相位等数值，还包括用于不同仿真时的相关设置；当元件无数值大小，如三极管、放大器等，"Value"页的内容变为如图 2-9（c）所示，该页上面显示的是元件信息，右下方按钮的功能分别为在数据库中编辑元件、将元件保存到数据库、编辑引脚和编辑元件模型。

④ "Fault"页：该页如图 2-10 所示，可以在电路仿真过程中在元件相应引脚处人为设置故障点，如开路、断路及漏电阻。默认设置为"None"，即不设置故障。

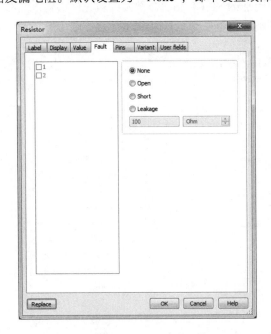

图 2-10　"Fault"页

有些元件属性窗口中还包含"Pins"页、"Variant"页和"User fields"页等，它们的主要设置内容分别为引脚相关信息、元件变量状态和用户增加内容。由于这些页的设置不常用，所以不做详细介绍。元件属性窗口左下方有"Replace"按钮，其功能是在弹出的元件选择窗口中选择其他元件来替换当前元件。

2.1.3　元件的连接

所用的元件放置于工作区内后，需要根据电路对元件进行连接。下面来介绍元件连接的相关内容。

（1）导线的连接

下面以图 2-11 为例来看导线连接的方法。将鼠标指向要连接的端点时会出现十字光标，单击鼠标左键可引出导线，将鼠标指向目的端点，该端点变红后单击鼠标左键，即完成了元件的自动连接，如图 2-11（a）所示。当需要控制连线过程中导线的走向时，可在关键的地方单击左键以添加导线拐点，如图 2-11 （b）所示。

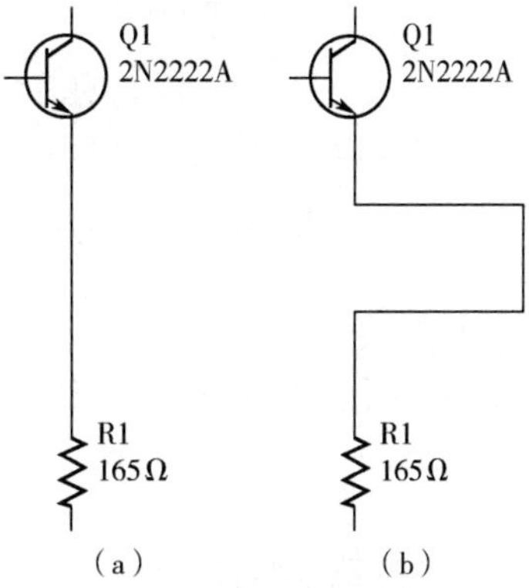

（2）导线颜色的改变

在 Multisim 中如要改变所有导线的颜色，右键单击空白工作区，选择"属性"命令打开"Sheet Properties"对话框，在其中的自定义颜色部分可改变所有导线（Wire）的颜色，如图 2-12 所示。

图 2-11　导线的连接

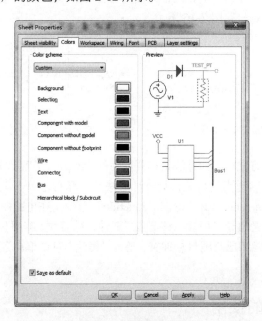

图 2-12　导线颜色设置

若仅要改变单一导线的颜色，则右键单击该导线，选择"Net Color"命令，可弹出图 2-13 所示的对话框，在其中选择合适的颜色后单击"OK"按钮即可。

（3）导线的删除

鼠标右键单击要删除的导线，在弹出菜单中选择"Delete"选项，如图 2-14 所示。也可以左键单击选中导线，然后在键盘上按 Delete 键对导线进行删除。

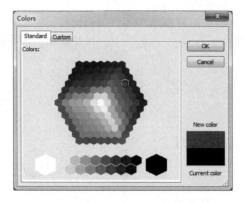

图 2-13 "单一导线颜色改变"对话框　　　　　图 2-14 导线的删除

（4）导线上插入

要在两个元件的导线上插入元件，只需将待插入的元件直接拖放在导线上，然后释放即可。

2.1.4 节点的使用

节点是一个实心小圆点，节点可作为导线的端点，也可作为导线的交叉点。在 Multisim 中要连接导线，必须同时有两个端点，电路要引出输出端的情况下，可在工作区空白处放置一个节点，然后将节点与元件的一端相连，如图 2-15 所示。如果要使相互交叉的导线连通，需要在交叉处放置一个节点，如图 2-16 所示。

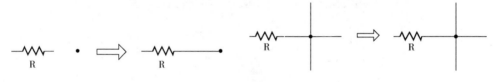

图 2-15 导线端点连接示意图　　　　　　　图 2-16 相互交叉的导线连通示意图

节点的选取有两种方法：一种方法是在菜单栏的"Place"子菜单下选择"Junction"命令，即可将节点放在工作区内适当的位置；另一种方法是鼠标右键单击工作区的空白处，在弹出的菜单中选择"Place on schematic"下的"Junction"命令。在电路中软件为每个节点分配一个编号，双击与节点相连的导线可显示该节点"属性"对话框，其中包括节点编号，用户可对该编号重新设置，但不能和已有编号相冲突，节点"属性"对话框中还可设置是否在电路中显示该节点的编号。

2.1.5 测试仪表的使用

测试仪表可在仪表工具栏内选择，如果是示波器、电压表等测试仪器，则选择所需仪器，拖动仪器到工作区内适当位置单击放置，将仪器信号端和接地端分别与电路中的测试端和接地端相连，双击工作区内仪器图标弹出仪器面板，调整仪器参数后，按电路仿真按钮，即可在仪器面板上观察到测试波形。对于探针类仪表，将其直接放置在适当的导线处，对电路进行仿真，即可观察到测试数据。

2.1.6　电路文本描述

工作区内的文本描述主要包括三个部分：标题栏、文本和注释。标题栏中包括电路的主要信息，如电路图的名称、描述、设计者、设计日期等；文本主要是对电路原理或关键信息的描述；注释为对电路的特别标注。下面介绍这三种文本的添加方法。

（1）添加标题栏

选择"Place"/"Title block"命令，打开"标题栏编辑"对话框，在对话框可以看到Multisim自带的十个标题栏模板，用户可以根据软件自带的标题栏模板文件进行格式的修改。每个标题栏模板形式不同，所显示的内容也不相同，我们打开defaultV7模板，其中标题栏格式可右键选择"Edit symbol/title block"进行修改，各栏内容可双击打开也可右键选择"Properties"打开"属性设置"对话框修改。修改后的标题栏，用户也可将当前模板另存为new.tb7模板。

当要在工作区内添加标题栏时，在菜单栏的"Place"菜单下选择"Title block"，弹出"Title block"对话框，此时可选择的模板除了软件自带的模板外，还有刚建的"new"模板，选择该"new"模板，然后将其放置在工作区内的适当位置，此时标题栏的形式如图2-17所示。其中已显示信息为当前电路的默认信息，没有显示的信息需要用户添加。双击标题栏，打开"标题栏设置"对话框，在该对话框中可对需要显示的信息进行增加或修改。

标题栏在工作区内的位置可任意拖拽，也可选择菜单栏中"Edit"菜单下的"Title block position"命令使菜单栏分别放置到工作区的四个角上。

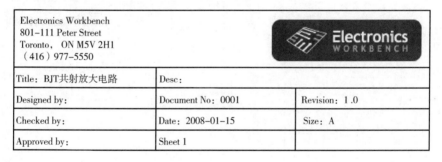

图2-17　"new"标题栏模板

（2）添加文本

在电路工作区中添加文本的方法为：选择菜单栏中"Place"/"Text"命令或在工作区任意位置单击右键，在弹出的菜单中选择"Place graphic/ text"命令，然后在工作区内单击要添加文本的位置，将出现闪动的光标，输入文本后单击工作区内其他位置，即完成文本编辑，此时已添加的文字组成一个文本框，双击此文本框可对文本进行修改；鼠标右键单击文本框，在弹出的菜单中可选择对文本的字体、颜色、大小等属性进行编辑；若要移动文本框，单击并拖动文本框到新位置即可。

（3）添加注释

在电路工作区中添加注释的方法有两种：一是选择菜单栏中"Place"菜单下的"Comment"命令；二是在工作区任意位置单击右键，在弹出的菜单中选择"Place comment"命令。选择上面的命令后，一个类似于图钉的图标将随鼠标的移动而移动，单击将其放置在适当位置，文字注释部分反白，用户可添加注释，如图2-18（a）所示。编辑完成后，注释将自动隐藏，如图2-18（b）所示，此时将鼠标移向图标，注释显示，如图2-18（c）所示。

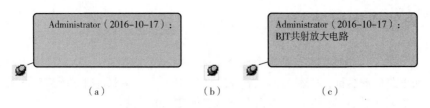

（a） （b） （c）

图 2-18 注释图标

右键单击注释图标，将弹出图 2-19 所示的菜单，除了复制、删除等基本操作外，选择"Show comment/probe"命令后，图标上的注释框将始终显示；选择"Edit comment"命令后，注释框将反白，用户可编辑注释；选择"Font"命令后，可改变字体；选择"Properties"命令后，将弹出"注释属性"对话框，如图 2-20 所示，在该对话框中可设置注释框中背景及文本的颜色、注释框大小及注释内容等信息。

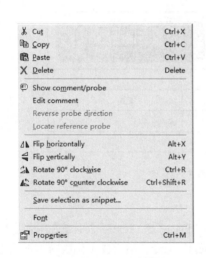

图 2-19　弹出菜单

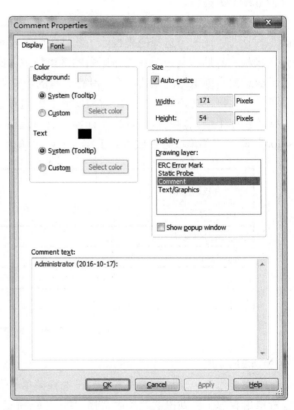

图 2-20　"注释属性"对话框

2.1.7　电路仿真

连接好并保存后的电路如图 2-1 所示，对电路进行仿真可检验电路的工作特性。按下仿真工具栏中的仿真开关，双击打开示波器，并调整示波器的时间轴与幅值轴，使波形方便观察，如图 2-21 所示，可见波形基本正常，放大倍数约为 3 倍。输出回路的探针指示了某时刻导线中的电流与电压的值。

注意：示波器的默认背景是黑色，可单击示波器面板上的"Reverse"按钮使示波器的背景反白。

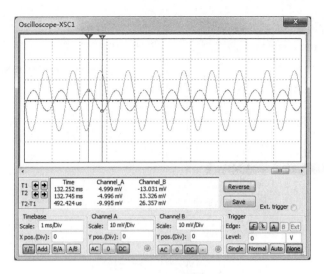

图 2-21　仿真结果

2.2　扩展元件

尽管 Multisim 包含了大量不同种类的元件，但不可避免会遇到缺少用户所需仿真元件的问题。在通常情况下有三种解决问题的方法：一是用性能参数相近的器件代替，但这样仿真结果可能会有差别；二是用户通过 EDAparts.com 网站购买所需的元件模型，但需要注意的是购得的仅仅是该元件的 Pspice 模型，元件图形和引脚等信息还需进行进一步的修改才可使用；对于缺乏条件的用户，也可在 Multisim 中自己创建元件或对现有元件模型进行修改。创建一个全新的元件模型非常复杂，需要事先获得元件的详细资料，且需输入很多细节，因此用户应尽量对已存在的模板进行修改，以减少创建新元件的工作量及避免操作错误。

2.2.1　编辑元件

下面通过一个三极管模型修改的例子来了解在已有元件的基础上创建元件的方法。从元件工具栏中找到三极管 2N2222A，然后放置到工作区内，双击该元件打开元件属性窗口，其"Value"页如图 2-22 所示，单击"Edit component in DB"按钮打开"元件编辑"对话框，如图 2-23 所示。

"元件编辑"对话框中包含七个设置页，下面将介绍各页的主要内容：

①　"General"页：该页包含元件的一般属性，如元件名、设计时间、设计者和元件的功能描述，如图 2-24 所示。

②　"Symbol"页：该页中可对元件在电路图中的符号显示形式进行编辑，如图 2-25 所示。"Number of pins"栏用于设置引脚的个数；"Number of sections"栏用于设置一个芯片中封装该元件的个数；元件符号可选择 ANSI 标准或 IEC 标准；单击右边的"Edit"按钮可弹出图 2-26 所示的元件符号编辑器；单击"Copy from DB"按钮可以从元件数据库中复制一个已有元件符号；单击"Copy to"按钮可以将当前编辑好的元件符号保存到元件数据库中。图 2-25 的下方图形为当前元件符号的显示，图形左边为符号引脚的列表，单击左边栏内表格可修改引脚名称，单击右边栏内表格可修改该引脚从属于哪部分元件。

图 2-22   2N2222A 元件的"Value"页

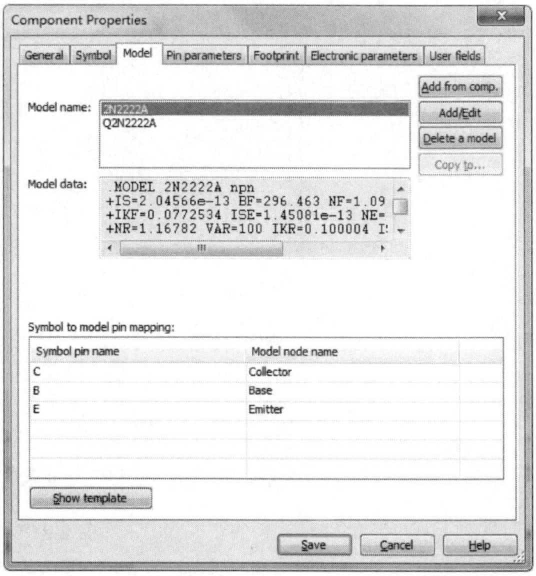

图 2-23   "元件编辑"对话框

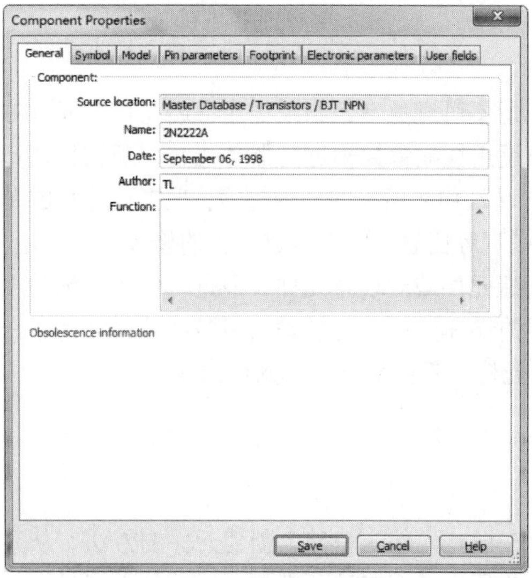

图 2-24   "General"页

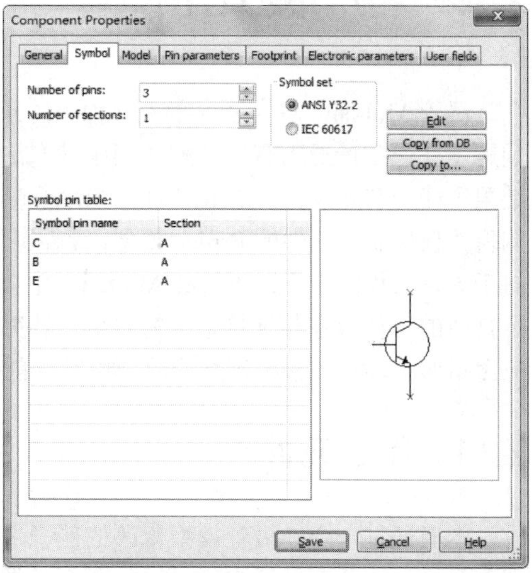

图 2-25   "Symbol"页

③ "Model"页：该页用于修改元件模型，如图 2-27 所示，包含模型名、Pspice 模型数据和元件符号引脚对应的名称。"Add from component"按钮用于从元件库中加入新的元件模型；"Add/Edit"按钮用于增加或编辑 Multisim 数据库中新建或已存的模型；"Delete a model"按钮用于删除模型名称列表中的所选模型。

对元件模型参数的改变还可通过图 2-22 所示元件属性窗口中的"Edit model"按钮打开图 2-28 所示的模型编辑窗口进行。该窗口中的三极管 Pspice 模型参数共有 41 个，各参数的名称后括号内对应了该项参数的意义，各参数的数值可根据具体需要进行修改。窗口下方的"Change component"按钮是将参数的改变应用到当前元件；"Change all component"按钮是将参数的改变应用到工作区内的所有相同元件；"Reset to default"按钮是恢复更改前参数。

④ "Pin parameters"页：该页主要包括元件类型及引脚参数的相关设置，如图 2-29 所示。

⑤ "Footprint"页：该页包含元件的封装类型、引脚号等信息的修改，如图 2-30 所示。

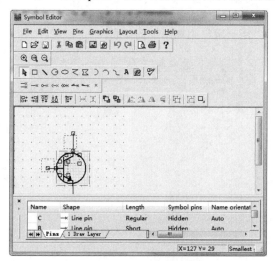

图 2-26　元件符号编辑器

图 2-27　"Model"页

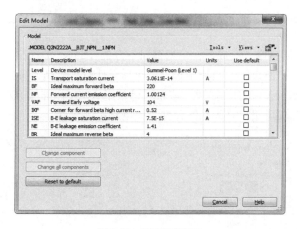

图 2-28　模型编辑窗口

图 2-29　"Pin parameters"页

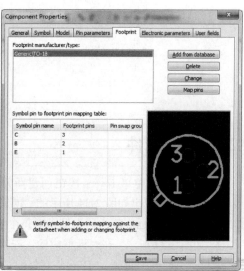

图 2-30　"Footprint"页

⑥ "Electronic parameters"页：该页如图 2-31 所示，包含元件电气参数的描述信息，只是一些说明性信息，对仿真结果无影响。

⑦ "User fields"页：该页如图 2-32 所示，用于用户添加附加的信息。

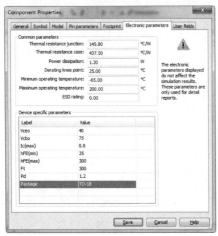

图 2-31　"Electronic parameters"页　　　　　图 2-32　"User fields"页

以上选项页中的信息修改完成后，单击窗口下方的"Save"按钮，将弹出图 2-33 所示的"选择分类"对话框。在左边的分类树中选择编辑后元件所属分类，单击"Add family"按钮，可在当前分类下再新建元件的所属系列，该系列可采用 ANSI 标准或 IEC 标准。勾选"Replace component in design"项可用已修改后的元件替换电路中的元件。

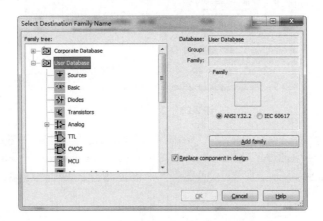

图 2-33　"选择分类"对话框

2.2.2　新建元件

可在主工具栏中单击 ⁂ 按钮创建新元件，或在菜单栏中执行"Tools"/"Component wizard"命令，将弹出如图 2-34 所示的"创建元件向导"对话框。该向导共包括 8 个步骤，下面以创建一个新的运算放大器为例来对每个步骤分别进行说明。

① 如图 2-34 所示，在对话框内输入元件名称、设计者、元件功能、元件类型等信息。元件类型可选 Analog（模拟）、Digital（数字）。对话框中的四个单选项的功能分别为：创建元件的仿真模型及 PCB 封装、仅创建元件的仿真模型、仅创建元件的 PCB 封装、创建元件的仿真

模型和 PLD 输出。

  ② 设置封装类型，如图 2-35 所示。单击对话框右上角的"Select a footprint"按钮可打开图 2-36 所示对话框，在相应的数据库下选择合适的封装类型后单击"Select"，设置引脚数及元件是单封装还是复合封装。

  ③ 进入第三步后的对话框如图 2-37 所示，在该对话框中完成对元件符号的定义。向导自动为元件分配了一个简易符号，要修改符号可单击"Edit"按钮进入符号编辑器进行修改，也可单击"Copy from DB"按钮从数据库中复制已有的符号，此处我们选择 AD644LH 运放的符号作为当前所创建元件的符号。

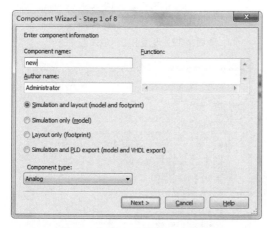

图 2-34 "创建元件向导"对话框

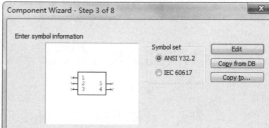

图 2-35 "封装类型设置"对话框

图 2-36 "选择封装窗口"对话框

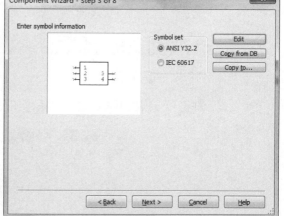

图 2-37 元件符号的定义

  ④ 完成元件引脚的定义，如图 2-38 所示。

  ⑤ 完成元件符号引脚与封装引脚的对应，如图 2-39 所示。

  ⑥ 对元件模型进行修改，如图 2-40 所示。单击"Select from DB"按钮从已有数据库中进行选择模型，我们依然选择 AD644LH，单击"OK"按钮，模型数据加载到"Model Data"窗口中，如图 2-41 所示，在该窗口中可以修改运放详细的信息，如运放的整体特性、输入/输出特性、增益频率特性及运放的零极点的设置；单击"Load from file"按钮，可以从已存在的 SPICE 格式文件或 VHDL 执行文件中创建元件模型。

图 2-38　元件引脚的定义

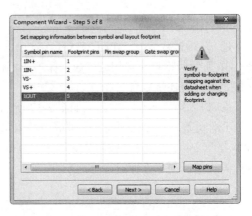

图 2-39　设置引脚对应关系

图 2-40　选择仿真模型

图 2-41　运放模型编辑窗口

⑦ 设置元件符号与模型引脚的对应关系，如图 2-42 所示。

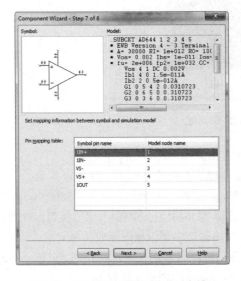

图 2-42　元件符号与模型引脚的对应关系

⑧ 弹出如图 2-43 所示对话框，该对话框和图 2-33 相同，设置也相同，这里不再赘述。设置完成后可在用户设置的数据库中找到新建的元件。

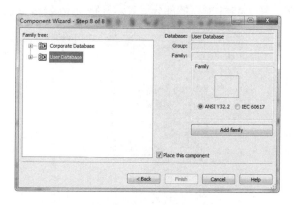

图 2-43   "选择分类"对话框

2.3   电气规则检查

电气规则检查是基于已建立的规则检查电路连接的正确性。选择菜单栏"Tools""Electrical rules check"命令可打开电气规则检测设置窗口，该窗口包含两个选项页，下面分别对这两个选项页进行介绍。

① "ERC options"页：此页如图 2-44 所示，用于 ERC 的一些基本设置。"Scope"部分用于设定是对当前页面进行检查还是对整个设计进行检查；"Report also"部分用于设定另外显示的部分，如没有连接的引脚（Unconnected pins）和不包括的引脚（Excluded pins），元件的引脚是否包含在 ERC 中，可在元件属性的"Pins"页下进行设置；"Output"部分可设置 ERC 结果的输出方式，可选择显示到电子表格视窗的"Results"页下查看结果，或将结果输出到指定路径的文本文件中，也可以弹出窗口来显示电路中的错误列表。

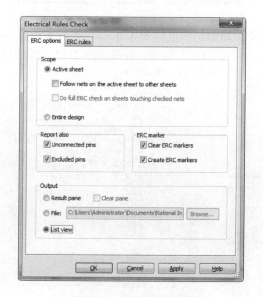

图 2-44   ERC 的基本设置

② "ERC rules"页：该页用于修改 ERC 的规则，如图 2-45 所示，其中图形中的符号所代表的引脚类型如表 2-1 所列，图中各种颜色代表错误的等级不同，如绿色表示正常，黄色表示报警，红色表示有错等。图 2-45 中圈框的部分就表示开路集电极与开路基极相连将报告错误。

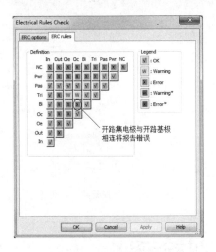

图 2-45　ERC 的规则设置

表 2-1　ERC 符号意义

ERC 符号	引脚类型
In	输入端（Input）
Out	输出端（Output）
Oc	开路集电极（Open_collector）
Oe	开路发射极（Open_emitter）
Bi	双向端（Bi_directional）
Tri	三态端（3-state）
Pas	无源端（Passive）
Pwr	电源端（Power，如 Vcc、Vdd 等）
NC	无连接（no connection）

下面以图 2-46 所示的电路为例来进行 ERC，ERC 的基本设置和规则设置分别如图 2-46（a）和图 2-46（b）所示，单击"OK"按钮，将弹出图 2-47 所示的错误列表，同时电路中将添加错误标记。

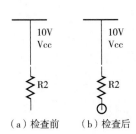

图 2-46　电路电气规则检查示意图

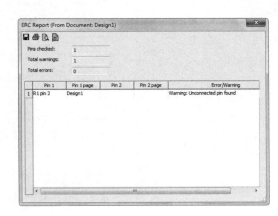

图 2-47　错误报告

2.4　大规模电路设计

本节将介绍大规模、更复杂电路的设计方法，用户可以把一个完整的电路分成几个模块后在相应页面上分别设计，也可把某部分电路设计成功能块的形式，使总电路能在一张图中显示。下面分别来介绍一下各种分块设计的方法。

2.4.1　多页平铺设计

当设计电路图太大而在一张图纸中放不下时，可以考虑使用 Multisim 的多页平铺设计功能，该功能将电路分割为几个部分，各部分通过"off-page"连接器相连。下面以 50Hz 陷波器的设计为例说明多页平铺设计。由于±15V 供电电源电路较复杂，不易和主电路放在同一页中进行设计，我们建立两个不同的页面来设计电路，设计步骤为：

① 新建一个电路文件，将文件命名为"50Hz 陷波器"，然后在菜单栏中的"Place"菜单下选择"Multi-page"命令，可出现如图 2-48 所示的小窗口，在空白处输入设计中第二个页面的名字，单击"OK"按钮后，在图 2-49 中设计工具栏的"Hierarchy"页中可以看到，软件在第一个新建的页面名字的后面自动添加了"#1"，而第二个页面是在电路文件名称后面加"#power"。

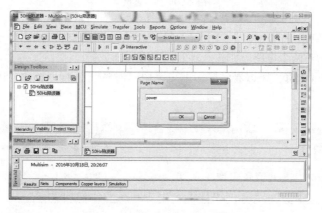

图 2-48　建立一个多页平铺设计

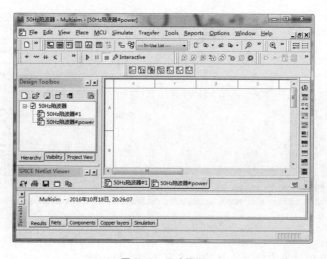

图 2-49　已建页面

② 在第一个页面中建立陷波器电路，在第二个页面中建立电源电路。

③ 在电源电路中选择"Place"/"Connectors"/"Off-page connector"菜单项，在工作区内放置两个跨页连接器，分别与电源电路的正负输出端相连，并双击这两个连接器，将名称分别改为"P15V"和"N15V"，连接器如图 2-50 的圆框内所示。

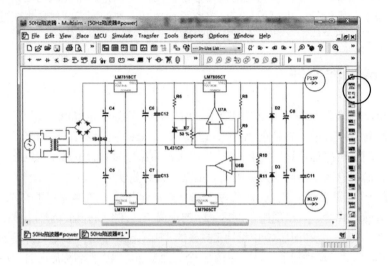

图 2-50　建立连接器

④ 复制电源电路中的连接器"P15V"和"N15V"到陷波器电路中，分别和运放的正负供电端相连，然后对两个电路分别进行保存。

⑤ 对电路进行仿真，可以看到陷波器电路中"P15V"连接器输出 15V 电压，如图 2-51所示。

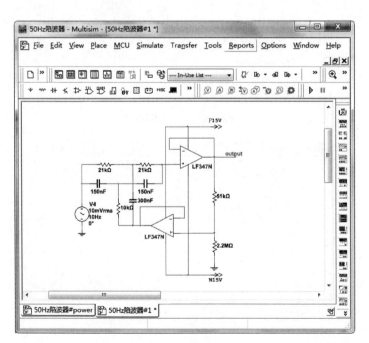

图 2-51　陷波器电路的仿真

注意： 多页平铺设计中跨页连接器的名字必须保持一致。

2.4.2　子电路设计

子电路功能是基于层次化设计的思想，使电路分级设计，各子电路从属于上一级的电路，主电路中包含了设计中的所有模块；而多页平铺设计中各页之间没有从属关系，也没有包含所有功能块的页面。

下面以 2.4.1 节的 50Hz 陷波器电路为例来介绍子电路的建立。子电路的建立有三种方法：

① 将新建电路转为子电路：新建一个电路文件，将文件名设为"50Hz 陷波器子电路设计"，在工作区内搭建电源电路，用菜单栏"Place"/"Connectors"路径下的 Hierarchical Connector 引出两个电源输出端，选择整个建立好的电源电路，右键单击任意一个选中的元

图 2-52　"子电路命名"对话框

件，在弹出的菜单中选择"Replace by subcircuit"命令，则弹出图 2-52 所示的"子电路命名"对话框，在空白处输入电源电路名称"power"后，整个已选电路将由一个有两个信号输出端的方块代替，同时在设计工具栏的层次页下将出现一个以"SC1"命名的子电路。选择打开子电路（power），然后在子电路中分别双击两个连接器，将名字改为"P15V"和"N15V"，修改并保存后的子电路如图 2-53 所示。在主电路下完成陷波器电路的建立，并与电源子电路模块相连，保存后的主电路如图 2-54 所示。

注意：当子电路引出输出端时，信号引脚固定在模块的右边；当子电路引出输入端时，信号引脚固定在模块的左边，子模块不可左右反转。

② 直接新建子电路：新建一个电路文件，将文件名设为"50Hz 陷波器子电路设计"，在菜单栏下的"Place"菜单下选择"New subcircuit"命令，可新建一个子电路页面，然后在子电路和主电路中分别建立相应的电路，注意在子电路的输出端也需要添加 Hierarchical Connector。

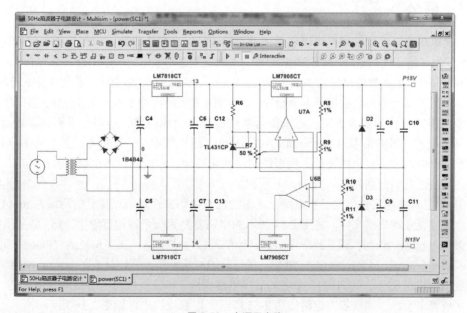

图 2-53　电源子电路

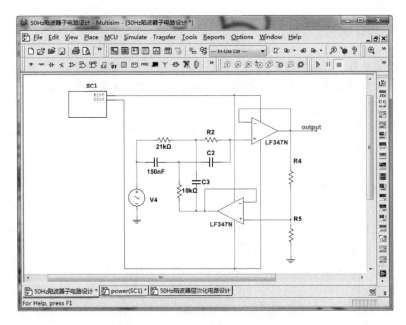

图 2-54　陷波器主电路

③ 将已有电路粘贴为子电路：新建一个电路文件，将文件名设为"50Hz 陷波器子电路设计"，复制图 2-51 所示的电路到剪切板，右键单击新建电路的空白处，在弹出的菜单中选择"Paste as subcircuit"，可将剪切板中的电路以子电路的形式添加到当前电路中，因为所复制的电路输出端所连的为跨页连接器，所以主电路页的子电路模块没有任何引脚，将子电路中的跨页连接器用 Hierarchical Connector 替换，子电路模块将出现两个输出端子。电路其他部分的建立和上面相同。

2.4.3　层次化设计

层次电路设计功能使用户可以建立一个互相连接的多层次电路，以便增强电路的可重复使用性，也可便于团队设计。层次电路与子电路的区别为：子电路和主电路一起保存，不是独立的电路文件，而层次电路仅和主电路相关，它是一个独立的电路文件；子电路易于管理，而层次电路便于同一电路同时用于多个设计，如电源电路用作子电路只能作为当前电路的电源，而电源电路如果作为层次电路，可以作为多个设计的电源电路，且相互不影响。层次电路和子电路相同，都需要添加 Hierarchical Connector 组成层次（子）模块与主电路部分相连。

下面仍以陷波器电路的设计为例来说明层次化设计。层次化设计根据情况的不同，有三种建立方法，它们分别为：

① 将已有电路文件作为层次电路：这里的已有电路文件是指已建立的后缀为.ms14 或早期软件版本建立的电路文件。将图 2-54 所示的电路复制到一个新建页面中，然后在指定的路径下保存为 power.ms14；再新建一个页面，绘制陷波器主电路；在菜单栏的"Place"菜单下选择"Hierarchical block from file"命令，在打开的对话框中选择刚建立的 power.ms14 文件，则主电路中将出现一个以"HB1"命名的层次电路模块，将该模块和运放的供电端相连，保存电路完成整个设计。陷波器主电路如图 2-55 所示，电源层次电路如图 2-56 所示。

注意 1：由于原 power.ms14 文件中电路已添加 Hierarchical Connector，所以层次电路模块自带输出端。

注意 2：对层次电路的任何改变将保存到原 power.ms14 文件中，如不想对原文件做任何改变，不建议使用层次子电路设计。

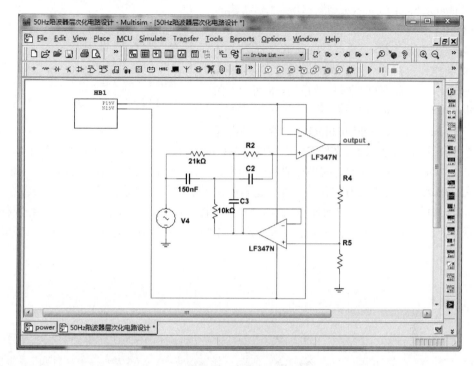

图 2-55　陷波器主电路

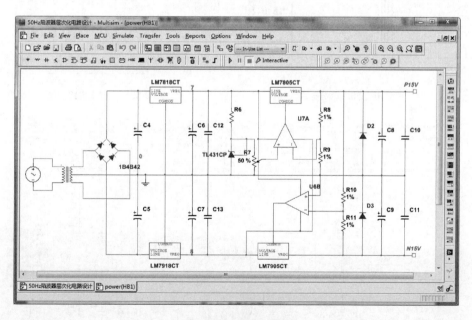

图 2-56　电源层次电路

② 新建层次电路：选择"Place"/"New hierarchical block"命令，将弹出图 2-57 所示的对话框，在层次模块名称栏中输入合适的名称，软件将自动在主电路的存放路径下新建一个电路文件，同时将此文件关联到当前主电路，用户也可以单击"Browse"按钮为新建的层次

电路选择其他的存放路径；对话框下面还要求输入层次模块的输入/输出引脚数，和输入/输出引脚数相对应的 Hierarchical Connector 将自动添加到新建的层次电路中。

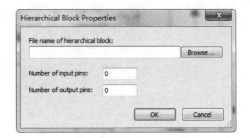

图 2-57　"新建层次电路"对话框

注意：软件规定输入/输出引脚数不能全设为 0！

③ 将电路已有部分用层次模块代替：在图 2-56 所示的电路中选择一部分电路，如图 2-58 所示，在已选电路的任意元件上单击右键，在弹出的菜单中选择"Replace by hierarchical block"命令，将出现图 2-59 所示的对话框，输入文件名"g"或单击"Browse"按钮选择合适路径及输入文件名"g"后，单击"OK"按钮，软件将在相应的路径下新建一个 g.ms14 文件，同时页面中将出现一个可随鼠标移动的层次模块 HB1，在工作区适当的位置单击鼠标左键，层次模块将放置在电路中，同时按原先的连线关系自动连线，此时原电路如图 2-60 所示，电路"g"成为电路"power"的下层电路，单击层次电路，可以看到该层次电路如图 2-61 所示，软件已为该电路自动添加了连接器。

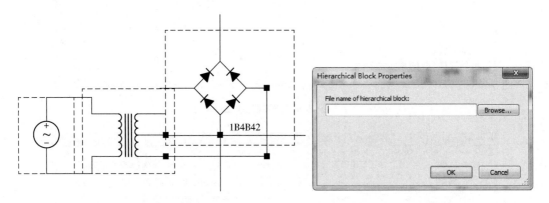

图 2-58　已选电路　　　　　　　　　　图 2-59　"层次电路替换"对话框

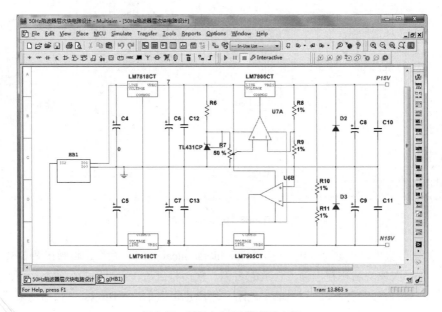

图 2-60　用层次电路替换部分电路

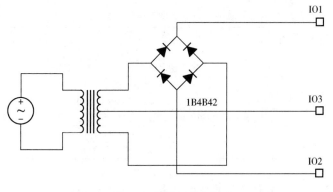

图 2-61　新建层次电路

2.5　电路设计向导

Multisim 的电路设计向导功能可产生一个包含原理框图、仿真模型和网表的电路，用户仅需在相应的向导对话框中输入设计参数即可。软件包含四种电路的设计向导，下面来逐一介绍。

2.5.1　555 定时器设计向导

555 定时器设计向导可利用 555 定时器设计非稳态和单稳态振荡器电路。选择"Tools" / "Circuit wizards" / "555 Timer Wizard"命令，将弹出 555 定时器设计向导，如图 2-62 所示，在"Type"下拉菜单下可选择设计非稳态（Astable）振荡电路或单稳态（Monostable）振荡电路，下面我们对这两种电路的设计进行说明。

（1）非稳态振荡电路设计

在"Type"下拉菜单下选择"Astable operation"。右边电路为非稳态振荡电路的形式，左边参数的定义如表 2-2 所示，单击对话框下方的"Default settings"按钮可将参数恢复为默认设置，单击"Build Circuit"按钮将按所设参数及右上方的电路形式建立一个新电路。

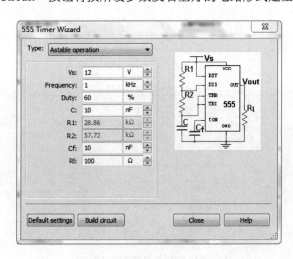

图 2-62　555 定时器设计向导

表2-2 非稳态振荡电路的参数

参数	意义
Vs	供电直流电源的大小
Frequency	输出振荡脉冲的频率，最大 1MHz
Duty	输出脉冲的占空比
C	外接定时电容的大小
R1、R2	电路图中电阻 R1、R2 的值，这两个电阻与电容 C 构成充放电回路
Cf	电源滤波电容 Cf 的大小
Rl	输出负载电阻 Rl 的大小

注意：R1、R2 的值按软件默认的公式计算，无须用户修改。

图 2-63 所示为按默认设置建立的非稳态振荡电路。用双通道示波器观察电路的输出波形，如图 2-64 所示，输出脉冲的周期约为 1ms，最大幅值为 12V。

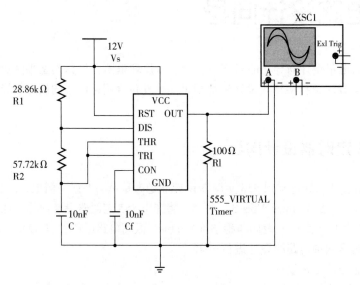

图 2-63 非稳态振荡电路

注意：建立的电路中 555 定时器为虚拟元件。

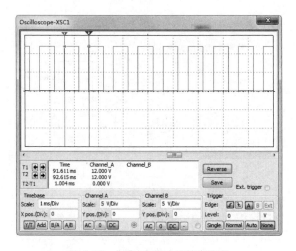

图 2-64 非稳态振荡电路输出波形

（2）单稳态振荡电路设计

在"Type"下拉菜单下选择"Monostable operation"，对话框如图 2-65 所示。右边电路为单稳态振荡电路的形式，左边参数的定义如表 2-3 所示，单击对话框下方的"Default Settings"按钮可将参数恢复为默认设置，单击"Build circuit"按钮将按所设参数及右上方的电路形式建立一个新电路。

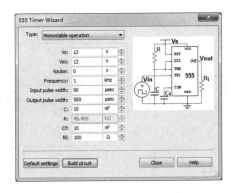

图 2-65　单稳态振荡电路设计向导

表 2-3　单稳态振荡电路参数

参数	意义
Vs	供电直流电源的大小
Vini	设置和 Vs 的值相同
Vpulse	输入脉冲电压，应小于 Vs/3
Frequency	输出振荡脉冲的频率，最大 1MHz
Input pulse width	输入脉冲的宽度，应小于输出脉冲宽度的 1/5
Output pulse width	期望的输出脉冲宽度
C	电容 C 的值
R	电阻 R 的值
Cf	电源滤波电容 Cf 的大小
Rl	输出负载电阻 Rl 的大小

图 2-66 所示为按默认设置建立的单稳态振荡电路。用双通道示波器观察电路的输出波形，如图 2-67 所示，输出脉冲的宽度约为 500μs。

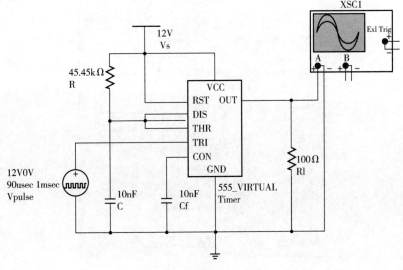

图 2-66　单稳态振荡电路

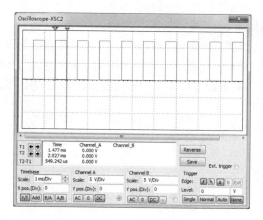

图 2-67　单稳态振荡电路输出波形

2.5.2　滤波器设计向导

Multisim 滤波器设计向导可设计各种不同类型的滤波器。选择"Tools"/"Circuit wizards"/
"Filter Wizard"命令，可弹出图 2-68 所示的对话框，该对话框中包含以下几部分：

① 顶端"Type"下拉菜单选择滤波器类型，包括低通、高通、带通和带阻四个类型。

② 滤波器参数区用于设置滤波器的通带和截止频率、通带/阻带增益及输出负载电阻的
大小。

③ 右边图形为相应类型滤波器的频率特性图解说明。

④ 下方"Type"部分用于选择建立巴特沃思（Butterworth）型滤波器还是切比雪夫
（Chebyshev）型滤波器。

⑤ "Topology"区域用于设置滤波电路是无源（Passive）型还是有源（Active）型。

⑥ "Sources impedance"区域用于设置负载阻抗，可设置负载电阻小于输出阻抗的 10 倍、
大于输出电阻的 10 倍或等于输出电阻。该区域只有选择无源滤波器时才会出现。

参数设置好以后，单击"Verify"按钮验证设计参数，如果没有问题，图中的频率特性示
意图下将显示"Calculation was successfully completed"字样。再单击"Build circuit"按钮即可
在工作区内建立相应电路。

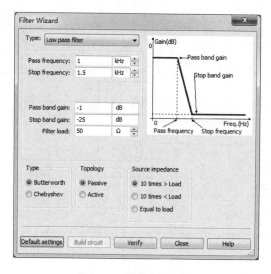

图 2-68　滤波器设计向导

2.5.3 BJT 共射极放大电路设计向导

该功能可使用户方便地设计 BJT 共射极放大电路，所设计的电路可直接用 SPICE 仿真验证。选择"Tools"/"Circuit wizards"/"CE BJT Amplifier Wizard"命令，可弹出图 2-69 所示的对话框，该对话框中包含以下几部分：

① "BJT selection"部分用于选择晶体管参数，包括放大倍数和基极-发射极饱和电压。

② "Amplifier specification"部分用于设定放大电路特性，包括峰值输入电压、输入信号源频率和信号源阻抗。

③ "Quiescent point specification"部分用于设定静态工作点特性，可在集电极电流、集电极-发射极电压和输出电压峰值变动三项中任选一项进行设计。当最大功率转换时设 Rc=Rl。

④ "Cutoff frequency"部分用于设置电路的频率特性（截止频率）。

⑤ "Load resistance and power supply"部分用于设置负载阻抗和供电电压。

⑥ "Amplifier characteristics"部分为对电路进行校验后得出的参数值，包括小信号电压增益、小信号电流增益和最大电压增益。

⑦ 右边的图示部分包括电路图基本形式和静态工作点特性图。

参数设置好以后，单击"Verify"按钮验证设计参数，如果没有问题，再单击"Build circuit"按钮即可在工作区内建立相应电路。

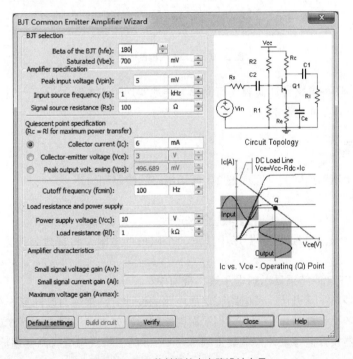

图 2-69　BJT 共射极放大电路设计向导

2.5.4 运算放大器设计向导

运算放大器设计向导可用于设计反相比例放大电路、同相比例放大电路、差分放大电路、反相求和放大电路、同相求和放大电路和比例缩放求和电路。选择"Tools"/"Circuit wizards"/"Opamp Wizard"命令，可弹出图 2-70 所示的对话框，该窗口主要包括以下几部分：

① "Type"下拉菜单用于选择运算放大器类型。

② "Input signal parameters"用于设置输入信号参数，如输入信号电压和频率。

③ "Amplifier parameters"用于设置放大电路的参数，如电压增益、输入阻抗等。

④ 右边图示部分为当前电路形式。

参数设置好以后，单击"Verify"按钮验证设计参数，如果没有问题，在右边示意图下将显示"Calculation was successfully completed"字样。再单击"Build circuit"按钮即可在工作区内建立相应电路。

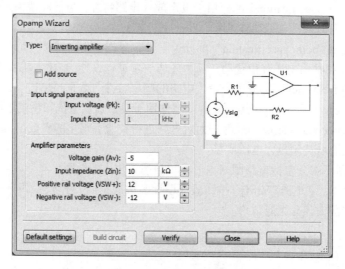

图 2-70 运算放大器设计向导

以上介绍了四种电路设计向导，可简单方便地实现相应电路的设计，但由设计向导导出的电路都是由虚拟器件构造的。

习题与思考题

1. 新建一个电路原理图，完成图 2-1 所示电路的绘制和仿真。

2. 如何层叠显示多个电路？

3. 如何根据元件的细节报告选取适合的元件？

4. 在 Multisim 的 Master 数据库中任选一个阻值的电阻，将其封装改为 0805 后保存到 User 数据库中。

5. 如何将 ERC 的结果显示到电子表格视窗中？

6. 分别用多页平铺设计、子电路和层次电路的设计方法来练习设计第 5 章各部分电路。

7. 分别用多页平铺设计、子电路和层次电路的设计方法来练习设计第 6 章各部分电路。

8. 用滤波器设计向导设计一个截止频率为 1kHz 的巴特沃思型有源低通滤波器。

第 3 章

电子电路元件库与仿真仪器

3.1　电子电路元件库

本节将介绍 Multisim 元件库（元件数据库）的结构与分类。选择"Tools"/"Database"/"Database Manager"命令可打开图 3-1 所示的元件数据库管理窗口，Multisim 的元件分别存储于三个数据库中，它们分别为 Master 库、Corporate 库和 User 库，这 3 种数据库的功能分别为：

① Master 库：存放 Multisim 提供的所有元件。

② Corporate 库：用于存放便于团队设计的一些特定元件，该库仅在专业版中存在。

③ User 库：存放被用户修改、创建和导入的元件。

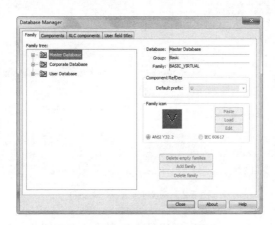

图 3-1　元件数据库管理窗口

下面主要介绍 Multisim 的 Master 库，该库包含多个元件库，各库下面还包含子库。下面介绍各元件库的详细信息。

3.1.1　信号源库

鼠标左键单击元件工具栏中的信号源库，可弹出图 3-2 所示的"信号源选择"对话框。在"Family"栏下有 8 项分类，下面分别进行介绍：

① "All families"：选择该项，信号源库中的所有元件将列于窗口中间的元件栏中。

② "POWER_SOURCES"：包括常用的交直流电源、数字地、公共地、星形或三角形连接的三相电源等。

③ "SIGNAL_VOLTAGE_SOURCES"：包括各类信号电压源，如交流电压源、AM 电压源、双极性电压源、时钟电压源、指数电压源、FM 电压源、基于 LVM 文件的电压源、分段

线性电压源、脉冲电压源、基于 TDM 文件的电压源和热噪声源。

④ "SIGNAL_CURRENT_SOURCES"：包括各类信号电流源，如交流电流源、双极性电流源、时钟电流源、直流电流源、指数电流源、FM 电流源、基于 LVM 文件的电流源、分段线性电流源、脉冲电流源和基于 TDM 文件的电流源。

⑤ "CONTROLLED_VOLTAGE_SOURCES"：包括各类受控电压源，如 ABM 电压源、电流控制电压源、FSK 电压源、压控分段线性电压源、压控正弦波信号源、压控方波信号源、压控三角波信号源和压控电压源。

⑥ "CONTROLLED_CURRENT_SOURCES"：包括各类受控电流源，如 ABM 电流源、电流控制电流源和电压控制电流源。

⑦ "CONTROL_FUNCTION_BLOCKS"：包括各类控制函数块，如限流模块、除法器、增益模块、乘法器、电压加法器、多项式复合电压源等。

⑧ DIGITAL-SOURCES：包括数字时钟源、数字常量源、交互式数字常量源。

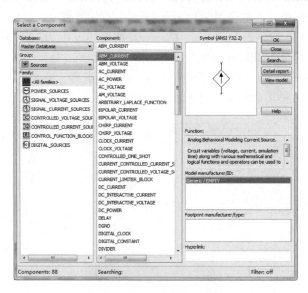

图 3-2 "信号源选择"对话框

注：LVM 文件是由 NI LabVIEW 软件创建的基于文本的测量文件；TDM 文件是用于在 NI 软件中交换数据的二进制测量文件。

3.1.2 基本元件库

鼠标左键单击元件工具栏中的基本元件库，可弹出图 3-3 所示的"基本元件选择"对话框。在"Family"栏下有 21 项分类，下面分别进行介绍：

① "All families"：选择该项，基本元件库中的所有元件将列于窗口中间的元件栏中。

② "BASIC_VIRTUAL"：包括一些基本的虚拟元件，如虚拟电阻、电容、电感、变压器、压控电阻等，因为是虚拟元件，所以元件无封装信息。

③ "RATED_VIRTUAL"：包括额定虚拟元件，如额定 555 定时器、晶体管、电容、二极管、熔断器等。

④ 3D_VIRTUAL：包括以 3D 显示的 555 定时器、电容、二极管、LED、场效应管、电动机、电阻等。

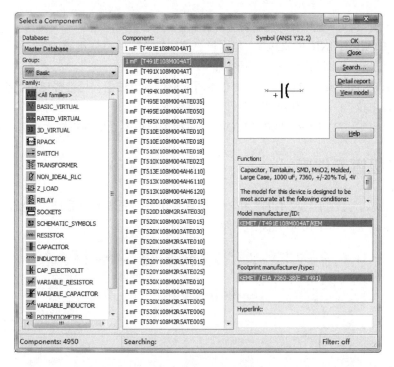

图 3-3 "基本元件选择"对话框

⑤ "RPACK"：包括多种封装的电阻排。

⑥ "SWITCH"：包括各类开关，如电流控制开关、单刀双掷开关、单刀单掷开关、按键开关、时间延时开关等。

⑦ "TRANSFORMER"：包括各类线性变压器，使用时要求变压器的原副边分别接地。

⑧ "NON_IDEAL_RLC"：包括非理想电容、电感、电阻。

⑨ "Z_LOAD"：包括 A+jB 模块、A–jB 模块和各种负载模块。

⑩ "RELAY"：包括各类继电器，继电器的触点开关是由加在线圈两端的电压大小决定的。

⑪ "SOCKETS"：与连接器类似，为一些标准形状的插件提供位置以便 PCB 设计。

⑫ "SCHEMATIC_SYMBOLS"：包括熔断器、LED、光电晶体管、按键开关、可变电阻、可变电容等器件。

⑬ "RESISTOR"：包括具有不同标称值的电阻，其中在 "Component Type" 下拉菜单下可选择电阻类型，如碳膜电阻、陶瓷电阻等，在 "Tolerance（%）" 下拉菜单下可选择电阻的容差，在 "Footprint manuf./type" 栏中选择元件的封装，若选择无封装，则所选电阻放置于工作空间后为黑色，代表为虚拟电阻，若选择一种封装形式，则电阻变为蓝色，代表实际元件。

⑭ "CAPACITOR"：包括具有不同标称值的电容，也可选择电容类型（如陶瓷电容、电解电容、钽电容等）、容差和封装形式。

⑮ "INDUCTOR"：包括具有不同标称值的电感，可选择电感类型（如环氧线圈电感、铁芯电感、高电流电感等）、容差和封装形式。

⑯ "CAP_ELECTROLIT"：包括具有不同标称值的电解电容，可选择电解电容类型（如聚乙烯膜电解电容、钽电解电容等）、容差和封装形式。

⑰ "VARIABLE_RESISTOR"：包括不同阻值的变压器。

⑱ "VARIABLE_CAPACITOR"：包括具有不同标称值的可变电容，可选择可变电容类

型（如薄膜可变电容、电介质可变电容等）和封装形式。

⑲ "VARIABLE_INDUCTOR"：包括具有不同标称值的可变电感，可选择可变电感类型（如铁氧体芯电感、线圈电感）和封装形式。

⑳ "POTENTIOMETER"：包括具有不同标称值的电位器，可选择电位器类型（如音频电位器、陶瓷电位器、金属陶瓷电位器等）和封装形式。

㉑ "MANUFACTURER_CAPACITOR"：包括生产厂家提供的不同大小的电容器。

3.1.3 二极管元件库

鼠标左键单击元件工具栏中的二极管元件库，可弹出图 3-4 所示的"二极管选择"对话框。在"Family"栏下有 16 项分类，下面分别进行介绍：

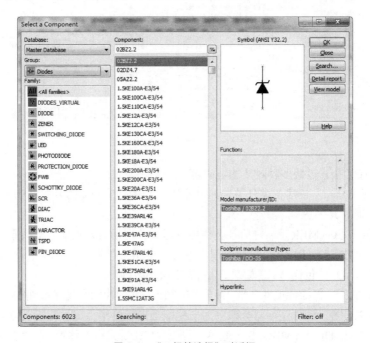

图 3-4 "二极管选择"对话框

① "All families"：选择该项，二极管元件库中的所有元件将列于窗口中间的元件栏中。

② "DIODES_VIRTUAL"：包括虚拟的普通二极管和虚拟的齐纳二极管，其 SPICE 模型都为典型值。

③ "DIODE"：包括许多公司提供的不同型号的普通二极管。

④ "ZENER"：包括许多公司提供的不同型号的齐纳二极管。

⑤ "SWITCHING_DIODE"：包括不同型号的开关二极管。

⑥ "LED"：包括各种类型的发光二极管。

⑦ "PHOTODIODE"：包括不同型号的光电二极管。

⑧ "PROTECTION_DIODE"：包括不同型号的带保护二极管。

⑨ "FWB"：包括各种型号的全波桥式整流器（整流桥堆）。

⑩ "SCHOTTKY_DIODE"：包括各类肖特基二极管。

⑪ "SCR"：包括各类型号的可控硅整流器。

⑫ "DIAC"：包括各类型号的双向开关二极管，该二极管相当于两个肖特基二极管并联。

⑬ "TRIAC"：包括各类型号的晶闸管开关，相当于两个单向晶闸管的并联。

⑭ "VARACTOR"：包括各类型号的变容二极管。

⑮ "TSPD"：包括各种规格的晶闸管浪涌保护器件。

⑯ "PIN_DIODE"：包括各类型号的 PIN 二极管。

3.1.4 晶体管元件库

鼠标左键单击元件工具栏中的晶体管元件库，可弹出图 3-5 所示的"晶体管选择"对话框。在"Family"栏下有 22 项分类，下面分别进行介绍：

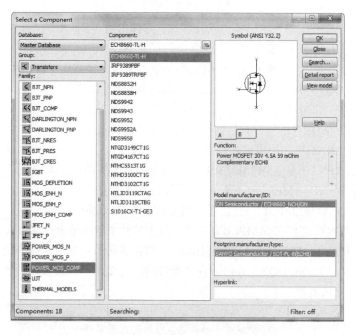

图 3-5　"晶体管选择"对话框

① "All families"：选择该项，晶体管元件库中的所有元件将列于窗口中间的元件栏中。

② "TRANSISTORS_VIRTUAL"：包括各类虚拟晶体管。

③ "BJT_NPN"：包括各种型号的双极型 NPN 晶体管。

④ "BJT_PNP"：包括各种型号的双极型 PNP 晶体管。

⑤ "BJT_COMP"：包括各种型号的双重双极型晶体管。

⑥ "DARLINGTON_NPN"：包括各种型号的达林顿型 NPN 晶体管。

⑦ "DARLINGTON_PNP"：包括各种型号的达林顿型 PNP 晶体管。

⑧ "BJT_NRES"：包括各种型号的内部集成偏置电阻的双极型 NPN 晶体管。

⑨ "BJT_PRES"：包括各种型号的内部集成偏置电阻的双极型 PNP 晶体管。

⑩ "BJT_CRES"：包括各种型号的双数字晶体管。

⑪ "IGBT"：包括各种型号的 IGBT 器件，它是一种 MOS 门控制的功率开关。

⑫ "MOS_DEPLETION"：包括各种型号的耗尽型 MOS 管。

⑬ "MOS_ENH_N"：包括各种型号的 N 通道增强型场效应管。

⑭ "MOS_ENH_P"：包括各种型号的 P 通道增强型场效应管。

⑮ "MOS_ENH_COMP"：包括各种型号的莫姆对偶互补型场效应管。

⑯ "JFET_N"：包括各种型号 N 沟道结型场效应管。

⑰ "JFET_P"：包括各种型号 P 沟道结型场效应管。

⑱ "POWER_MOS_N"：包括各种型号的 N 沟道功率绝缘栅型场效应管。

⑲ "POWER_MOS_P"：包括各种型号的 P 沟道功率绝缘栅型场效应管。

⑳ "POWER_MOS_COMP"：包括各种型号的复合型功率绝缘栅型场效应管。

㉑ "UJT"：包括各种型号可编程单结型晶体管。

㉒ "THERMAL_MODELS"：带有热模型的 NMOSFET。

3.1.5 模拟元件库

鼠标左键单击元件工具栏中的模拟管元件库，可弹出图 3-6 所示的"模拟元件选择"对话框。在"Family"栏下有 11 项分类，下面分别进行介绍：

① "All families"：选择该项，模拟元件库中的所有元件将列于窗口中间的元件栏中。

② "ANALOG_VIRTUAL"：包括各类模拟虚拟元件，如虚拟比较器、基本虚拟运放等。

③ "OPAMP"：包括各种型号的运算放大器。

④ "OPAMP_NORTON"：包括各种型号的诺顿运算放大器。

⑤ "COMPARATOR"：包括各种型号的比较器。

⑥ "DIFFERENTIAL_AMPLIFIERS"：包括各种型号的微分放大器。

⑦ "WIDEBAND_AMPS"：包括各种型号的宽频带运放。

⑧ "AUDIO_AMPLIFIER"：包括各种型号的音频放大器。

⑨ "CURRENT_SENSE_AMPLIFIERS"：包括各种型号的电流检测放大器。

⑩ "INSTRUMENTATION_AMPLIFIERS"：包括各种型号的仪器仪表放大器。

⑪ "SPECIAL_FUNCTION"：包括各种型号的特殊功能运算放大器，如测试运放、视频运放、乘法器、除法器等。

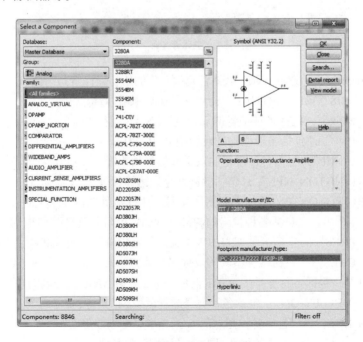

图 3-6 "模拟元件选择"对话框

3.1.6 TTL 元件库

TTL 元件库含有 74 系列的 TTL 数字集成逻辑器件。鼠标左键单击元件工具栏中的 TTL 元件库,可弹出图 3-7 所示的"TTL 元件选择"对话框。在"Family"栏下有 10 项分类,下面分别进行介绍:

① "All families":选择该项,TTL 元件库中的所有元件将列于窗口中间的元件栏中。

② "74STD":包含各种标准型 74 系列集成电路。

③ "74STD_IC":包含各种标准型 74 系列集成电路芯片。

④ "74S":包含各种肖特基型 74 系列集成电路。

⑤ "74S_IC":包含各种肖特基型 74 系列集成电路芯片。

⑥ "74LS":包含各种低功耗肖特基型 74 系列集成电路。

⑦ "74LS_IC":包含各种低功耗肖特基型 74 系列集成电路芯片。

⑧ "74F":包含各种高速 74 系列集成电路。

⑨ "74ALS":包含各种先进低功耗肖特基型 74 系列集成电路。

⑩ "74AS":包含各种先进的肖特基型 74 系列集成电路。

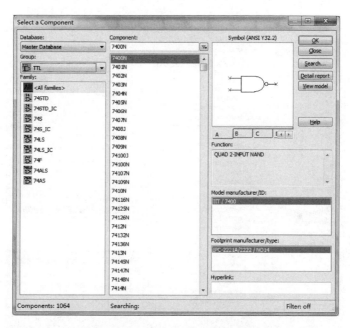

图 3-7 "TTL 元件选择"对话框

3.1.7 CMOS 元件库

CMOS 元件库含有各类 CMOS 数字集成逻辑器件。鼠标左键单击元件工具栏中的 CMOS 元件库,可弹出图 3-8 所示的"CMOS 元件选择"对话框。在"Family"栏下有 15 项分类,下面分别进行介绍:

① "All families":选择该项,CMOS 元件库中的所有元件将列于窗口中间的元件栏中。

② "CMOS_5V":5V 4XXX 系列 CMOS 集成电路。

③ "CMOS_5V_IC":5V 4XXX 系列 CMOS 集成电路芯片。

④ "CMOS_10V":10V 4XXX 系列 CMOS 集成电路。

⑤ "CMOS_10V_IC"：10V 4XXX 系列 CMOS 集成电路芯片。

⑥ "CMOS_15V"：15V 4XXX 系列 CMOS 集成电路。

⑦ "74HC_2V"：2V 74HC 系列 CMOS 集成电路。

⑧ "74HC_4V"：4V 74HC 系列 CMOS 集成电路。

⑨ "74HC_4V_IC"：4V 74HC 系列 CMOS 集成电路芯片。

⑩ "74HC_6V"：6V 74HC 系列 CMOS 集成电路。

⑪ "TinyLogic_2V"：包括 2V 快捷微型逻辑电路，如 NC7S 系列、NC7SU 系列、NC7SZ 系列和 NC7SZU 系列。

⑫ "TinyLogic_3V"：包括 3V 快捷微型逻辑电路，如 NC7S 系列、NC7SU 系列、NC7SZ 系列和 NC7SZU 系列。

⑬ "TinyLogic_4V"：包括 4V 快捷微型逻辑电路，如 NC7S 系列、NC7SU 系列、NC7SZ 系列和 NC7SZU 系列。

⑭ "TinyLogic_5V"：包括 5V 快捷微型逻辑电路，如 NC7S 系列、NC7ST 系列、NC7SU 系列、NC7SZ 系列和 NC7SZU 系列。

⑮ "TinyLogic_6V"：包括 6V 快捷微型逻辑电路，如 NC7S 系列和 NC7SU 系列。

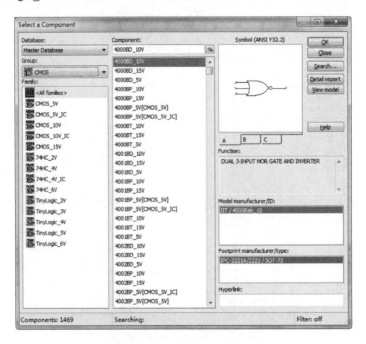

图 3-8　"CMOS 元件选择"对话框

3.1.8　微控制器模块库

MCU 模块库含有各类微控制器模块。鼠标左键单击元件工具栏中的 MCU 模块库，可弹出图 3-9 所示的 "MCU 模块选择"对话框。在 "Family"栏下有 5 项分类，下面分别进行介绍：

① "All families"：选择该项，MCU 模块库中的所有元件将列于窗口中间的元件栏中。

② "805x"：包含 8051 和 8052 单片机。

③ "PIC"：包含 PIC 单片机芯片 PIC16F84 和 PIC16F84A。

④ "RAM"：包含各种型号 RAM 存储芯片。
⑤ "ROM"：包含各种型号 ROM 存储芯片。

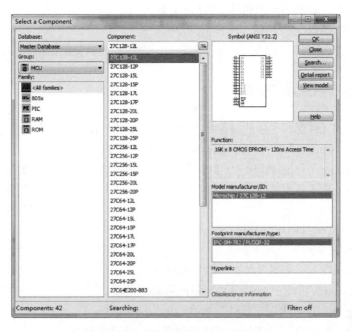

图 3-9 "MCU 模块选择"对话框

3.1.9　高级外设元件库

鼠标左键单击元件工具栏中的高级外设元件库，可弹出图 3-10 所示的"高级外设元件选择"对话框。在"Family"栏下有 5 项分类，下面分别进行介绍：

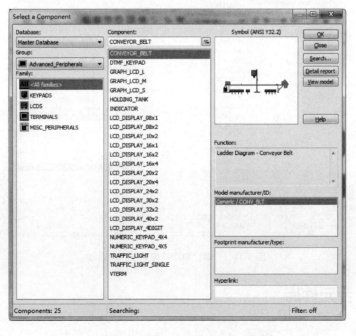

图 3-10 "高级外设元件选择"对话框

① "All families"：选择该项，高级外设元件库中的所有元件将列于窗口中间的元件栏中。

② "KEYPADS"：包括双音多频按键、4×4 数字按键和 4×5 数字按键。

③ "LCDS"：包括不同规格的 LCD 显示屏。

④ "TERMINALS"：包括一个串行端口。

⑤ "MISC_PERIPHERALS"：包括传送带、液体贮槽、变量值指示器、交通灯。

3.1.10　其他数字元件库

鼠标左键单击元件工具栏中的其他数字元件库，可弹出图 3-11 所示的"其他数字元件选择"对话框。在"Family"栏下有 9 项分类，下面分别进行介绍：

① "All families"：选择该项，其他数字元件库中的所有元件将列于窗口中间的元件栏中。

② "TIL"：包括各类数字逻辑器件，如与门、非门、异或门、三态门等，该库中的器件没有封装类型。

③ "MICROCONTROLLERS"：包括各种型号的单片机。

④ "MICROCONTROLLERS_IC"：包括各种型号的单片机集成芯片。

⑤ "MEMORY"：包括各种型号的 EPROM。

⑥ "LINE_DRIVER"：包括各种型号的线路驱动器。

⑦ "LINE_RECEIVER"：包括各种型号的线路接收器。

⑧ "LINE_TRANSCEIVER"：包括各种型号的线路收发器。

⑨ "SWITCH_DEBOUNCE"：包括各种型号的防抖动开关。

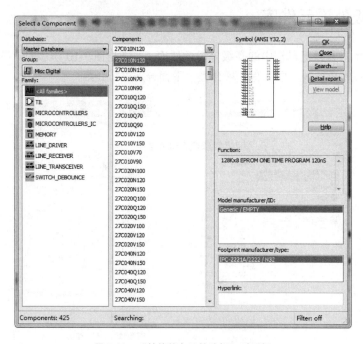

图 3-11　"其他数字元件选择"对话框

3.1.11　混合元件库

鼠标左键单击元件工具栏中的混合元件库，可弹出图 3-12 所示的"混合元件选择"对话框。在"Family"栏下有7项分类，下面分别进行介绍：

① "All families"：选择该项，混合元件库中的所有元件将列于窗口中间的元件栏中。

② "MIXED_VIRTUAL"：包括各种混合虚拟元件，如555定时器、模拟开关、分频器、单稳态触发器和锁相环。

③ "ANALOG_SWITCH"：包括各类模拟开关。

④ "TIMER"：包括不同型号的定时器。

⑤ "ADC_DAC"：包括各种型号的AD/DA转换器。

⑥ "MULTIVIBRATORS"：包括各种型号的多谐振荡器。

⑦ "SENSOR_INTERFACE"：包括各种型号的传感器接口。

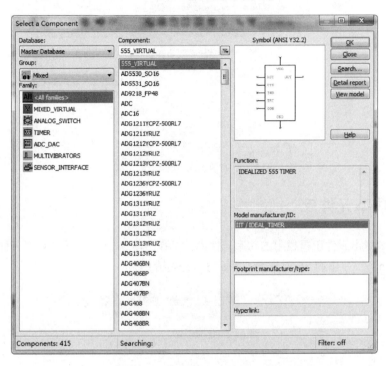

图3-12　"混合元件选择"对话框

3.1.12　显示元件库

鼠标左键单击元件工具栏中的显示元件库，可弹出图3-13所示的"显示元件选择"对话框。在"Family"栏下有9项分类，下面分别进行介绍：

① "All families"：选择该项，显示元件库中的所有元件将列于窗口中间的元件栏中。

② "VOLTMETER"：可测量交直流电压的伏特表。

③ "AMMETER"：可测量交直流电流的电流表。

④ "PROBE"：包括各色探测器，相当于一个LED，仅有一个连接端与电路中某点相连，当达到高电平时探测器发光。

⑤ "BUZZER"：包括蜂鸣器和固体音调发生器。

⑥ "LAMP"：包括各种工作电压和功率不同的灯泡。

⑦ "VIRTUAL_LAMP"：虚拟灯泡，其工作电压和功率可调节。

⑧ "HEX_DISPLAY"：包括各类十六进制显示器。

⑨ "BARGRAPH"：条形光柱。

图 3-13　"显示元件选择"对话框

3.1.13　功率元件库

鼠标左键单击元件工具栏中的功率元件库，可弹出图 3-14 所示的"功率元件选择"对话框。在"Family"栏下有 16 项分类，下面分别进行介绍：

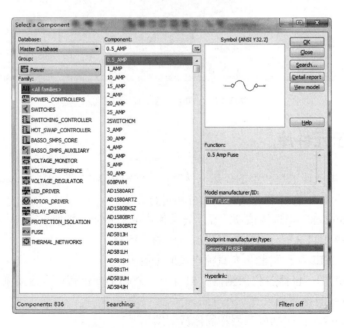

图 3-14　"功率元件选择"对话框

① "All families"：选择该项，功率元件库中的所有元件将列于窗口中间的元件栏中。
② "POWER_CONTROLLERS"：包括各种型号的功率控制器。

③ "SWITCHES"：包括各种型号的以晶体管和二极管构成的开关。

④ "SWITCHING_CONTROLLER"：包括各种型号的整流控制器。

⑤ "HOT_SWAP_CONTROLLER"：包括各种型号的热交换控制器。

⑥ "BASSO_SMPS_CORE"：包括各种型号的模式转换芯片。

⑦ "BASSO_SMPS_AUXILIARY"：包括各种型号的辅助开关电源控制器。

⑧ "VOLTAGE_MONITOR"：包括各种型号的电压监控器。

⑨ "VOLTAGE_REFERENCE"：包括各类基准电压元件。

⑩ "VOLTAGE_REGULATOR"：包括各种型号的稳压器。

⑪ "LED_DRIVER"：包括各种型号的 LED 驱动器。

⑫ "MOTOR_DRIVER"：包括各种型号的发动机驱动器。

⑬ "RELAY_DRIVER"：包括各种型号的继电器驱动器。

⑭ "PROTECTION_ISOLATION"：包括各种型号的隔离保护器。

⑮ "THERMAL_NETWORKS"：包括 3 种热网。

⑯ "FUSE"：包括不同熔断电流的熔断器。

3.1.14　混合类元件库

鼠标左键单击元件工具栏中的混合类元件库，可弹出图 3-15 所示的"混合类元件选择"对话框。"Family"栏下的项目分别为：

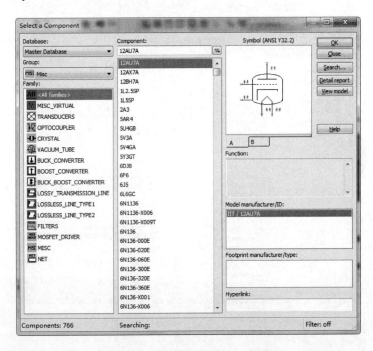

图 3-15　"混合类元件选择"对话框

① "All families"：选择该项，混合类元件库中的所有元件将列于窗口中间的元件栏中。

② "MISC_VIRTUAL"：包括一些虚拟的元件，如虚拟晶振、虚拟熔断器、虚拟发动机、虚拟光电耦合器等。

③ "TRANSDUCERS"：包括各种功能的传感器。

④ "OPTOCOUPLER"：包括各类光电耦合器。

⑤ "CRYSTAL"：包括各类晶振。

⑥ "VACUUM_TUBE"：包括各种类型的真空管。

⑦ "BUCK_CONVERTER"：降压转换器。

⑧ "BOOST_CONVERTER"：升压转换器。

⑨ "BUCK_ BOOST_CONVERTER"：升降压转换器。

⑩ "LOSSY_TRANSMISSION_LINE"：有损传输线。

⑪ "LOSSLESS_LINE_TYPE1"：一类无损传输线。

⑫ "LOSSLESS_LINE_TYPE2"：二类无损传输线。

⑬ "FILTERS"：各类滤波器芯片。

⑭ "MOSFET_DRIVER"：各类 MOS 管驱动器。

⑮ "MISC"：各类其他器件，如三态缓冲器、集成 GPS 接收器等。

⑯ "NET"：包括不同接口数量的网。

3.1.15 射频元件库

鼠标左键单击元件工具栏中的射频元件库，可弹出图 3-16 所示的"射频元件选择"对话框。在"Family"栏下有 9 项分类，下面分别进行介绍：

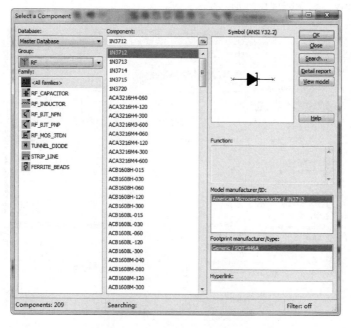

图 3-16 "射频元件选择"对话框

① "All families"：选择该项，射频元件库中的所有元件将列于窗口中间的元件栏中。

② "RF_ CAPACITOR"：包含一个 RF 电容。

③ "RF_ INDUCTOR"：包含一个 RF 电感。

④ "RF_BJT_NPN"：包含各种型号射频电路用 NPN 晶体管。

⑤ "RF_BJT_PNP"：包含各种型号射频电路用 PNP 晶体管。

⑥ "RF_MOS_3TDN"：包含各种型号射频电路用三端 N 沟道耗尽型 MOSFET。

⑦ "TUNNEL_DIODE": 包含各种型号的隧道二极管。

⑧ "STRIP_LINE": 包含各类带状线。

⑨ "FERRITE_BEADS": 包含各种型号铁氧体磁珠。

3.1.16 机电类元件库

机电类元件库主要由一些电工类元件组成。鼠标左键单击元件工具栏中的机电类元件库，可弹出图 3-17 所示的"机电类元件选择"对话框。在"Family"栏下有 9 项分类，下面分别进行介绍：

① "All families"：选择该项，机电类元件库中的所有元件将列于窗口中间的元件栏中。

② "MACHINES"：包括各种类型的发动机。

③ "MOTION_CONTROLLERS"：包括各种类型的步进控制器。

④ "SENSORS"：包括增量编码器和旋转角度解析器。

⑤ "MECHANICAL_LOADS"：包括 3 种机械负载。

⑥ "TIMED_CONTACTS"：包括各类定时接触器。

⑦ "COILS_RELAYS"：包括各类线圈与继电器。

⑧ "SUPPLEMENTARY_SWITCHES"：包括各种类型的补充开关。

⑨ "PROTECTION_DEVICES"：包括各种保护装置，如磁过载保护器、梯形逻辑过载保护器等。

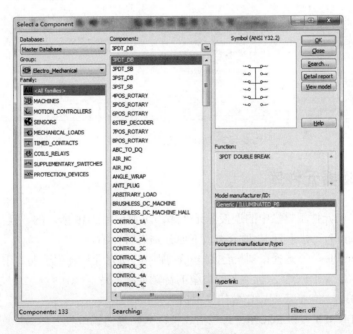

图 3-17　"机电类元件选择"对话框

3.1.17 梯形图元件库

梯形图元件主要在画 PLD 原理图时使用。鼠标左键单击元件工具栏中的梯形图元件库，可弹出图 3-18 所示的"梯形图元件选择"对话框。在"Family"栏下有 8 项分类，下面分别进行介绍：

① "All families"：选择该项，梯形图元件库中的所有元件将列于窗口中间的元件栏中。

② "LADDER_RUNGS"：包括梯形图的左右梯级。

③ "LADDER_IO_MODULES"：包括各种类型的输入输出模块。

④ "LADDER_RELAY_COILS"：包括 5 种继电器线圈。

⑤ "LADDER_CONTACTS"：包括 4 种继电器触点。

⑥ "LADDER_COUNTERS"：包括各种类型的计数器。

⑦ "LADDER_TIMERS"：包括各种类型的定时器。

⑧ "LADDER_OUTPUT_COILS"：包括 2 种输出线圈。

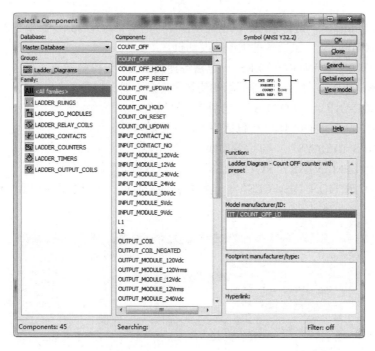

图 3-18　"梯形图元件选择"对话框

3.1.18　连接器元件库

鼠标左键单击元件工具栏中的连接器元件库，可弹出图 3-19 所示的"连接器元件选择"对话框。在"Family"栏下有 12 项分类，下面分别进行介绍：

① "All families"：选择该项，连接器元件库中的所有元件将列于窗口中间的元件栏中。

② "AUDIO_VIDEO"：包括各种类型的音频视频芯片。

③ "DSUB"：包括不同接口数的模拟信号接口。

④ "ETHERNET_TELECOM"：包括 3 种以太网通信端口。

⑤ "HEADERS_TEST"：包括各种类型的头文件测试端口。

⑥ "MFR_CUSTOM"：包括各种型号的自定义多频接收机。

⑦ "POWER"：包括各种型号的电池座和连接器。

⑧ "RECTANGULAR"：包括各种型号的矩形插座。

⑨ "RF_COAXIAL"：包括各种类型的同轴射频连接器。

⑩ "SIGNAL_IO"：包括各种类型的信号输入输出插座。

⑪ "TERMINAL_BLOCKS"：包括各种类型的末端模块。

⑫ "USB"：包括各种类型的 USB 接口。

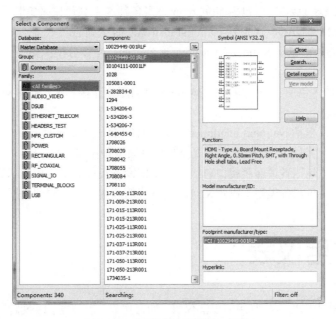

图 3-19　"连接器元件选择"对话框

3.1.19　NI 元件库

鼠标左键单击元件工具栏中的 NI 元件库，可弹出图 3-20 所示的"NI 元件选择"对话框。在"Family"栏下有 12 项分类，下面分别进行介绍：

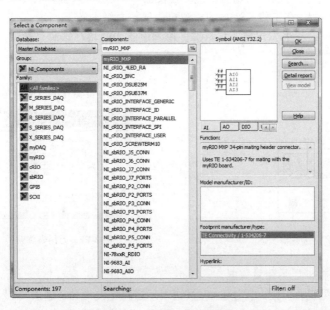

图 3-20　"NI 元件选择"对话框

① "All families"：选择该项，NI 元件库中的所有元件将列于窗口中间的元件栏中。
② "E_SERIES_DAQ"：包括 National Instruments 公司各种 E 系列数据采集芯片。
③ "M_SERIES_DAQ"：包括 National Instruments 公司各种 M 系列数据采集芯片。

④ "R_SERIES_DAQ"：包括 National Instruments 公司各种 R 系列数据采集芯片。

⑤ "S_SERIES_DAQ"：包括 NorComp 公司各种 S 系列数据采集芯片。

⑥ "X_SERIES_DAQ"：包括 National Instruments 公司各种 X 系列数据采集芯片。

⑦ "myDAQ"：包括 National Instruments 公司的一个微分模拟输入输出的双向数字 IO 端口芯片。

⑧ "myRIO"：包括一个使用 TE-534206-7 时的配套连接芯片，采用 NI 工业标准的可重配置 IO（RIO）技术。

⑨ "cRIO"：包括 National Instruments 公司的 LED、交互界面接口。

⑩ "sbRIO"：包括各类 RIO 嵌入式控制和采集设备接口。

⑪ "GPIB"：包括各类通用接口总线，可以使设备和计算机连接的总线。

⑫ "SCXI"：包括各类用于测量和自动化系统的高性能信号调理和开关平台。

3.2　常用仪表

本节介绍一些电路仿真中常用的仪器仪表，如万用表、示波器、函数信号发生器等，下面将详细介绍各仪器的使用方法。

3.2.1　万用表

万用表是一种可以用于测量交（直）流电压、交（直）流电流、电阻及电路中两点之间分贝电压消耗的仪表，它可以自动调整量程。在仪器栏中选择万用表后，图 3-21 所示的图标将随鼠标的拖动而移动，在工作区适当的位置单击鼠标左键放置万用表，双击图标将打开图 3-22 所示的万用表面板，当万用表的正负端连接到电路中时将显示测量数据。万用表面板从上到下可分为以下几部分：

图 3-21　万用表图标

图 3-22　万用表面板

① "显示"栏：显示测量数据。

② "测量类型选择"栏：单击"A"按钮表示进行电流测量，单击"V"按钮表示进行电压测量，单击"Ω"按钮表示进行电阻测量，单击"dB"按钮表示进行两点之间分贝电压损耗的测量。

③ "信号模式选择"栏：可选择测量交流信号或直流信号。

④ "属性设置"（Set）按钮：单击面板上的"Set"按钮将弹出图 3-23 所示的"万用表参

数设置"对话框，在该对话框中可进行电流表内阻、电压表内阻、欧姆表电流和 dB 相关值所对应电压值的电子特性设置，也可进行电流表、电压表和欧姆表显示范围的设置。一般情况下，采用默认设置即可。

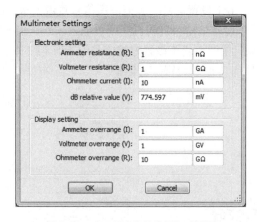

图 3-23　"万用表参数设置"对话框

◇ 应用举例：图 3-24 (a) 所示为一阶无源低通滤波器电路，通带截止频率为 $f_\mathrm{p} = \dfrac{1}{2\pi R_2 C_1} \approx 31.8\mathrm{Hz}$，输入信号为一交流电压源（5V，1000Hz），用万用表观察输出节点的交流电压，在万用表的面板上可以看到通过滤波器后的交流电压信号幅值衰减到了毫伏级 [图 3-24（b）]。

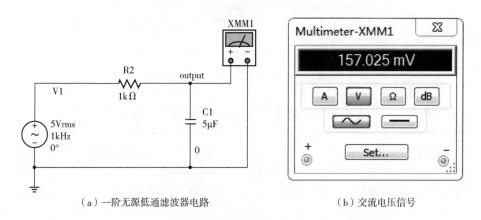

（a）一阶无源低通滤波器电路　　　　　　（b）交流电压信号

图 3-24　万用表的应用

注意：用于测量不同类型的信号时，万用表的连接形式不同。这里重点强调一下元件或元件网络电阻的测量。要进行精确的电阻测量应保证：被测元件网络中没有电源；被测元件或元件网络已接地；没有其他部分和被测的元件或元件网络并联。

3.2.2　函数信号发生器

函数信号发生器可提供正弦波、三角波和方波三种电压信号。在仪器栏中选择函数信号发生器后，图 3-25 所示的图标将随鼠标的拖动而移动，在工作区适当的位置单击鼠标左键放置函数信号发生器，双击图标将打开图 3-26 所示的面板，函数信号发生器除了正负电压输出端，还有公共接地端。下面将对函数信号发生器面板进行说明：

① "Waveforms" 栏：从左到右依次单击按钮可选择输出正弦波、三角波或方波信号。

② "Frequency" 栏：用于设置输出信号的频率。

③ "Duty cycle" 栏：用于设置输出三角波信号和方波信号的占空比。

④ "Amplitude" 栏：用于设置信号的幅值，即信号直流分量到峰值之间的电压值。

⑤ "Offset" 栏：用于设置输出信号的直流偏置电压，默认值为 0V。

⑥ "Set rise/Fall time" 按钮：用于设置方波信号的上升和下降时间，单击该按钮可弹出图 3-27 所示的 "方波上升/下降时间设置" 对话框。

图 3-25　函数信号发生器图标

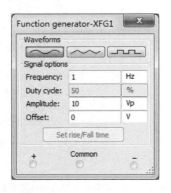

图 3-26　函数信号发生器面板

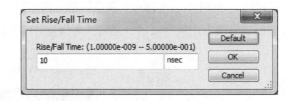

图 3-27　"方波上升/下降时间设置" 对话框

◇ 应用举例：仍以一阶无源低通滤波器电路为例，输入信号改为矩形波，如图 3-28 所示，其电压为 10V，频率为 10Hz，占空比为 50%，将上升和下降时间设为 1ns。输入信号由函数信号发生器的正电压端引出，为便于连线，右键单击函数信号发生器，在输出的菜单中选择将函数信号发生器图标左右翻转。用示波器观察输出端波形，如图 3-29 所示，方波的频率较低，所以没有被滤波器滤除。由于方波设了上升/下降时间，所以电压突变有一个过渡的过程。

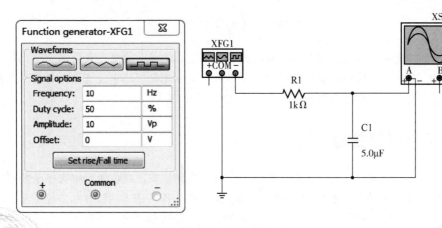

图 3-28　函数信号发生器的应用

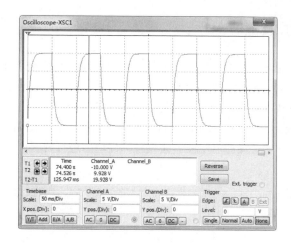

图 3-29　输出端波形

3.2.3　功率计

功率计又称瓦特计，用于测量电路的功率及功率因数。功率因数是电压与电流之间的相位差的余弦。在仪器栏中选择功率计后，图 3-30 所示的图标将随鼠标的拖动而移动，在工作区适当的位置单击鼠标左键放置功率计，双击图标将打开图 3-31 所示的面板，面板中上面显示电路输出负载上的功率值，下面显示功率因数。连接功率计时，应使电压表与负载并联，电流表与负载串联。

◇　应用举例：图 3-32 中的电路为甲乙类功率放大电路，负载为内阻为 8Ω 的蜂鸣器，在输出端接功率计，可以看到输出功率为 45.416W，功率因数为 1，即输出电压和电流没有相位差。

图 3-30　功率计图标

图 3-31　功率计面板

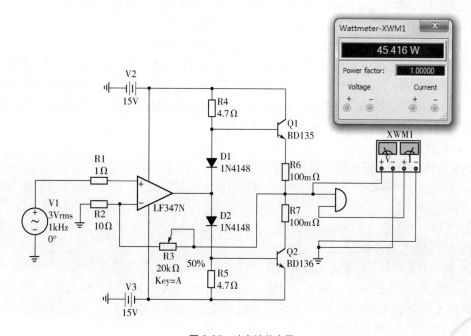

图 3-32　功率计的应用

3.2.4　双通道示波器

双通道示波器是用于观察电压信号波形的仪器，可同时观察两路波形。在仪器栏中选择双通道示波器后，图 3-33 所示的图标将随鼠标的拖动而移动，在工作区适当的位置单击鼠标左键放置双通道示波器，双通道示波器图标中的三组信号分别为 A、B 输入通道和外触发信号通道。双击图标将打开图 3-34 所示的面板，其中主要按钮的作用调整及参数的设置和实际双通道示波器相似。下面将双通道示波器面板各部分功能进行说明。

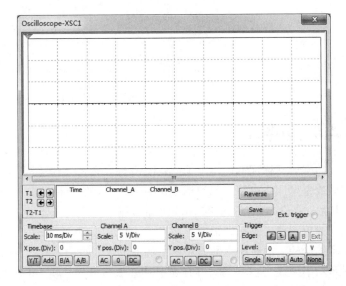

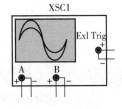

图 3-33　双通道示波器图标　　　　　图 3-34　双通道示波器面板

（1）波形和数据显示部分

波形显示屏背景颜色默认为黑色，中间最粗的线为基线。垂直于基线有两根游标，用于精确标定波形的读数，可手动拖动游标到某一位置。也可右键选择显示波形的标记，用以区分不同波形，或将游标确定在哪条波形上用以确定周期、幅值等。

波形显示屏下方的区域将显示游标所在位置的波形精确值。其中数据分为三行三列，三列分别为时间值、通道 A 幅值和通道 B 幅值，三行中 T1 为游标 1 所对应数值，T2 为游标 2 所对应数值，T2-T1 为游标 1 和 2 所对应数值之差。T1、T2 右边的箭头可以用来控制游标的移动。鼠标左键单击数据右边的"Reverse"按钮，可将波形显示屏背景颜色转为白色，单击"Save"按钮可将当前的数据以文本的形式保存。

（2）时基控制部分

时基（Timebase）控制部分的各项说明如下：

① 时间尺度（Scale）：设置 X 轴每个网格所对应的时间长度，改变其参数可将波形在水平方向展宽或压缩。

② X 轴位置控制（X position）：用于设置波形在 X 轴上的起始位置，默认值为 0，即波形从显示屏的左边缘开始。

③ 显示方式选择：双通道示波器的显示方式有四种，Y/T 方式将在 X 轴显示时间，Y 轴显示电压值；Add 方式将在 X 轴显示时间，Y 轴显示 A 通道和 B 通道的输入电压之和；B/A 方式将在 X 轴显示 A 通道信号，Y 轴显示 B 通道信号；A/B 方式和 B/A 方式正好相反。后两种方式显示的图形为李萨如图形。

(3) 双通道示波器通道设置部分

A、B 通道的各项设置相同，下面进行详细说明：

① Y 轴刻度选择（Scale）：设置 Y 轴的每个网格所对应的幅值大小，改变其参数可将波形在垂直方向展宽或压缩。

② Y 轴位置控制（Y position）：用于设置波形 Y 轴零点值相对于双通道示波器显示屏基线的位置，默认值为 0，即波形 Y 轴零点值在显示屏基线上。

③ 信号输入方式：用于设定信号输入的耦合方式。当用 AC 耦合时，双通道示波器显示信号的交流分量而把直流分量滤掉；当用 DC 耦合时，将显示信号的直流和交流分量；当用 0 耦合时，在 Y 轴的原点位置将显示一条水平直线。

(4) 触发参数设置部分

触发（Trigger）参数设置部分的各项功能为：

① 触发沿（Edge）选择：可选择输入信号或外触发信号的上升沿或下降沿触发采样。

② 触发源选择：可选择 A、B 通道和外触发通道（Ext）作为触发源。当 A、B 通道信号作为触发源时，当通道电压大于预设的触发电压时才启动采样。

③ 触发电平选择：用于设置触发电压的大小。

④ 触发类型（Type）选择：有四种类型可选，其中"Single"为单次触发方式，当触发信号大于触发电平时，双通道示波器采样一次后停止采样，再次单击"Single"按钮，可在下次触发脉冲来临后再采样；"Normal"为普通触发方式，当触发电平被满足后，双通道示波器刷新，开始采样；"Auto"表示计算机自动提供触发脉冲触发示波器，而无须触发信号，双通道示波器通常采用这种方式；"None"表示取消设置触发。

◇ 双通道应用举例：仍以一阶无源低通滤波器电路为例，输入信号为 5V、50Hz 的交流电压源，如图 3-35 所示，双通道示波器的 A 通道接到输入端，B 通道接到输出端，对电路进行仿真，双击打开双通道示波器的面板，如图 3-36 所示。单击"Reverse"按钮将显示屏背景反白，面板中各项的设置如图中所示。由于输入信号频率为 50Hz，所以信号的周期为 20ms，为了便于观察信号，可将 X 轴的刻度设为 10ms/格；输入信号幅值为 5V，所以将 A、B 通道中的 Y 轴刻度都设为 5V/格。可以看到，50Hz 的输入信号通过通带截止频率为 31.8Hz 的一阶无源低通滤波器后有一定的衰减和相移。移动游标 1 和 2，可以观察到输入、输出信号峰值的精确值。

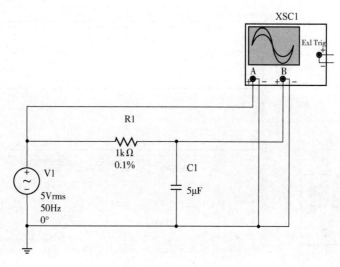

图 3-35　双通道示波器的应用

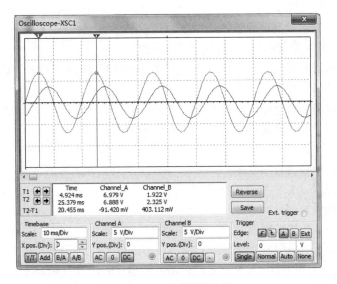

图 3-36　A、B 通道的波形

注意：双通道示波器中显示的两个通道波形的颜色默认都为红色，如想改变 B 通道信号的显示颜色，可在电路图中用鼠标右键单击连接到 B 通道正输入端的导线，在弹出的菜单中选择"Segment color"命令，即可为该导线选择一种颜色。对电路再仿真时，B 通道中信号的显示颜色自动改变。

3.2.5　四通道示波器

四通道示波器可以同时测量四个通道的信号，其他的功能和双通道示波器几乎完全相同。在仪器栏中选择四通道示波器后，图 3-37 所示的图标将随鼠标的拖动而移动，在工作区适当的位置单击鼠标左键可放置四通道示波器，四通道示波器图标中的 A、B、C、D 引脚分别为四路信号输入端，T 为外触发信号通道，G 为公共接地端。双击图标将打开图 3-38 所示的面板，其中主要设置可参见双通道示波器，只是其四个通道的控制通过一个旋钮来实现，当单击某一方向上的旋钮，则可对该方向所对应通道的参数进行设置。

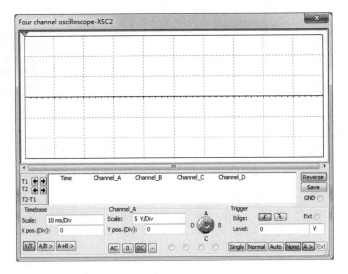

图 3-37　四通道示波器图标　　　　　　图 3-38　四通道示波器面板

3.2.6 波特图仪

波特图仪可用来测量电路的幅频特性和相频特性。在使用波特图仪时，电路的输入端必须接入交流信号源。在仪器栏中选择波特图仪后，图 3-39 所示的图标将随鼠标的拖动而移动，在工作区适当的位置单击鼠标左键可放置该图标，双击它可打开图 3-40 所示的波特图仪面板。

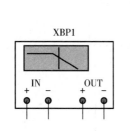

图 3-39 波特图仪图标

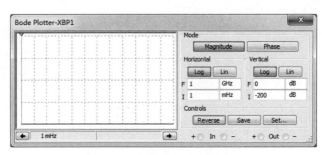

图 3-40 波特图仪面板

其面板可分为以下几部分：

（1）数据显示区

数据显示区主要用于显示电路的幅频或相频特性曲线。波特图仪显示屏上也有一个游标，可以用来精确显示特性曲线上任意点的值（频率值显示在显示屏左下方，幅值或相位显示在显示屏的右下方），游标的操作和示波器中相同，不再赘述。

（2）模式（Mode）选择区

单击"Magnitude"按钮，波特图仪将显示电路幅频特性；单击"Phase"按钮则显示相频特性。

（3）坐标设置区

在垂直（Vertical）坐标和水平（Horizontal）坐标设置区，按下"Log"按钮，则坐标以底数为 10 的对数形式显示；按下"Lin"按钮，则坐标以线性形式显示。在显示相频特性时，纵坐标只能选择以线性的形式显示。

水平坐标刻度显示的总是频率值，在"F"栏下可设置终止频率，"I"栏下可设置起始频率；垂直坐标刻度可显示幅值或相位，"F"栏下可设置终值，"I"栏下可设置起始值。

注意：为了观察较宽频率范围内的特性曲线，水平坐标常采用对数形式；显示幅频特性时，纵坐标也常采用对数形式。

（4）控制（Controls）区

控制区内包含三个按钮，单击"Reverse"按钮将使波特图仪显示屏背景反色，单击"Save"按钮可将当前的数据以文本的形式保存，单击"Set"按钮将弹出如图 3-41 所示的"分辨点数设置"对话框，在该对话框的"Resolution points"栏下可设置分辨点数，数值越大分辨率越高。

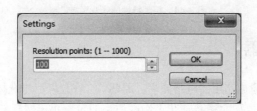

图 3-41 "分辨点数设置"对话框

◇ 应用举例：仍以上面的低通滤波电路为例，将波特图仪的输入、输出端分别与电路相连，如图 3-42 所示。对电路进行仿真，双击波特图仪图标可打开面板，选择显示幅频特性，幅频特性曲线及相应设置如图 3-43 所示，将游标移到 Y 值为 3dB 时所对应的位置，可得通带截止频率为 31.755Hz。选择显示相频特性，相频特性曲线及相应设置如图 3-44 所示，将游标的 X 值设为 50Hz，则相应的相角为−57.517°，即输出信号滞后于输入信号。

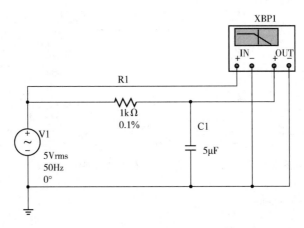

图 3-42　波特图仪的应用

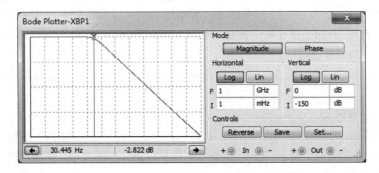

图 3-43　幅频特性曲线及相应设置

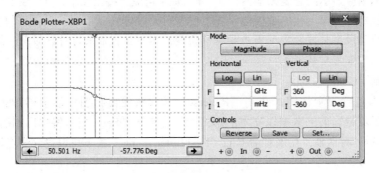

图 3-44　相频特性曲线及相应设置

3.2.7　频率计数器

频率计数器可以测量电路中的电路频率、周期等。在仪器栏中选择频率计数器后，图 3-45 所示的图标将随鼠标的拖动而移动，在工作区适当的位置单击鼠标左键可放置频率计数器，频率计数器只有一个端口，可以直接连接在需要测试的电路中。双击图标将打开图 3-46 所示的面板，"Measurement"栏可以查看电路的频率、周期、正负脉冲所需时间和信号的上升、下降时间；"Coupling"栏可以选择信号输入的耦合方式，当用 AC 耦合时，输入信号只有交流分量而把直流分量滤掉，当用 DC 耦合时，将输入信号的直流和交流分量；"Sensitivity（RMS）"栏可以设置灵敏电压，当灵敏电压大于电路中电压时，频率计数器将不工作；"Trigger level"栏可以设置触发电压大小；选中"Slow change signal"复选框，可以显示电路的实时频率；"Compression rate"可以设置波形周期的压缩比例。

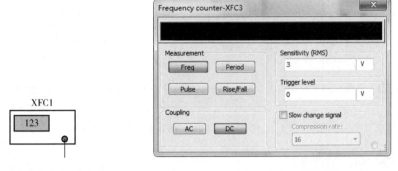

图 3-45　频率计数器图标　　　　　　　　　　图 3-46　频率计数器面板

3.3　高级仿真分析仪器

3.2 节介绍了一些常用仪器的功能和使用方法，下面来介绍一些高级仪器的使用，这些仪器有的适用于模拟电路的分析，有的适用于数字电路的分析，有的适用于高频电路的分析。

3.3.1　字信号发生器

字信号发生器能同时产生 32 路逻辑信号，用于对数字逻辑电路进行测试。在仪器栏中选择字信号发生器后，图 3-47 所示的图标将随鼠标的拖动而移动，在工作区适当的位置单击鼠标左键可放置该图标，图标左右两边分别为 16 路信号输出端，R 端为备用信号端，T 端为外触发信号端。双击图标可打开图 3-48 所示的字信号发生器面板，面板可分为以下几部分。

（1）字信号编辑区

该区域位于面板最右侧，当前信号以八位十六进制数的形式显示，信号的显示形式还可以在"Display"区更改。所有信号的初始值都为 0，单击某一行信号可对其进行修改。鼠标右键单击某一行信号，可弹出图 3-49 所示的菜单，菜单中的命令从上到下分别为：

① 对当前信号设置指针。

② 对该信号设置断点。

③ 删除当前断点。

④ 将当前信号设为信号循环的初始位置。

⑤ 将当前信号设为信号循环的终止位置。

⑥ 取消操作。

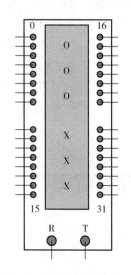

图 3-47 字信号发生器图标

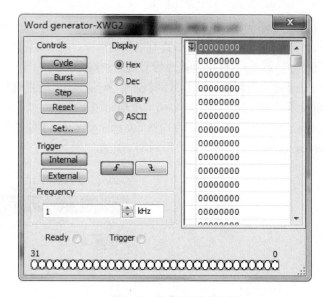

图 3-48 字信号发生器面板

（2）"Controls"选项区

该区域包括五个按钮，它们的功能分别为：

① "Cycle"按钮：设置所有字信号循环输出。

② "Burst"按钮：每单击一次将输出从起始位置到终止位置的所有字信号。

③ "Step"按钮：每单击一次将顺序输出一条字信号。

注意：单击这三个按钮，软件将自动进行仿真。

④ "Reset"按钮：回到字信号的起始位置。

⑤ "Set"按钮：单击该按钮将弹出图 3-50 所示的"参数设置"对话框，该对话框中"Display type"栏将控制字信号地址的显示形式，可选十六进制（Hex）和十进制（Dec）；"Buffer size"栏用于设置字信号缓冲区的大小；"Output voltage level"栏用于设置输出电压的最大值和最小值；"Initial pattern"栏用于设置起始信号的模式；"Preset patterns"栏用于预先设置字信号发生器的模式，下面有 8 个选项，它们的功能分别为：

a. "No change"项：不对当前的字信号做任何改变。

b. "Load"项：调用已保存的字信号文件。

c. "Save"项：将当前的字信号文件存盘，后缀名为.dp。

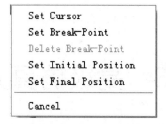

图 3-49 字信号设置菜单

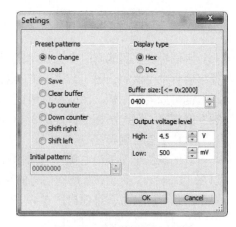

图 3-50 "参数设置"对话框

d. "Clear buffer"项：清除字信号缓冲区内的内容，字信号编辑区内的信号将全部清零。

e. "Up counter"项：字信号编辑区内的信号将从起始信号开始逐次加 1，起始信号的大小可在"Initial pattern"栏中设置。

f. "Down counter"项：字信号编辑区内的信号将从起始信号开始逐次减 1，起始信号的大小可在"Initial pattern"栏中设置。

g. "Shift right"项：字信号编辑区内的信号按右移的方式编码，起始信号的大小可在"Initial pattern"栏中设置。

h. "Shift left"项：字信号编辑区内的信号按左移的方式编码，起始信号的大小可在"Initial pattern"栏中设置。

（3）"Display"选项区

该区域用来设置字信号的显示形式，包括十六进制（Hex）、十进制（Dec）、二进制（Binary）和 ASCII 码。

（4）"Trigger"选项区

该区域用于设置触发方式，可选内部（Internal）触发或外部（External）触发，触发方式可选上升沿触发或下降沿触发。

（5）"Frequency"选项区

该区域用于设置字信号发生器的时钟频率。

◇ 应用举例：用数码管和逻辑分析仪观察产生的字信号，如图 3-51 所示。首先在字信号发生器面板中将缓冲区大小设为 5，预设字信号发生器模式为"Up counter"，起始字信号设为十六进制数 00000000，时钟频率为 1kHz，则字信号编辑区内的字信号如图 3-52 所示。在图 3-52 中单击一次"Step"按钮，字信号往下循环一个地址，如果单击"Cycle"按钮，字信号编辑区中的所有字信号将循环显示。

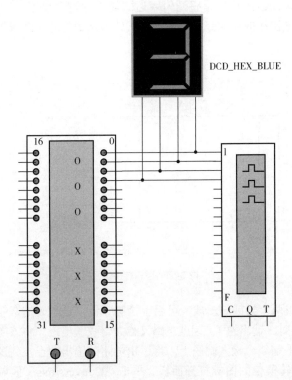

图 3-51　字信号发生器测试

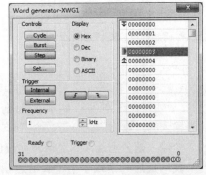

图 3-52　字信号发生器设置

注意：因为只用到字信号发生器的前四位信号，所以数码管中显示的仅是八位十六进制数的最后一位，所有字信号将在数码管中循环显示。

3.3.2　逻辑转换仪

逻辑转换仪是 Multisim 特有的仪器，能够完成真值表、逻辑表达式和逻辑电路三者之间的相互转换。在仪器栏中选择逻辑转换仪后，图 3-53 所示的图标将随鼠标的拖动而移动，在工作区适当的位置单击鼠标左键可放置该图标，图标共有 9 个接线端，左边的 8 个端子为输入端子，连接需要分析的逻辑电路的输入端，最后一个端子是输出端子，连接逻辑电路的输出端。双击图标可打开图 3-54 所示的逻辑转换仪面板，面板最上面的 A~H 为输入端连接情况标识，如端子变为白色，则表示已连接上，反之表示未连接；面板中间为真值表，连接端子个数确定后，该栏中会自动列出前几栏的数值，输出的值可由分析结果给出或由用户定义；真值表下方的空白栏中可显示逻辑表达式。最右边的"Conversions"栏中有六个控制按钮，它们的功能分别为：

① <kbd>⟜ → 1|0|1</kbd> 按钮：该按钮的功能是将已有逻辑电路转换成真值表。

② <kbd>1|0|1 → A|B</kbd> 按钮：该按钮的功能是将真值表转换为逻辑表达式。当真值表是由逻辑电路转换而得出，可直接单击该按钮得出逻辑表达式；用户也可新建真值表来推导逻辑表达式，新建真值表的方法为单击选择面板上方的输入端子，使已选的端子反白，真值表中将自动列出已选输入信号的所有组合，输出端的状态初始值全部为未知（？），用户可以定义为 0、1 或 X（单击一次变为 0，单击两次变为 1，单击三次变为 X）。

③ <kbd>1|0|1 SIMP A|B</kbd> 按钮：该按钮的功能是将真值表转化为简化的逻辑表达式。

④ <kbd>A|B → 1|0|1</kbd> 按钮：该按钮的功能是将逻辑表达式转换成真值表。

⑤ <kbd>A|B → ⟜</kbd> 按钮：该按钮的功能是将逻辑表达式转换为逻辑电路。

⑥ <kbd>A|B → NAND</kbd> 按钮：该按钮的功能是将逻辑表达式转换成由与非门组成的逻辑电路。

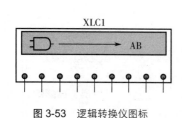

图 3-53　逻辑转换仪图标

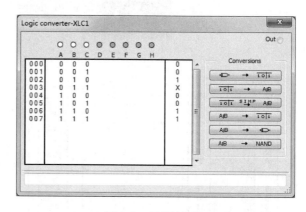

图 3-54　逻辑转换仪面板

◇　应用举例：图 3-55 所示的电路由两个异或门组成，可用于检测 3 位二进制码的奇偶性，当输入的二进制码含有奇数个"1"时，输出为 1，因此电路又称为奇校验电路。将该电路的 3 个输入端分别连接到逻辑转换仪的前 3 个输入端子上，将逻辑电路的输出端连接到逻辑转换仪的最后一个端子上，双击逻辑转换仪的图标打开面板，单击"Conversions"区域中的第一个按钮，可得电路真值表，单击第三个按钮将所得真值表再转换成最简逻辑表达式，如图 3-56 所示。

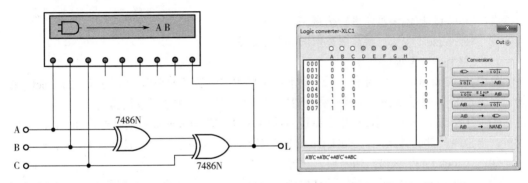

图 3-55 逻辑转换仪的应用　　　　　　　　图 3-56 由逻辑电路所得的真值表和最简逻辑表达式

3.3.3 逻辑分析仪

逻辑分析仪用来对数字逻辑电路的时序进行分析，可以同步显示 16 路数字信号。在仪器栏中选择逻辑分析仪后，图 3-57 所示的图标将随鼠标的拖动而移动，在工作区适当的位置单击鼠标左键可放置该图标，图标左边的 16 个引脚可连接 16 路数字信号，下面的 C 端用于外接时钟信号，Q 端为时钟控制端，T 端为外触发信号控制端。双击图标可打开图 3-58 所示的逻辑分析仪面板，面板可分为以下几部分。

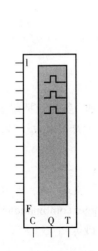

图 3-57 逻辑分析仪图标

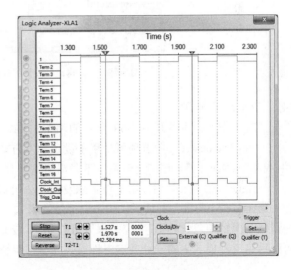

图 3-58 逻辑分析仪面板

（1）波形及数据显示区

逻辑分析仪的显示屏用于显示各路数字信号的时序，顶端为时间坐标，左边前 16 行可显示 16 路信号，已连接输入信号的端点，其名称将变为连接导线的网点名称，下面的"Clock_Int"为标准参考时钟，"Clock_Qua"为时钟检验信号，"Trigg_Qua"为外触发检验信号。

两个游标用于精确显示波形的数据，波形显示屏下方的 T1 和 T2 两行的数据分别为两个游标所对应的时间值，以及由所有输入信号从高位到低位所组成的二进制数所对应的十六进制数，T2-T1 行显示的是两个游标所在横坐标的时间差。

（2）控制按钮区

① "Stop"按钮：停止仿真。

② "Reset"按钮: 重新进行仿真。

③ "Reverse"按钮: 将波形显示屏的背景反色。

(3) "Clock"选项区

其中"Clocks/Div"栏用于设置一个水平刻度中显示脉冲的个数。单击下方的"Set"按钮, 可弹出图 3-59 所示的"采样时钟设置"对话框, 该对话框的各项设置为:

① "Clock source"区域: 用于设置时钟信号为外部 (External) 时钟或内部 (Internal) 时钟, 当选择外部时钟后, "Clock Qualifier"项可设, 即可选时钟限制字为 1、0 或 x。

② "Clock rate"区域: 用于设置时钟信号频率。

③ "Sampling setting"区域: 该区域用于设置采样方式, 包含三个选项, 其中"Pre-trigger samples"项用于设定触发信号到来之前的采样点数; "Post-trigger samples"项用于设定触发信号到来后的采样点数; "Threshold volt. (V)"项用于设定门限电压。

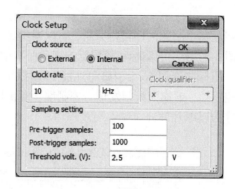

图 3-59   "采样时钟设置"对话框

(4) "Trigger"选项区

单击"Set"按钮, 可打开图 3-60 所示的"触发方式设置"对话框, 其中包括以下几部分:

① "Trigger clock edge"选项区: 用于设定触发方式, 可选"上升沿触发"(Positive)、"下降沿触发"(Negative) 或"上升沿、下降沿皆可"(Both)。

② "Trigger qualifier"栏: 用于设定触发检验, 可选 0、1 或 x。

③ "Trigger patterns"选项区: 用于选择触发模式, 有三种可设模式 (A、B、C), 用户可以编辑每个模式中包含的 16 个位, 每位可选 0、1 或 x, 在"Trigger combinations"下拉菜单中可选定这三种模式中的一种或这三种模式的某种组合 (如与、或等)。

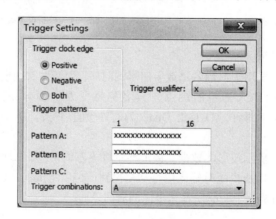

图 3-60   "触发方式设置"对话框

◇ 应用举例：图 3-61 所示的电路为用 74161N 芯片设计的一个九进制计数器，输入时钟信号为 100Hz 的脉冲信号，74161N 的输出端和逻辑分析仪信号输入端按信号的高低位依次连接，逻辑分析仪采用和 7416N 同一外部时钟，在时钟设置中将时钟改为外部时钟，频率改为 100Hz，其他按默认设置。对电路进行仿真，波形如图 3-62 所示，4 端信号为最低位的信号，可以看到电路实现了九进制计数，游标 1 对应了九进制的数 8，游标 2 对应了九进制的数 1。

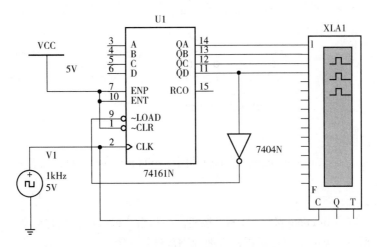

图 3-61　逻辑分析仪的应用

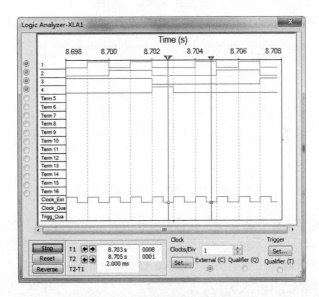

图 3-62　九进制计数器电路仿真时序

3.3.4　伏安特性分析仪

伏安特性分析仪可用于测量二极管、三极管和 MOS 管的伏安特性曲线，被测元件应是在电路中无连接的单独元件，如需要测量电路中某一元件的伏安特性，需要先将连接断开。在仪器栏中选择伏安特性分析仪后，图 3-63 所示的图标将随鼠标的

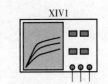

图 3-63　伏安特性分析仪图标

拖动而移动，在工作区适当的位置单击鼠标左键可放置该图标，双击它可打开伏安特性分析仪面板，可分为以下几部分。

（1）被测元件类型选择（Components）

有五种元件的伏安特性可以被测量，分别为二极管（Diode）、PNP 型双极型晶体管（BJT PNP）、NPN 型双极型晶体管（BJT NPN）、P 沟道 MOS 管（PMOS）和 N 沟道 MOS 管（NMOS）。当选择不同类型的元件时，伏安特性分析仪面板下方的接口示意图将各不相同，如图 3-64 所示，示意图中三个端点的顺序对应了伏安特性分析仪图标中 3 个引脚的排列顺序。

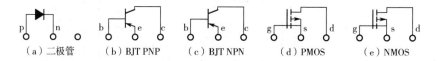

|（a）二极管|（b）BJT PNP|（c）BJT NPN|（d）PMOS|（e）NMOS|

图 3-64　各类型元件连接示意图

（2）显示范围设置

可设置电流范围（Current range）和电压范围（Voltage range），具体设置和波特图仪相似，这里不再赘述。

（3）仿真参数设置

单击面板下方"Simulate parameters"按钮，将弹出"参数设置"对话框，对于不同的被测元件，对话框中设置的参数也不同，下面分别来进行介绍。

① 当选择二极管为测量元件时，仿真参数设置对话框如图 3-65 所示，只有"V_pn"（PN 结电压）区域可以设置，其中包括起始扫描电压、终止扫描电压和扫描增量。

图 3-65　二极管仿真参数设置

② 当选择双极型晶体管作为测量元件时，仿真参数设置对话框如图 3-66 所示，其中"V_ce"区域中可以设置晶体管 c、e 两极间的扫描起始电压、终止电压和扫描增量；"I_b"区域可以设置晶体管基极电流扫描的起始电流、终止电流和步长。选择"Normalize data"选项表示测量结果将以归一化方式显示。

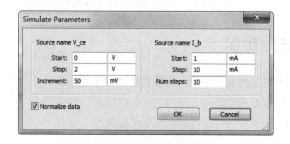

图 3-66　BJT 仿真参数设置

③ 当选择 MOS 管作为测量元件时，仿真参数设置对话框如图 3-67 所示，其中"V_ds"区域中可以设置 MOS 管 d、s 两极间的扫描起始电压、终止电压和扫描增量；"V_gs"区域中可以设置 MOS 管 g、s 两极间的扫描起始电压、终止电压和步长。

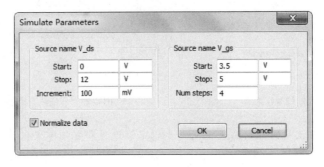

图 3-67　MOS 管仿真参数设置

（4）图形和数据显示区

该区域和其他仪表相似，游标用于精确测量波形数据，测得数据将在显示屏下方的读数栏中显示。

◇ 应用举例：下面将测量 NPN 型晶体管 2N2222A 的伏安特性，按图 3-64（c）的接线方式将晶体管接到伏安特性分析仪上，如图 3-68 所示。双击伏安特性分析仪图标打开仪器面板，选择元件类型为 BJT NPN，单击"Simulate parameters"按钮，按图 3-69 中的参数进行设置，然后对电路进行仿真，软件将自动调节纵坐标的显示范围，且横纵坐标均采用线性形式显示，仪器面板如图 3-69 所示。显示屏中横坐标的值为晶体管集电极与发射极之间的电压 Vce，纵坐标的值为集电极电流 Ic，图中 9 条曲线分别为 Ib 取 1~9A 时的函数曲线，伏安特性曲线描述的即是当基极电流 Ib 为一常量时，Ic 与 Vce 之间的函数关系。在显示屏中的任意位置单击鼠标右键，可弹出图 3-70 所示的菜单，选择"Select a trace"命令将打开图 3-71 所示的对话框，在其中的下拉菜单下可选择不同 Ib 值的曲线。当选择了该曲线后，游标移到这一组曲线上，读数栏中显示的数据将是被选中曲线上游标所对应点的值。在图 3-70 所示的菜单中选择"Show select marks on trace"命令，选中的曲线将以三角标记，如图 3-69 所示，要想消除标记，可再选择"Show select marks on trace"命令。

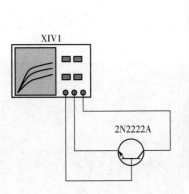

图 3-68　2N2222A 伏安特性测量电路

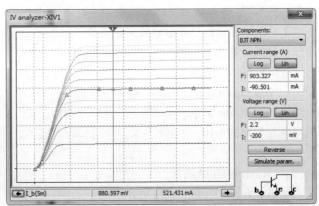

图 3-69　伏安特性分析仪测量结果

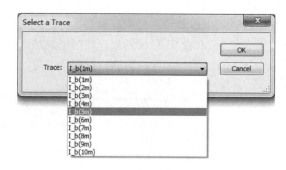

图 3-70　曲线操作菜单　　　　　　　　　　　图 3-71　"曲线选择"对话框

注意：不同元件伏安特性的意义不同，要想正确设置和解读各伏安特性图的意义，必须掌握其原理。

3.3.5　失真度分析仪

失真度分析仪可用来测量电路的总谐波失真和信噪比。在仪器栏中选择失真度分析仪后，图 3-72 所示的图标将随鼠标的拖动而移动，在工作区适当的位置单击鼠标左键可放置该图标，双击它可打开图 3-73 所示的失真度分析仪面板，可分为以下几部分。

图 3-72　失真度分析仪图标

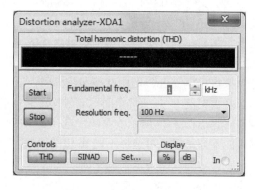

图 3-73　失真度分析仪面板

（1）显示屏

用于显示测量数据，如总谐波失真或信噪比。

（2）参数设置区

该区域包含两个选项：

① "Fundamental freq."项：用于设置基频。

② "Resolution freq."项：用于设置分辨频率，最小值可设为基频的 1/10，可在下拉菜单下选择设置其他的值。

（3）"Controls"区域

该区域包含三个按钮，其作用分别为：

① "THD"按钮：选择测量电路的总谐波失真。

② "SINAD"按钮：选择测量信噪比。

③ "Set"按钮：单击该按钮将弹出图 3-74 所示的

图 3-74　"测试参数设置"对话框

对话框，用于设置测试参数。该对话框中各部分的功能为："THD definition"选择总谐波失真的定义方式，有 IEEE 和 ANSI/IEC 两种标准可选；"Harmonic num."项用于设置谐波次数；"FFT points"项用于设置 FFT 分析点数。设置完毕单击"OK"按钮保存设置。

（4）显示（Display）形式设置区

用于设置数据以"%"或"dB"的形式表示。

（5）启动停止区域

仿真开始后，单击"Stop"按钮停止测试，单击"Start"按钮重新开始测试。

◇ 应用举例：在第 2 章的 2.4.1 节中我们用 50Hz 陷波器的例子说明了多页平铺设计，下面仍以该电路为例，来说明失真度分析仪的使用。直流稳压源输入为 220V、50Hz 的交流电，输出为±15V 直流电压；陷波器电路部分如图 3-75 所示，在该电路的输出端连接失真度分析仪，将基频设为 10Hz，分辨频率取 1Hz，选择显示总谐波失真 THD（%），其他设置用软件的默认设置，对电路进行仿真，稳定后的测试结果如图 3-76 所示。

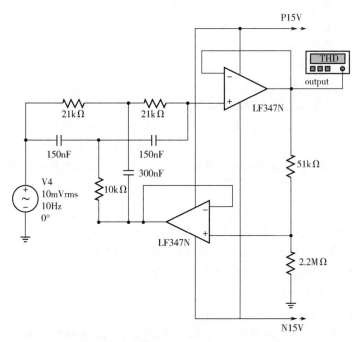

图 3-75　50Hz 陷波器电路中失真度分析仪的应用

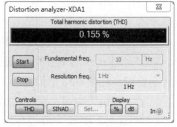

图 3-76　稳定后的测试结果

3.3.6　频谱分析仪

频谱分析仪可以用来分析信号在一系列频率下的功率谱，确定高频电路中各频率成分的存在性。在仪器栏中选择频谱分析仪后，图 3-77 所示的图标将随鼠标的拖动而移动，在工作区适当的位置单击鼠标左键可放置该图标，其中 IN 为信号输入端子，T 为外触发信号端子。双击图标可打开图 3-78 所示的频谱分析仪面板，可分为以下几部分。

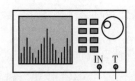

图 3-77　频谱分析仪图标

（1）频谱显示区

该显示区内横坐标表示频率值，纵坐标表示某频率处信号的幅值（在"Amplitude"区域中可选择"dB""dBm"和"Lin"3 种显示形式）。用游标可显示所对应波形的精确值。

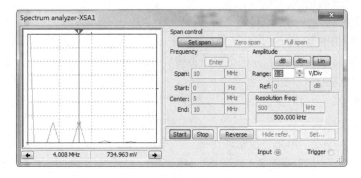

图 3-78　频谱分析仪面板

（2）"Span control"选项区

该区域包括三个按钮，用于设置频率范围的方式，三个按钮的功能分别为：

① "Set span"按钮：频率范围可在"Frequency"选项区设定。

② "Zero span"按钮：仅显示以中心频率为中心的小范围内的权限，此时在"Frequency"选项区仅可设置中心频率值。

③ "Full span"按钮：频率范围自动设为 0 ~ 4GHz。

（3）"Frequency"选项区

该选项区包括四栏设置，其中"Span"栏中可设置频率范围；"Start"栏设置起始频率；"Center"栏设置中心频率；"End"栏设置终止频率。设置好后，单击"Enter"按钮进行参数确定。

注意：在"Set span"方式下，输入频率范围和中心频率值，然后单击"Enter"按钮，软件可自动计算出起始频率和终止频率。

（4）"Amplitude"选项区

该区域用于选择幅值的显示形式和刻度，其中三个按钮的作用为：

① "dB"按钮：设定幅值用波特图的形式显示，即纵坐标刻度的单位为 dB。

② "dBm"按钮：当前刻度可由 10lg（V/0.775）计算而得，刻度单位为 dBm。该显示形式主要应用在终端电阻值为 600Ω 的情况，可方便读数。

③ "Lin"按钮：设定幅值坐标为线性坐标。

"Range"栏用于设置显示屏纵坐标每格的刻度值。"Ref"栏用于设置纵坐标的参考线，参考线的显示与隐藏可通过控制按钮区的"Show refer./Hide refer."按钮控制，参考线的设置不适用于线性坐标的曲线。

（5）"Resolution freq."选项区

用于设置频率分辨率，其数值越小，分辨率越高，但计算时间也会相应延长。

（6）控制按钮区

该区域包含五个按钮，下面分别介绍各按钮的功能：

① "Start"按钮：启动分析。

② "Stop"按钮：停止分析。

③ "Reverse"按钮：使显示区的背景反色。

④ "Show refer./Hide refer."按钮：用来控制是否显示参考线。

⑤ "Set"按钮：用于进行参数的设置，如图 3-79 所

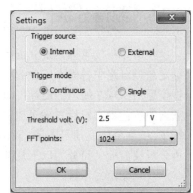

图 3-79　"参数设置"对话框

示，"Trigger source"部分用于设置是外部触发（External）还是内部触发（Internal）；"Trigger mode"部分用于设置触发模式，可选连续触发（Continuous）和单次触发（Single）两种模式；"Threshold volt.（V）"栏用于设置门限电压值；"FFT points"栏用于设置 FFT 分析点数。

◇ 应用举例：图 3-80 所示的电路为一 RF（射频）放大电路，输入信号包含两种频率的交流信号，用频谱分析仪分析放大电路的输出点，设中心频率为 5MHz，起始频率为 0Hz，终止频率为 10MHz，频带宽为 10MHz，其他参数按默认设置，进行仿真分析可得图 3-78 所示的结果，输出信号除了还有 2MHz 和 4MHz 的频率成分外，还含有直流成分，其他的谐波成分可忽略不计。将结果以波特图的形式显示，如图 3-81 所示，设参考线位于 0dB 处，单击"Show refer."按钮在显示屏偏上方 0dB 处将出现一条实线。

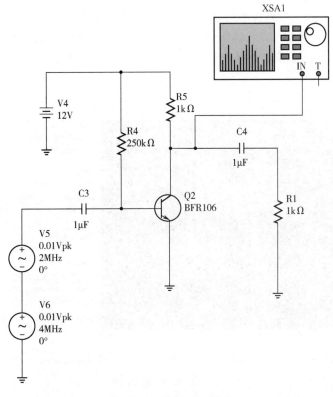

图 3-80　频谱分析仪的应用

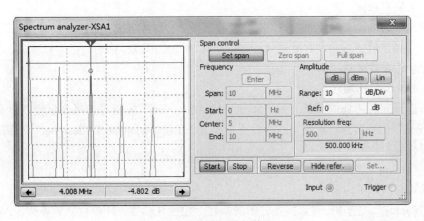

图 3-81　波特图分析结果

3.3.7 网络分析仪

网络分析仪常用于分析高频电路散射参数（S 参数），这些 S 参数用于利用其他 Multisim 仿真来得到匹配单元，网络分析仪也可计算 H、Y、Z 参数。使用网络分析仪时，电路被理想化为一个双端的网络，电路输入、输出端必须不能接信号源或负载，直接接到网络分析仪的两个输入端。

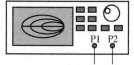

图 3-82　网络分析仪图标

当开始仿真时，网络分析仪将自动执行两个交流分析，第一个交流分析用于在输入端计算前向参数 S11 和 S21，第二个交流分析用于在输出端计算反向参数 S22 和 S12。当 S 参数确定后，可在网络分析仪中以多种方式查看数据，并可基于这些数据进行进一步的分析。在仪器栏中选择网络分析仪后，图 3-82 所示的图标将随鼠标的拖动而移动，在工作区适当的位置单击鼠标左键可放置该图标，其中 P1 为输入端子，P2 为输出端子。双击图标可打开图 3-83 所示的网络分析仪面板，面板可分为以下几部分。

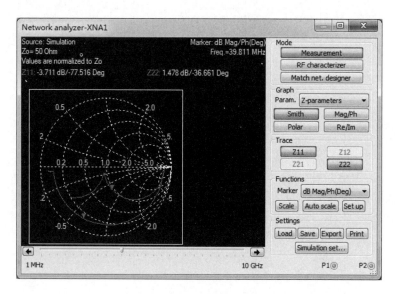

图 3-83　网络分析仪面板

（1）数据显示区

数据显示区内除了图像曲线外，还包含显示模式、特性阻抗、标记点频率、标记点参数数值等信息。显示屏下方的左右箭头可控制图形中的箭头形游标移动到指定频率处，所对应参数值的颜色和参数曲线相同。

（2）"Mode" 选项区

用于选择三种不同的分析方式：单击 "Measurement" 按钮可选择测量模式；单击 "RF characterizer" 按钮可选择射频电路特性分析模式；单击 "Match net. designer" 按钮可选择网络匹配设计模式。

（3）"Graph" 选项区

该区域包括以下内容：

①"Param."选项：可选择要分析的参数，包括 S 参数、H 参数、Y 参数、Z 参数和稳定因子（Stability factor）。

② 数据显示模式设置：这部分包括四个按钮，每个按钮代表一种模式，其中"Smith"表示数据以史密斯模式显示，"Mag/Ph"表示数据分别以增益和相位的频率响应图显示，"Polar"表示数据以极坐标图显示，"Re/Im"表示数据以参数实部和虚部的频率响应图显示。

（4）"Trace"选项区

该选项区用于设置所需显示的参数分量，这些分量和在"Graph"选项区中所选的参数项对应。

（5）"Functions"选项区

该区域包含以下内容：

① "Marker"栏：用于选择参数的显示形式，其中可选"Re/Im""Mag/Ph（Degs）"和"dB Mag/Ph（Deg）"三种显示形式。

② "Scale"按钮：用于手动设定刻度。

③ "Auto scale"按钮：由软件自动进行刻度调整。

④ "Set up"按钮：可弹出如图3-84所示的"图形显示设置"对话框，在"Trace"页中可设置各曲线的颜色、线条等，在"Grids"页中可设置网格和文本的颜色、样式等，在"Miscellaneous"页中可设置图框的线宽、颜色及背景、绘图区、资料文字的颜色等。

（6）"Settings"选项区

该区域包括五个按钮，其中单击"Load"按钮可读取S参数文件，单击"Save"按钮可将当前数据以S参数文件形式保存，单击"Export"按钮将当前数据值输出到文本文件，单击"Print"按钮打印当前图形数据，单击"Simulation set"按钮可弹出图3-85所示的"仿真设置"对话框，其中在"Stimulus"区域中可设置仿真的起始/终止频率、扫描方式和每10倍频的点数，在"Characteristic impedance"区域中可设置特性阻抗值。

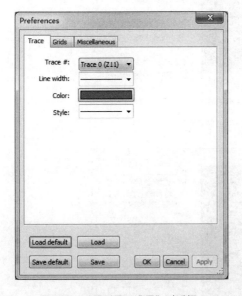

图3-84 "图形显示设置"对话框

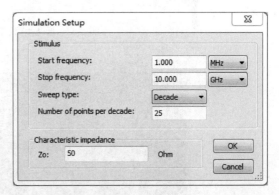

图3-85 "仿真设置"对话框

◇ 应用举例：仍以上面的射频放大电路为例，输入、输出端和网络分析仪的P1、P2端相连，如图3-86所示，选择测量模式，其他参数按默认设置，单击"Auto scale"按钮使刻度由软件自动调整。S参数分量的图形分别如图3-87~图3-89所示。

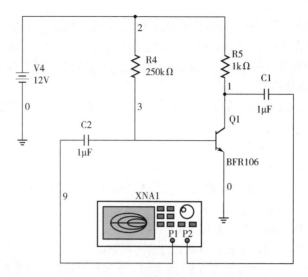

图 3-86　网络分析仪的应用

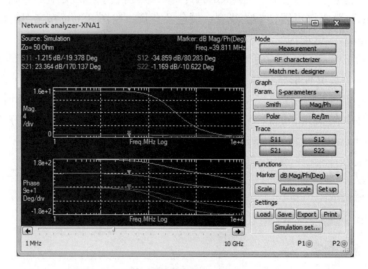

图 3-87　增益和相位的频率响应图

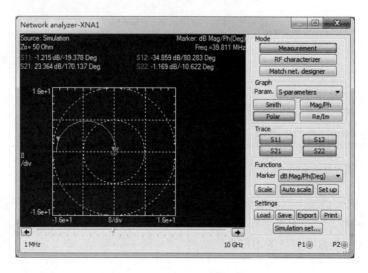

图 3-88　极坐标图

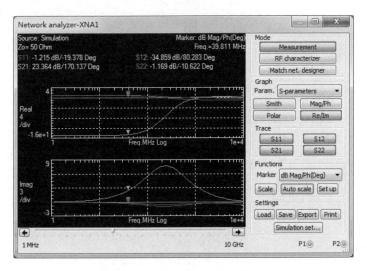

图 3-89　参数实部和虚部的频率响应图

3.4　其他仪器

本节简单介绍一下 Multisim 中探针的应用和特定厂家生产的一些仪器，以及 LabVIEW 虚拟仪器。

3.4.1　测量探针

测量探针作为动态探针，可在工作空间中方便快捷地测量电路中不同点处的电压、电流、功率和频率值等，在进行各种电路分析时，它又可作为静态探针，将该点的电压值和电流值作为分析的变量。放置探针时，可选择"View"/"Toolbars"/"Place probe"显示探针工具栏。Multisim 为用户提供了 7 种不同的探针供选择。

在探针工具栏选择相应的探针后，探针的图标会随着鼠标的拖动而移动，当探针的显示框高亮显示时，表示探针连接正确，电压、电流数字探针要放在导线上，功率探针要放在元器件上，如图 3-90、图 3-91 所示，各探针的功能分别为：

① 电压探针 Ⓥ：测量所在电路对地电压的当前值、峰-峰值、有效值、直流分量和频率。

② 电流探针 Ⓐ：测量所在电路电流的当前值、峰-峰值、有效值、直流分量和频率。

③ 功率探针 Ⓦ：测量所测元器件功率的当前值、平均值。

④ 差动探针 ⒱：拥有两个探头，可以接在某个元器件或电路的两端，测量所在元器件或电路电压的当前值、峰-峰值、有效值、直流分量和频率。但两个探针必须同时接在电路上，否则无法工作。

⑤ 电压-电流探针 ⒶⓎ：可以同时实现单个电压、电流探针的功能。

⑥ 参考电压探针 Ⓥ：可以配合电压探针使用，实现差动探针的功能，但比差动探针在使用上更灵活。

⑦ 数字探针 ⒨：可以在数字电路或逻辑电路中使用，可以实时观察所在电路的逻辑值

和频率。

⑧ "设置"按钮 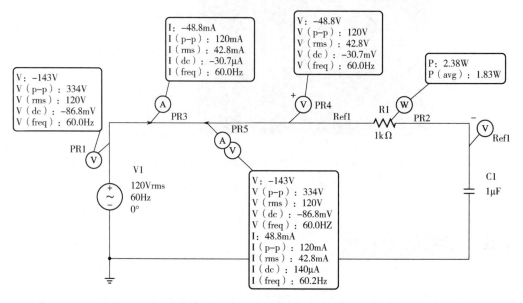：可以打开"设置"对话框，对所有探针的显示参数、外观和记录仪形式进行设置。

图 3-90 电压、电流、功率探针在电路中的应用

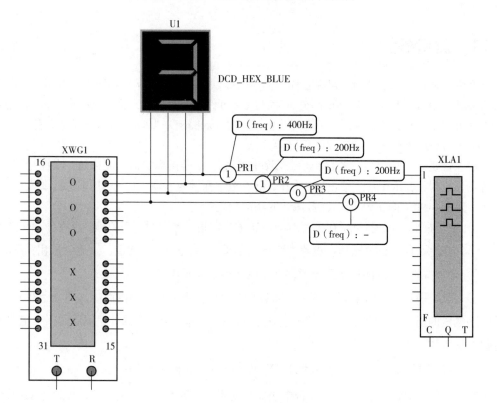

图 3-91 数字探针在电路中的应用

3.4.2 电流探针

Multisim 中的电流探针仿效工业中的电流钳探针，将测量点处的电流转化为该点的电压值，然后将电流探针的输出端接到示波器上以观察该点的电压值，如图 3-92 所示。实际电流可由探针的电压/电流比率决定，这个比率可通过双击电路中的电流探针打开图 3-93 所示的"电流探针属性设置"对话框修改。

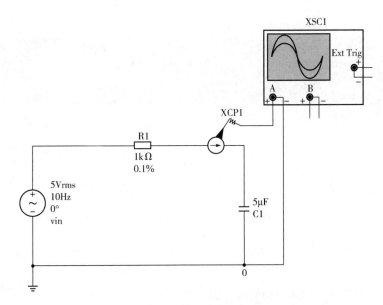

图 3-92　电流探针的应用

图 3-93　"电流探针属性设置"对话框

3.4.3　安捷伦（Agilent）虚拟仪器

Multisim 中包含三种安捷伦虚拟仪器，它们分别为函数发生器 33120A、万用表 34401A 和示波器 54622D。上面对这三种类型的仪器有了初步的了解，下面将重点介绍安捷伦虚拟仪器的不同之处。

（1）安捷伦函数发生器（Agilent Function Generator）

安捷伦制造的 33120A 是一台高性能 15MHz 综合函数发生器，内部可产生任意波形。安捷伦函数发生器除了可产生标准的波形，如正弦波、方波、三角波、斜坡波形、噪声和直流电压波形，还可产生任意的波形，如 Sinc 波形、正的斜坡波形、指数上升波形、指数下降波形和心律（Cardiac）波形，用户可定义 8~256 点的任意波形。此外安捷伦函数发生器还可产生调制波形，如 AM、FM、FSK 和各种形状脉冲串（Burst）等。

在仪器栏中选择安捷伦函数发生器后，图 3-94 所示的图

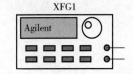

图 3-94　安捷伦函数发生器图标

标将随鼠标的拖动而移动，在工作区适当的位置单击鼠标左键可放置该图标，其中上面的端子为同步方式输出端，下面的端子是普通输出端。双击图标可打开图 3-95 所示的安捷伦函数发生器面板。单击面板左边的"Power"按钮，仪器可开始工作，选择需要的波形，单击"Freq"和"Ampl"按钮可选择进行频率和幅值的设置，调节右上方旋钮可调节频率和幅值数值的大小，也可配合下面的上、下、左、右四个键进行数值的调整。更详细的使用说明请参见 Agilent 33120A 用户手册。

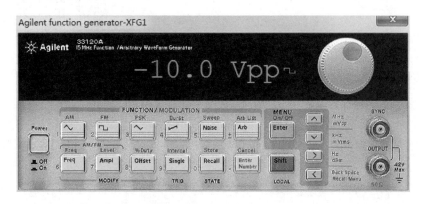

图 3-95　安捷伦函数发生器面板

注意：由于该仪器可实现的功能较多，所以同一按钮常具有两种功能，可按"Shift"按钮进行功能切换。

（2）安捷伦万用表（Agilent Multimeter）

Multisim 中的安捷伦万用表是根据实际的 Agilent 34401A 型万用表设计的，它是高性能的数字万用表。该万用表可测量直流/交流电压、直流/交流电流、电阻、输入电压信号的频率（周期），还可进行二极管测试和比率测试。在测量功能方面，安捷伦万用表可实现相对测量（Null）、最小最大测量（Min-Max）、将电压以对数形式显示（dB、dBm）和极限测试（Limit Test）。

在仪器栏中选择安捷伦万用表后，图 3-96 所示的图标将随鼠标的拖动而移动，在工作区适当的位置单击鼠标左键可放置该图标，图标上有五个测量端，其中 HI（1000V Max）和 LO（1000V Max）为最大可测量 1000V 电压的测量端子，HI（200V Max）和 LO（200V Max）为最大可测量 200V 电压的测量端子，HI 为高电压测量端子，LO 为公共端，I 为电流测量端子。双击图标可打开图 3-97 所示的安捷伦万用表面板，在面板最右边的测量端子部分可以看到，各端子还可用于测量其他的值（如电阻值、二极管测试等），已连接的端子中心变白。单击面板左边的"Power"按钮，仪器可开始工作，选择所需的测量类型即可进行测量。面板上的按钮大多具有两种功能，可通过"Shift"按钮进行切换。详细的使用说明请参阅 Agilent 34401A 用户手册。

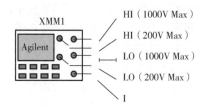

图 3-96　安捷伦万用表图标

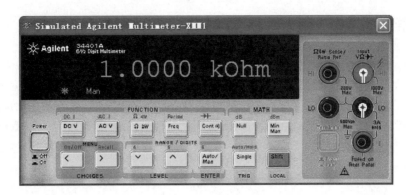

图 3-97　安捷伦万用表面板

（3）安捷伦示波器（Agilent Oscilloscope）

Multisim 中的安捷伦示波器是根据实际的 Agilent 54622D 型示波器设计的，它具有 2 路模拟输入通道和 16 路数字输入通道，带宽为 100MHz。该示波器还可对波形进行 FFT、相乘、相减、积分和微分运算。

在仪器栏中选择安捷伦示波器后，安捷伦示波器的图标将随鼠标的拖动而移动，在工作区适当的位置单击鼠标左键可放置该图标，各引脚的功能如图 3-98 所示。双击图标可打开图3-99 所示的安捷伦示波器面板，单击面板上的"POWER"按钮，示波器可开始工作，详细的使用说明请参阅 Agilent 54622D 用户手册。

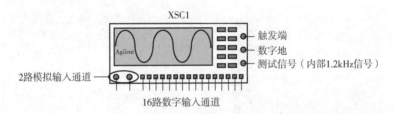

图 3-98　安捷伦示波器图标

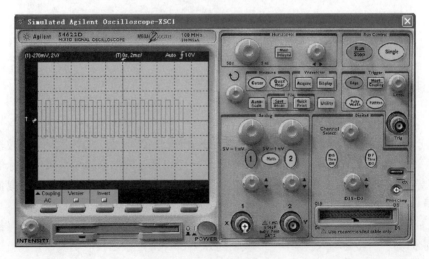

图 3-99　安捷伦示波器面板

注意：虚拟的安捷伦仪器不具有相应实际安捷伦仪器的所有特性，如远程模式、自检、校准等。

3.4.4 泰克（Tektronix）虚拟示波器

Multisim 仪器库中仅有一种泰克虚拟仪器，即泰克虚拟示波器，它是模拟实际的泰克 TDS 2024 四通道、200MHz 示波器设计而成的。该示波器可对波形进行 FFT 和加减运算。

在仪器栏中选择泰克虚拟示波器后，泰克虚拟示波器的图标将随鼠标的拖动而移动，在工作区适当的位置单击鼠标左键可放置该图标，各引脚的功能如图 3-100 所示。双击图标可打开图 3-101 所示的泰克虚拟示波器面板，单击面板上的"POWER"按钮，示波器可开始工作，详细的使用说明请参阅泰克 TDS 2024 示波器用户手册。

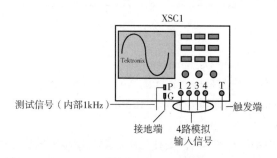

图 3-100　泰克虚拟示波器图标

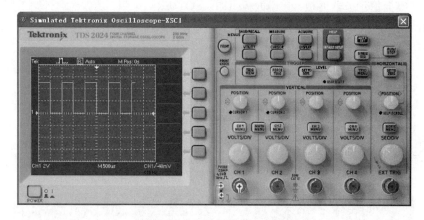

图 3-101　泰克虚拟示波器面板

3.4.5 LabVIEW 虚拟仪器

用户可将在 LabVIEW 图形开发环境中设计的仪器添加到 Multisim 的仪器栏中，所添加的 LabVIEW 虚拟仪器可具有 LabVIEW 开发系统的所有高级功能，如数据采集、仪器控制、数学分析等。例如，用户可以在 LabVIEW 中设计一个可通过数据采集硬件采集实际信号的仪器，将其导入 Multisim 中作为输入信号源使用；用户可以将所设计的 LabVIEW 虚拟仪器作为测量仪器，根据需要设计特定值的测量与分析功能。

当 LabVIEW 虚拟仪器作为信号源时是输出仪器，作为测量仪器时是输入仪器（相对于数据的流向来说）。当作为输入仪器时，仿真时可从 Multisim 连续地接收仿真数据；当作为输出仪器时，仿真开始时将产生有限的数据传输到 Multisim，在 Multisim 中利用这些数据进行仿真，当仿真进行时，输入仪器不再产生连续的数据，要再产生新的数据，用户必须停止当前仿真，再重新开始仿真。

注意：LabVIEW 虚拟仪器不能同时为输入仪器和输出仪器。

在仪器栏中选择 LabVIEW 虚拟仪器，在图标下方的箭头下包含了软件自带的 7 种 LabVIEW 虚拟仪器，它们分别为双极型晶体管分析仪、阻抗仪、麦克风、扬声器、信号分析仪、信号发生器和流信号发生器，下面对这些仪器进行简单的介绍。

（1）双极型晶体管分析仪（BJT Analyzer）

使用双极型晶体管分析仪可以测量双极型 NPN 型或 PNP 型晶体管的当前电压值特性，其图标如图 3-102 所示，双击图标可打开图 3-103 所示双极型晶体管分析仪面板，在该面板中可以选择所测量设备的类型，测量集电极-发射极电压和基极电流的波形，同时也可选择显示基极电流的线条样式和线条颜色。

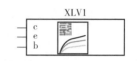

图 3-102　双极型晶体管分析仪图标

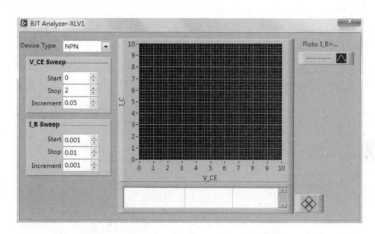

图 3-103　双极型晶体管分析仪面板

（2）阻抗仪（Impedance Meter）

阻抗仪用来测量两个节点间的阻抗，其图标如图 3-104 所示，双击图标可打开图 3-105 所示的面板，在该面板中可以设置开始和停止频率、输出数量，以及模型类型。

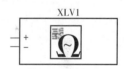

图 3-104　阻抗仪图标

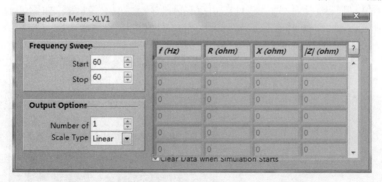

图 3-105　阻抗仪面板

（3）麦克风（Microphone）

麦克风为输出仪器，其图标如图 3-106 所示，双击图标可打开图 3-107 所示的面板，在该面板中可设置用于录音的硬件、录音时间、采样率和是否重复输出所记录的声音。

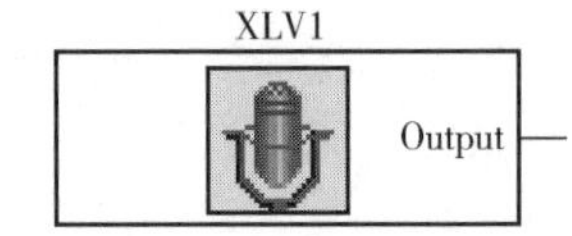

图 3-107　麦克风面板

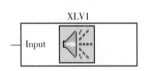

图 3-106　麦克风图标

（4）扬声器（Speaker）

扬声器为信号输入仪器，其图标如图 3-108 所示，双击图标可打开图 3-109 所示的面板，在该面板中可设置用于放音的硬件、放音时间和采样率。

注意：如果扬声器仪器和麦克风仪器相连，可将它们的采样率设为相同；否则，将扬声器的采样频率至少设为输入信号频率的 2 倍。

图 3-109　扬声器面板

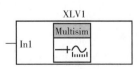

图 3-108　扬声器图标

（5）信号分析仪（Signal Analyzer）

信号分析仪可显示时域信号、信号自功率谱和信号平均值，其图标如图 3-110 所示，双击图标可打开图 3-111 所示的面板，在该面板中可设置采样率和插值方法。

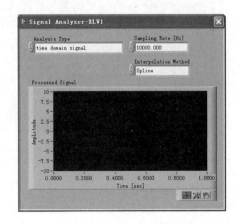

图 3-111　信号分析仪面板

图 3-110　信号分析仪图标

（6）信号发生器（Signal Generator）

此信号发生器可产生正弦波、方波、三角波和锯齿波，其图标如图 3-112 所示，双击图标可打开图 3-113 所示的面板，在该面板中可设置信号类型、频率、占空比、幅值、相位和电压偏移量，此外还可设置采样率和采样点数。

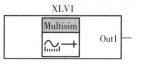

图 3-112　信号发生器图标

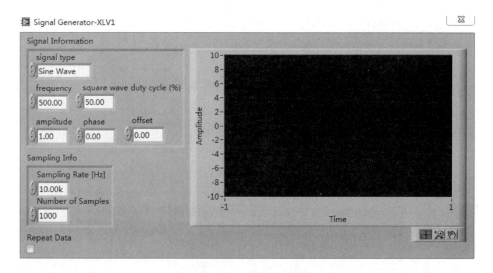

图 3-113　信号发生器面板

（7）流信号发生器（Streaming Signal Generator）

此信号发生器作为 Multisim 中的信号源，是一个简单的 LabVIEW 仪器，可以生成数据并连续输出，其图标如图 3-114 所示，双击图标可打开图 3-115 所示的面板，在该面板中可设置信号类型、频率、占空比、幅值、相位和电压偏移量，此外还可设置采样率。

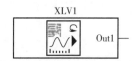

图 3-114　流信号发生器图标

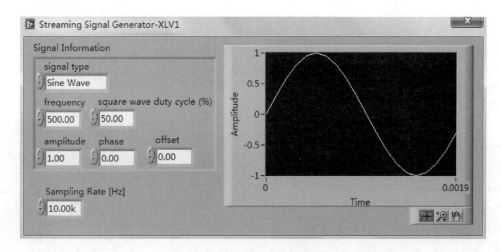

图 3-115　流信号发生器面板

自定义添加 LabVIEW 虚拟仪器的方法可参见第 9 章。

习题与思考题

1. 练习在元件库中查找 1A 的熔断器。

2. 练习将图 3-54 所示逻辑转换仪面板中所得的逻辑表达式转换成由与非门组成的逻辑电路。

3. 用伏安特性分析仪分析二极管 1N4001 的伏安特性，并说明所得图形的意义。

第 4 章

电子电路仿真分析方法

4.1 直流工作点分析

4.1.1 相关原理

直流工作点分析是最基本的电路分析，通常是为了计算一个电路的静态工作点。合适的静态工作点是电路正常工作的前提，如果设置得不合适，会导致电路的输出波形失真。直流工作点分析的结果通常是后续分析的桥梁。例如，直流工作点分析的结果决定了交流频率分析时任何非线性元件（如二极管和三极管）的近似线性的小信号模型。在进行直流工作点分析时，电路中的交流信号将自动设为 0，电容视为开路，电感视为短路，数字元件被当成接地的一个大电阻来处理。

4.1.2 仿真设置

选择菜单栏"Simulate"/"Analyses and Simulation"/"DC Operating Point"命令，弹出如图 4-1 所示的对话框。该对话框包括三个选项卡："Output""Analysis options""Summary"。下面分别介绍每个选项卡的功能与设置。

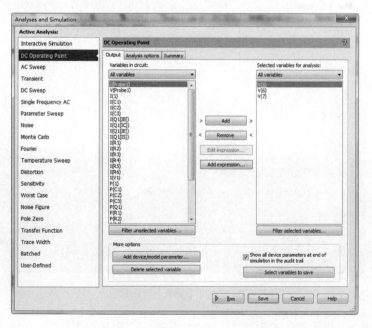

图 4-1 "直流工作点分析"对话框

（1）"Output"选项卡

如图4-1所示，该选项卡页面主要用来选择所要分析的节点。

① "Variables in circuit"选项栏：用于列出电路中可供分析的节点或变量。在下拉列表中可选择变量类型，如电压和电流、元件/模型参数等，默认选项是列出所有变量。

② "Selected variables for analysis"选项栏：用于显示已选择的待分析的节点或变量。通过下拉列表的选择，这部分也可对已选择变量的类型进行分类。

③ "Add"和"Remove"按钮：用于选择要分析的节点或变量。选中"Variables in circuit"选项栏中的一个或几个节点或变量，单击"Add"按钮，即可把待分析的节点或变量加到"Selected variables for analysis"选项栏内；同样选中"Selected variables for analysis"选项栏内一个或几个节点或变量，就能把不需要分析的节点或变量移回"Variables in circuit"选项栏。

④ "Filter unselected variables"按钮：单击该按钮后弹出图4-2所示的对话框，通过勾选备选项，可在"Variables in circuit"选项栏中增加没有自动选择的一些变量，如内部节点、子模块和开路引脚。

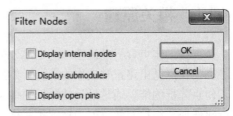

图4-2　"过滤节点"对话框

⑤ "Add expression"和"Edit expression"按钮：用于增加或编辑表达式。表达式的功能是把一个或几个节点或变量的运算结果作为一个新增的输出节点来进行仿真。单击"Add expression"按钮，弹出图4-3所示的对话框。"Variables"栏列出电路中可供分析的节点或变量。单击"Change filter"按钮弹出图4-2所示的对话框，可添加变量。"Functions"栏为函数及运算符列表，在下拉列表下，有相关、逻辑、代数、指数、三角、向量、复数和常数8种类型的函数，选择"All"，则显示所有的函数及运算符。"Recent expressions"下显示已编辑好的表达式。

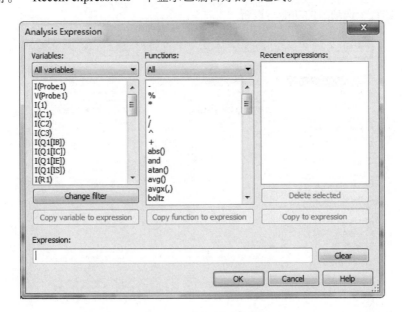

图4-3　"表达式"对话框

具体创建一个表达式的过程如下：在"Variables"中选择表达式中用到的变量，单击

"Copy variable to expression"即可把此变量复制到"Expression"栏中。同样，在"Functions"中选择要用的函数或运算符，单击"Copy function to expression"将其添加到正在编辑的表达式中。单击"OK"完成表达式编辑。

选择已编辑好的表达式，单击"Edit expression"按钮，弹出图4-3所示的对话框。在"Recent expressions"下选择要修改的表达式，单击"Copy to expression"按钮把已选的表达式复制到"Expression"栏下进行编辑；单击"Delete selected"按钮删除表达式。

⑥ "More options"选项区域：单击"Add device/model parameter"按钮可在变量中添加元件或模型参数。单击"Delete selected variable"按钮删除"Variables in circuit"下的某变量，单击"Filter selected variables"过滤选择的变量。

以上设置完成后，单击"Save"按钮保存设置；单击"Cancel"按钮取消设置；单击"Run"按钮直接进入仿真。其他选项卡的按钮功能相同，不再详述。

（2）"Analysis options"选项卡

用来设置用户希望的仿真参数，如图4-4所示。

① SPICE选项：在这部分主要设置仿真具体的环境参数，有两个备选项，选择第一项表示采用Multisim的默认参数设置；而第二项为用户自定义设置，选中这一备选项后，"Customize"可用，单击进入可进行仿真环境参数的高级设置。

② 其他选项：如图4-4所示，勾选复选框表示在开始前进行连续检查；"Maximum number of points"用来设置最大取样数；"Title for analysis"用户可以自定义标题，默认的标题是"DC operating point"。

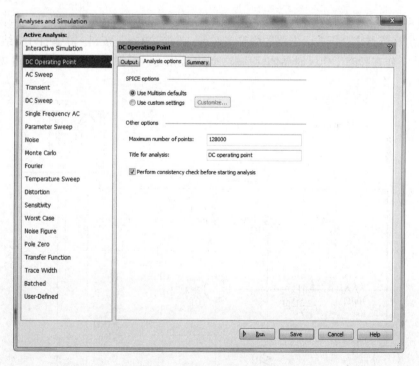

图4-4　"Analysis options"选项卡

（3）"Summary"选项卡

用户可以在这里对以上的分析设置进行总结确认，如图4-5所示。如确认无误，单击"Run"即可进行仿真分析。

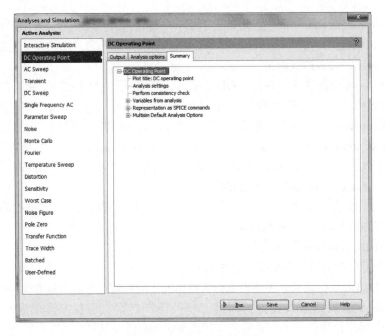

图 4-5　"Summary"选项卡

4.1.3　实例仿真

以图 4-6 所示 BJT 共射放大电路为例，来对所有直流工作点仿真方法加以说明。选择 5、6、7 点为仿真节点来分析放大电路的静态工作点，单击"Run"按钮，得到的分析结果如图 4-7 所示。由工作在静态工作区时晶体管基极、集电极和发射极需满足的电压关系可知，此放大电路可稳定工作。

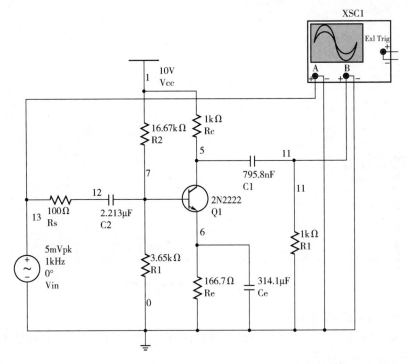

图 4-6　BJT 共射放大电路

图 4-7　BJT 共射放大电路静态工作点分析结果

4.2　交流扫描分析

4.2.1　相关原理

交流扫描分析用来计算线性电路的频率响应。在交流扫描分析中首先通过直流工作点分析计算所有非线性元件的线性、小信号模型。然后建立一个包含实际和理想元件的复矩阵，建立复矩阵时，直流源设为 0，交流源、电容和电感用它们的交流模型来表示，非线性元件用计算出的线性交流小信号模型来表示。所有的输入源信号都将用设定频率的正弦信号代替，即如果函数信号发生器设置的波形是矩形波或三角波，分析时实际波形将自动转换成正弦波。在小信号的模拟电路中，数字元件通常等效为接地的大电阻。在进行交流扫描分析时，电路信号源的属性设置中必须设置交流扫描分析的幅值和相角，否则电路将会提示出错。

4.2.2　仿真设置

选择菜单栏"Simulate""Analyses and Simulation""AC Sweep"选项，弹出如图 4-8 所示的对话框。该对话框包括四个选项卡："Frequency parameters""Output""Analysis options""Summary"。后三个选项卡的设置和直流工作点分析中的选项卡相同，这里就不再介绍。下面来介绍"Frequency parameters"选项卡的功能与设置，如图 4-8 所示。

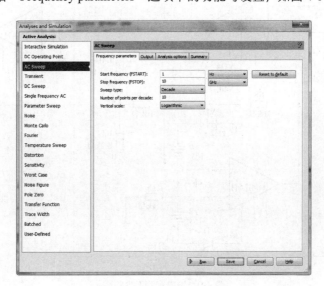

图 4-8　"交流扫描分析"对话框

① "Start frequence" 栏：设置交流扫描分析的起始频率。

② "Stop frequence" 栏：设置交流扫描分析的截止频率。

③ "Sweep type" 下拉列表：选择交流扫描分析的扫描方式，下拉列表中有三个备选项，即 "Decade"（十倍刻度扫描）、"Octave"（八倍刻度扫描）和 "Linear"（线性扫描）。通常选择默认的十倍刻度扫描。

④ "Number of points per decade" 栏：设置交流扫描分析中要计算的点数。对于线性扫描类型，在扫描开始和结束将用到这个点数。取样点数越多，分析越精确，但仿真速度会变慢。

⑤ "Vertical scale" 下拉列表：垂直刻度类型设置。下拉列表中包括以下选项："Linear"（线性刻度）、"Logarithmic"（对数刻度）、"Decible"（分贝刻度）或 "Octave"（八倍刻度）。默认选择对数刻度。

⑥ "Reset to default" 按钮：单击此按钮使所有设置恢复为默认设置。

4.2.3 实例仿真

图 4-9 为铂电阻测温电路图，输入电压源选择小信号的交流源代替。对此电路进行交流扫描分析，可以看到所设计电路的频带宽度。频率参数全部选择默认设置，观察电路中输出端 21 点的交流扫描分析结果，如图 4-10 所示，可见此电路具有低通特性，截止频率约为 1MHz。

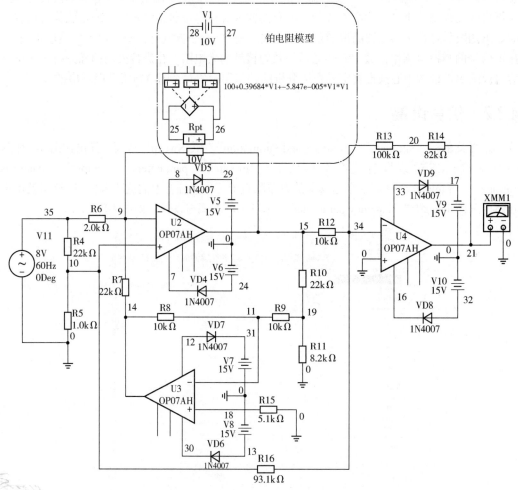

图 4-9　铂电阻测温电路图

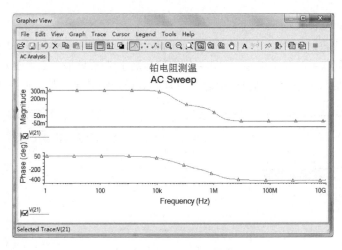

图 4-10　交流扫描分析结果

4.3　瞬态分析

4.3.1　相关原理

瞬态分析也称时域瞬态分析，相当于连续性的直流工作点分析，通常是为了找出电子电路的时间响应，功能类似于示波器。瞬态分析时，每个输入周期被等间隔划分，然后对这个周期中的每个时间点进行直流工作点分析。一个节点的电压波形取决于一个完整周期各时间点的电压值。另外，瞬态分析时电容和电感被等效为能量存储模型，用数值积分来计算一定时间间隔内能量传递的多少。

4.3.2　仿真设置

当我们要进行瞬态分析时，可启动"Simulate""Analyses and Simulation""Transient"命令，弹出如图 4-11 所示的对话框。

其中包括四个选项卡，除了"Analysis parameters"和"Analysis options"外，其余皆与直流工作点分析的设定一样，详见 4.1 节。

（1）"Analysis parameters"选项卡

① "Initial conditions"栏：可以设定初始条件，其中包括 "Set to zero"（将初始值设为 0）、"User defined"（由使用者定义初始值）、"Calculate DC operating point"（由直流工作点计算得到）、"Determine automatically"（由系统自动设置）。

② "Start time（TSTART）"栏：用来设定仿真的起始时间。

③ "End time（TSTOP）"栏：用来设定仿真的终止时间。

④ "Maximum time step（TMAX）"选项：勾选该项时可进行时间步长的设定，当步长较小时，可以提高精度，但响应时间也会增加。不勾选该项时，默认为按照系统自动设置。

⑤ "Initial time step（TSTEP）"选项：勾选该项时可设定初始时间步长。不勾选该项时，默认为按照系统自动设置。

⑥ "Reset to default"按钮：本按钮是把所有设定恢复为程序默认值。

（2）"Analysis options"选项卡

该选项卡中比直流工作点分析多了"Digitization of analog signals in the digital graph"项，在该项中可以设定数字的高低阈值，即如果模拟信号高于/低于该值，则等效为数字化的高位/低位；如果模拟信号的值介于高低阈值之间，则等效为未知结果，默认值为2.5。

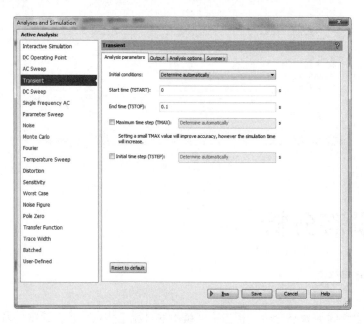

图4-11 "瞬态分析"对话框

4.3.3 实例仿真

以图4-9所示的电路为例，设置初始条件为Determine automatically，由程序自动设定初始值，然后将开始分析的时间设为0、结束分析的时间设为0.1s（总共分析0.1s），最大时间步长和初始时间步长为系统自动设置。另外，在"Output"选项卡中，指定分析21节点（即测温电路的输入端）；其他设置为默认，最后单击"Run"按钮进行分析，其结果如图4-12所示。如果把输入改接直流源，对输出节点进行瞬态分析将得到一条直线，读者可自行验证。

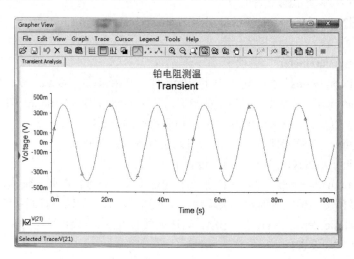

图4-12 瞬态分析结果

4.4 直流扫描分析

4.4.1 相关原理

在 Multisim 中进行直流扫描分析要进行以下过程：

① 得到直流工作点；

② 增加信号源的值，重新计算直流工作点。

这个过程允许对电路进行多次仿真，在预设的范围内扫描直流量。用户可以通过选择直流源范围的起始值、终止值和增量来控制电源值。对于扫描中的每个值，将计算电路的偏置点。为计算电路的直流响应，SPICE 中把所有电容看成开路，所有电感看成短路，并只利用电压源和电流源的直流值。

Multisim 可同时对两个直流源进行扫描，当仿真时选择第二个直流源时，扫描曲线的数量等于对第二个直流源的采样点数，其中每条曲线相当于当第二个直流源取某个电压值时，对第一个直流源进行直流扫描分析所得的曲线。

4.4.2 仿真设置

当我们要进行直流扫描分析时，可启动"Simulate""Analyses and Simulation""DC Sweep"命令，屏幕出现如图 4-13 所示的对话框。

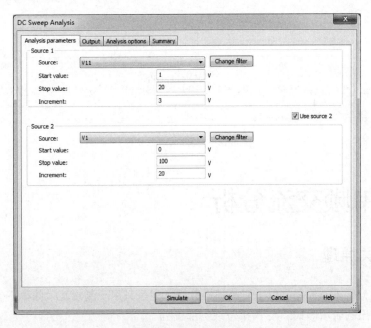

图 4-13 直流扫描分析

其中包括四页选项卡，除了"Analysis parameters"页外，其余皆与瞬态分析的设定一样，详见 4.3 节。而在"Analysis parameters"页包括"Source 1"与"Source 2"两个区块，每个区块各有下列项目：

① "Source"下拉列表：指定所要扫描的电源。

② "Start value" 栏: 设定开始扫描的电压值。

③ "Stop value" 栏: 设定终止扫描的电压值。

④ "Increment" 栏: 设定扫描的增量（或间距）。

如果要指定第二组电源，则需勾选 "Use source 2" 复选框。

4.4.3 实例仿真

把图 4-9 中的交流源用直流源代替，然后进行仿真参数设置，直流源 1 选择 vv1，0~100V 每隔 5V 扫描一次（模拟温度在 0~100℃变化），直流源 2 选择 vv11（代替交流源的直流源），1~20V 每隔 3V 扫描一次，输出节点选择 21，进行仿真得图 4-14，图像从上到下依次为电压值为 1V、4V、7V、10V、13V、16V 和 19V 时的直流扫描分析结果，可以看到输出（vv1）随温度变化而线性变化，输入直流源 vv11 增加时，放大的倍数增加。

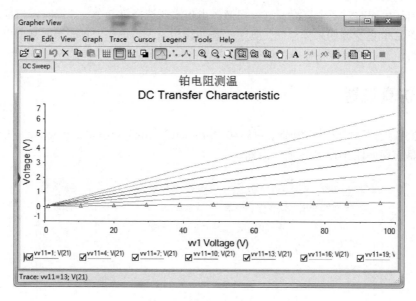

图 4-14　直流扫描分析结果

4.5　单频交流分析

4.5.1　相关原理

单频交流分析工作原理类似于交流扫描分析，但是只用于测量某个频率下的相应值。可以选择输出结果的表示形式: 大小/相位或实部/虚部。

4.5.2　仿真设置

当我们要进行单频交流分析时，可启动 "Simulate" "Analyses and Simulation" "Single Frequency AC" 命令，屏幕出现如图 4-15 所示的对话框。

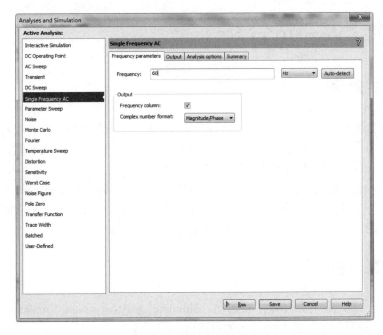

图 4-15　单频交流分析设置

其中包括四页选项卡，除了"Frequency parameters"页外，其余皆与直流工作点分析的设定一样，详见 4.1 节。在"Frequency parameters"页包括下列项目：

① "Frequency"：选择所要测量的频率值。

② "Frequency column"复选框：可以在最后测量结果中显示所测量的频率。

③ "Complex number format"下拉列表：设定输出结果的表示形式为大小/相位或实部/虚部。

④ "Auto-detect"按钮：单击该按钮可以根据电路图自动检测评估电路中的频率。

4.5.3　实例仿真

利用图 4-9 所示的电路进行仿真参数设置，频率选择 60Hz，选择频率输出，输出结果的表现形式选择实部/虚部，输出节点选择 1、10、21、34，仿真结果如图 4-16 所示，可以看到在频率为 60Hz 时，这四个节点电压的实部和虚部。

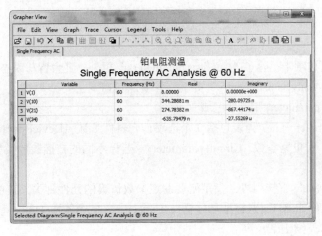

图 4-16　单频交流分析结果

4.6 参数扫描分析

4.6.1 相关原理

参数扫描分析是对电路中的零件，分别以不同的参数值进行分析。这样和对电路进行多次仿真，每次仿真一个参数值的效果相同。在 Multisim 中进行参数扫描分析时，可设定为直流工作点分析、瞬态分析或交流扫描分析的参数扫描。

可以看到一些元件的参数可能比其他元件的多，这是由元件的模型决定的。有源元件（如运放、三极管、二极管等）比无源元件（如电阻、电感和电容）有更多参数可供扫描。例如，感应系数是电感唯一的参数，而一个二极管模型有 15~20 个参数。

4.6.2 仿真设置

当我们要进行参数扫描分析时，可启动"Simulate""Analyses and Simulation""Parameter Sweep"命令，屏幕出现如图 4-17 所示的对话框。

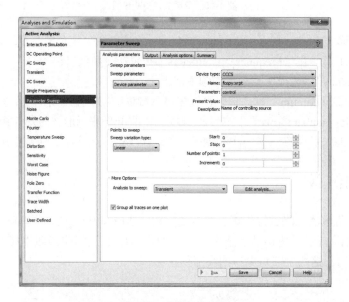

图 4-17 参数扫描分析

其中包括四页选项卡，除了"Analysis parameters"页外，其余皆与瞬态分析的设定一样，详见 4.3 节。在"Analysis parameters"页里，各项说明如下：

（1）"Sweep parameters"选项区域

"Sweep parameter"下拉列表包括 3 个选项：元器件参数（Device parameter）、模型参数（Model parameter）和电路参数（Circuit parameter）。选择不同的扫描参数类型后，还有一些项目供进一步选择。

① "Device type"下拉列表：指定所要设定参数仿真的元件种类，其中包括电路图中所用到的零件种类，例如 BJT（双极型晶体管）、Capacitor（电容器）、Diode（二极管）、Resistor（电阻器）、Vsource（电压源）等。

② "Name"下拉列表：指定所要仿真的元件名称，例如 Q1 晶体管，则指定为 qq1；C1 电容器，则指定为 cc1 等。

③ "Parameter"下拉列表：指定所要仿真的参数，当然，不同零件有不同的参数，以晶体管为例，则可指定为 off（不使用）、icvbe（即 i_c、v_{be}）、icvce（即 i_c、v_{ce}）、area（区间因素）、ic（即 i_c）、sens_area（即灵敏度）、temp（温度）。

④ "Present value"栏：目前该参数的设定值（不可更改）。

⑤ "Description"栏：说明项（不可更改）。

（2）"Points to sweep"选项区域

本区域的功能是设定扫描的方式。扫描变化类型（Sweep variation type）中包括 Decade（十倍刻度扫描）、Octave（八倍刻度扫描）、Linear（线性刻度扫描）及 List 等选项。

其中可在"Start"和"Stop"选项中指定开始和停止扫描的值；在"Number of points"字段中指定扫描点数；在"Increment"字段中指定扫描的间距。如果选择"List"选项，则其右边将出现"Value List"区域，这时可在此区域中指定待扫描的数值，如果要指定多个不同的数值，则数值之间应以空格、逗点或分号分隔。

（3）"More Options"选项区域

① "Analysis to sweep"下拉列表：本选项的功能是设定分析的种类，包括 DC Operating Point（直流工作点分析）、AC Sweep（交流扫描分析）、Single Frequency AC（单频交流分析）、Transient（瞬态分析）及 Nested Sweep（嵌套扫描）5 个选项。如果要设定所选择的分析，可在选取该分析后，再单击"Edit analysis"按钮即可编辑该项分析。

② "Group all traces on one plot"选项：选择本选项将把所有分析的曲线放置在同一个分析图中。

4.6.3 实例仿真

将图 4-9 中的交流源换成等幅值的直流源。电路中，R16 为引入的负反馈电阻，当温度为 0℃时，可选择合适的阻值，使电路输出近似为 0。在 Multisim 中对 R16 进行参数扫描的过程如下：打开"参数扫描"对话框，选择元器件参数扫描，后面的元件种类选择电阻，名称选 R16，参数选择电阻值，后面的选项为默认选项。在扫描变化类型中选线性刻度扫描，从 93~94kΩ 之间取 5 个点进行仿真。分析的种类选择瞬态分析，使所有曲线在一张图中显示。输出节点选 21。单击"仿真"，可得图 4-18 所示的仿真结果，曲线从上到下依次表示 R16 为 94kΩ、93.75kΩ、93.5kΩ、93.25kΩ 和 93kΩ 时，R16 两端的电压值。

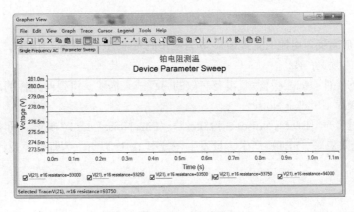

图 4-18　参数扫描仿真结果

4.7 噪声分析

4.7.1 相关原理

噪声分析是分析噪声对电路的影响。噪声是降低信号质量的电或电磁的能量，它影响数字电路、模拟电路和所有的通信系统。Multisim用每个电阻和半导体元件的噪声模型（而非交流模型）建立一个电路的噪声模型，然后进行类似于交流扫描分析的仿真分析。通过在设定好的频率范围内对电路进行扫描，来分析计算每个元件的噪声作用，并汇总到电路的输出端。噪声分析计算特定输出节点上每个电阻和半导体元件的噪声作用，这里的电阻和半导体元件被等效为一个噪声源。计算得到的每个噪声源的作用通过合适的传递函数传到电路的输出节点。输出节点的总的输出噪声是单个噪声作用的平方根之和。然后，将结果除以从输入级到输出级的增益，得到等效的输入噪声。如果将这个等效噪声加到一个无噪声电路的输入源中，则在输出端产生先前计算的输出噪声。总的输出噪声可参考于地，也可参考于电路中的其他节点。

Multisim可建立三种噪声的模型，它们分别是：

（1）热噪声（Thermal Noise）

也就是约翰逊噪声（Johnson Noise）或白色噪声（White Noise），这种噪声敏感于温度的变化，由导体中的自由电子和振动离子之间的热量的相互作用而产生。它的频率在频谱中均匀分布，其功率可由约翰逊公式得到：

$$P = k \times T \times BW \tag{4-1}$$

式中，P是噪声的功率；k是玻耳兹曼常数（Boltzman's constant），$k = 1.38 \times 10^{-23}$ J/K；T是电阻的温度，在此采用开氏温度，即$T = 273 +$摄氏温度；BW为系统的频宽。

热电压可以用串有电阻的电压源的平方表示：

$$e^2 = 4kTR \times BW \tag{4-2}$$

或者用电流的平方表示：

$$i^2 = 4kT \times BW / R \tag{4-3}$$

（2）闪粒噪声（Shot Noise）

这种噪声是由各种形式半导体中载流子的分散特性而产生的，这种噪声为晶体管的主要噪声。二极管中放射噪声的方程为：

$$i = (2q \times I_{dc} \times BW)^{1/2} \tag{4-4}$$

式中，i是放射噪声电流（有效值）；q为电子的带电量，即1.6×10^{-19}C；I_{dc}为直流电流，A；BW为系统的频宽，Hz。

对于其他的元件（如三极管），没有有效的方程式来描述，可查阅元件的厂家说明书。

（3）闪烁噪声（Flicker Noise）

又称为超越噪声（Excess Noise）、粉红噪声（Pink Noise）或$1/f$噪声，通常由双极型晶体管（BJT）和场效应管（FET）产生，且发生在频率1kHz以下。闪烁噪声反比于频率而正比于直流电流：

$$V^2 = kI_{dc} / f \tag{4-5}$$

元件的噪声作用由它的SPICE模型决定，其中两个参数将影响噪声分析的输出：

① AF=Flicker noise component（AF=0）

② KF=Flicker Noise（KF=1）

4.7.2 仿真设置

在进行仿真之前，首先要观察电路选择输入噪声参考源、输出节点和参考点。当我们要进行噪声分析时，启动"Simulate""Analyses and Simulation""Noise"命令，屏幕出现如图4-19所示的对话框。其中包括五页选项卡，除了"Analysis parameters""Frequency parameters"页外，其余皆与直流工作点分析的设定一样，详见4.1节。

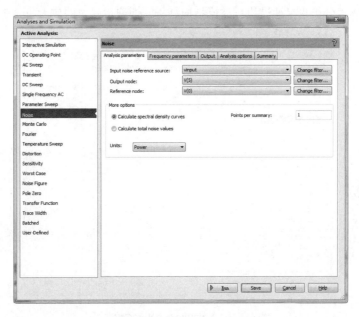

图4-19 "噪声分析"对话框

（1）"Analysis parameters"选项卡

① "Input noise reference source"下拉列表：指定输入噪声的参考电压源，这个输入源应为交流源。

② "Output node"下拉列表：指定噪声的输出节点，在此节点将所有噪声进行求和。

③ "Reference node"下拉列表：设定参考电压的节点，通常取0（接地）。

④ "Calculate spectral density curves"：当勾选该选项时仿真将产生一条已选元件的噪声功率谱密度曲线，就可以在"Points per summary"选项中设定每个汇总的取样点数，其值越大，表示频率的步进数越大，输出结果的分辨率越低，该值一般设为1。

⑤ "Calculate total noise values"：选择该选项后，再在"Output"页中选择输出项，仿真后将输出所选择对象的总噪声值。

⑥ "Units"下拉列表：可以选择输出值的单位，当选择"Power"时，单位为V^2/Hz或A^2/Hz，当选择"RMS"时，单位为$V/\sqrt{Hz}$或$A/\sqrt{Hz}$。

（2）"Frequency parameters"选项卡

如图4-20所示，它包含以下内容：

① "Start Frequency（FSTART）"栏：设定扫描的起始频率。

② "Stop Frequency（FSTOP）"栏：设定扫描的终止频率。

③ "Sweep type" 下拉列表：设定扫描方式，其中包括 Decade（十倍刻度扫描）、Octave（八倍刻度扫描）及 Linear（线性刻度扫描）。

④ "Number of points per decade" 栏：设定每十倍频率的取样点数，点数越多，图的精度越高。

⑤ "Vertical scale" 下拉列表：设定垂直刻度，其中包括 Decibel（分贝刻度）、Octave（八倍刻度）、Linear（线性刻度）及 Logarithmic（对数刻度），通常采用 Logarithmic（对数刻度）或 Decibel（分贝刻度）。

⑥ "Reset to default" 按钮：本按钮是把所有设定恢复为程序预置值。

⑦ "Reset to main AC values" 按钮：本按钮是把所有设定恢复为与交流扫描分析一样的设定值，因为噪声分析也是通过执行交流扫描分析，而取得噪声的放大与分布。

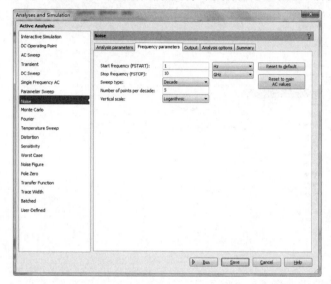

图 4-20　"Frequency parameters" 页

4.7.3　实例仿真

以图 4-21 所示的电路为例，来分析电路中电阻 R1、R2 和电路中所有元件对电路的噪声影响。这个电路是一个基本的运算放大电路，仿真的频率范围是 10Hz ~ 10GHz。

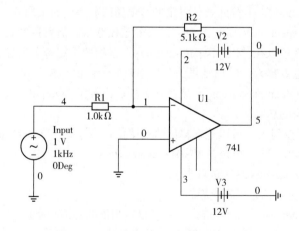

图 4-21　基本放大电路

首先根据式（4-2）可计算出理论上电阻 R1 和 R2 产生的热噪声，计算过程如下：

$$\text{Noise1} = 4kTR \times BW = 4 \times 1.38 \times 10^{-23} \times (273\text{K} + 25\text{K}) \times (1000\Omega) \times 10 \times 10^{9}$$
$$\approx 164.5\text{nV}^2$$

$$\text{Noise2} = 4kTR \times BW = 4 \times 1.38 \times 10^{-23} \times (273\text{K} + 25\text{K}) \times (5100\Omega) \times 10 \times 10^{9}$$
$$\approx 838.9\text{nV}^2$$

下面用 Multisim 对电路进行仿真，在"Analysis parameters"页中将 vinput 作为输入噪声参考源，输出节点设为 5，参考点设为地，输出单位选"Power"。在"Frequency parameters"页中起始频率设为 1Hz，终止频率设为 10GHz，扫描方式设为 Decade，每十倍频的取样点数设为 5，垂直刻度设为对数刻度。然后观察电路中电阻 R1、R2 和电路中所有元件对电路的噪声影响，结果如图 4-22 所示，可见仿真结果与理论计算值基本相符，而电路总的噪声是电路中各个元件的噪声的总和。

当勾选"Points per summary"选项，仿真将产生已选元件的噪声功率谱密度曲线，图 4-23 中上面的曲线为整个电路的输出噪声功率谱密度曲线，下面的曲线为电阻 R1 的输出噪声功率谱密度曲线，随着频率的增加，曲线有下降趋势。

图 4-22　各部分噪声作用仿真

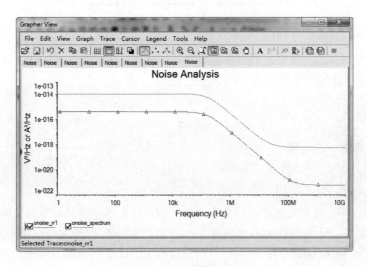

图 4-23　噪声功率谱密度曲线

4.8 蒙特卡罗分析

4.8.1 相关原理

蒙特卡罗分析采用统计的方法分析元件特性的变化对电路性能的影响，可进行直流、交流或瞬态分析，并且可以变换元件特性。蒙特卡罗分析进行多次仿真，对于每一次仿真，元件的参数根据用户定义的分配类型和参数容差随机变化。

第一次仿真通常是标称值的仿真。对于以后的仿真，则在标称值上随机地加上或减去一个 σ 值。这个 σ 值可以是标准偏差内的任意值。增加一个特定 σ 值的可能性取决于分布的可能性。两个常用的可能分布为均匀分布（也称平稳分布）和高斯分布（也称正态分布）。

（1）均匀分布

均匀分布是指 x 的所有取值的可能性都相同，如图 4-24 所示。这个 x 可以是特定容差内的元件值。均匀分布的例子如掷骰子，得到六种结果中任意一种结果的可能性是 1/6。因为每种结果的可能性相同，所以这种分布称为均匀分布。

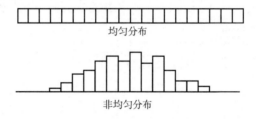

均匀分布

非均匀分布

图 4-24　均匀分布示意图

（2）高斯分布

许多统计测试都呈现高斯分布。即使分布仅仅是近似于正态（有些情况下只要不是严重偏离正态），大多数这样的测试还是表现良好。高斯分布的形状大致如图 4-25 所示。

图 4-25　高斯分布示意图

高斯分布是对称的，大多数观察值集中在中间部分。分布由两个参数来定义：均值 μ 和标准偏差 σ。正态曲线对于给定值 x 的表达式为：

$$\frac{1}{\sqrt{2\pi\sigma^2}}\mathrm{e}^{-(x-\mu)^2/(2\sigma^2)} \tag{4-6}$$

标准偏差可由下式计算：

$$\sigma^2 = \frac{\sum(X-\mu)^2}{N} \tag{4-7}$$

在 Multisim 中，高斯分布将保证仅有 68% 的值在特定容差内，其余的值落在容差外，其中容差由用户定义。让我们看看 1kΩ 电阻（5% 容差）的高斯分布，如图 4-26 所示。标准偏差导致容差宽度为 50Ω，因此，容差范围从 0.95kΩ 到 1.05kΩ。当样本足够大的时候，均值 μ 将接近 1000Ω。

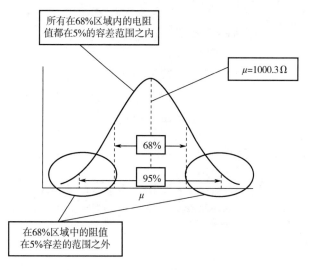

图 4-26 电阻的高斯分布

4.8.2 仿真设置

当我们要进行蒙特卡罗分析时，可启动"Simulate" "Analyses and Simulation""Monte Carlo"命令，屏幕出现如图 4-27 所示的对话框。

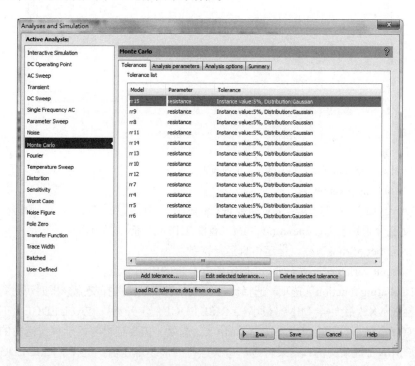

图 4-27 蒙特卡罗分析

图 4-27 所示的对话框中各页设置与最坏情况分析的设置相似。下面只介绍设置不同的地方。在"Tolerances"页下，可单击"Edit selected tolerance"按钮来编辑已有容差，其中参数设置区域和最坏情况分析一样，容差设置如图 4-28 所示，添加了分布选项，可选均匀分布或高斯分布。

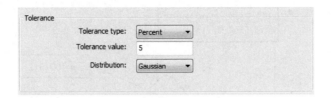

图 4-28　容差设置

"Analysis parameters"页如图 4-29 所示。

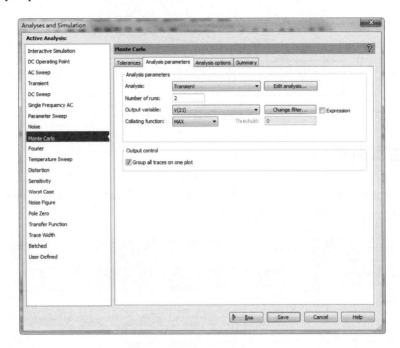

图 4-29　"Analysis parameters"页

在"Analysis parameters"页里包括下列项目：

（1）"Analysis parameters"选项区域

①　"Analysis"下拉列表：设定所要进行的分析，其中包括 Transient（瞬态分析）、AC analysis（交流分析）及 DC operating point（直流工作点分析）三个选项。

②　"Number of runs"栏：指定仿真运行次数。

③　"Output variable"下拉列表：指定所要分析的输出节点。

④　"Collating function"选项：选择比较函数，该项只在选择交流分析时可进行设置。下拉列表包括 MAX（最大）、MIN（最小）、RISE EDGE（上升沿）、FALL EDGE（下降沿）及FREQUENCY（频率）五个选项。选择"MAX"选项，仿真结果将显示每次运行的最大电压值；选择"MIN"选项，仿真结果将显示每次运行的最小电压值；选择"RISE EDGE"选项，仿真结果将显示当信号在波形的第一个上升沿达到门限电压的时间；选择"FALL EDGE"选项，仿真结果将显示当信号在波形的第一个下降沿达到门限电压的时间；选择"FREQUENCY"选项，仿真结果将显示当信号的频率大于门限频率的时间。如果指定"RISE EDGE""FALL EDGE"或"FREQUENCY"选项，则需在其右边的"Threshold"栏中指定其门限值。

（2）"Output control"选项区域

"Group all traces on one plot"选项：设定将所有分析的曲线放置在同一个分析图中。

4.8.3 实例仿真

以图 4-9 所示的电路为例，仿真设置如图 4-27~图 4-29 所示，单击"仿真"可得图 4-30 所示的仿真结果，曲线从上到下依次表示 Nominal Run、Run#2 和 Run#1，图 4-30（b）是仿真的运行记录，由数表可以看到最大值出现的时间，在曲线图中标定 x 轴坐标到这个时间值，也可以看到电压最大值和图 4-30（b）中的输出值近似。图 4-30（b）中还提供了一些其他的参数，如标称值运行下的输出平均值、标准差和 sigma 值等，为电路分析提供了参考。

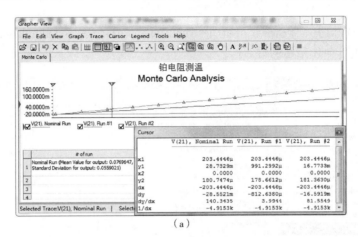

（a）

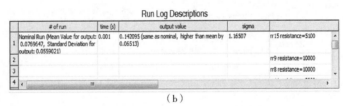

（b）

图 4-30　蒙特卡罗分析结果

4.9　傅里叶分析

4.9.1　相关原理

傅里叶分析是一种在频域（Frequency Domain）中分析复周期信号的方法，可用于电路的进一步分析，还可观察在原信号中叠加其他信号的效果。傅里叶级数是将周期性的非正弦波信号，转换成直流成分基础上的正弦或余弦波（可能数量无限）：

$$f(t) = A_0 + A_1\cos(\omega t) + A_2\cos(2\omega t) + \cdots + B_1\sin(\omega t) + B_2\sin(2\omega t) + \cdots \tag{4-8}$$

式中，A_0 是原始信号的直流成分；$A_1\cos(\omega t) + B_1\sin(\omega t)$ 是基波成分，它的频率与周期与原始信号相同；$A_n\cos(n\omega t) + B_n\sin(n\omega t)$ 是信号的 n 次谐波。

傅里叶分析产生的每个频率成分都是由周期性波形的相应谐波产生的。把每个频率成分（每一项）理解为一个独立的信号源，根据叠加原理，则总的响应将等于每一项所产生的响应之和。我们注意到，当信号谐波的阶次增加时，相应的谐波幅值逐渐减小。这表明用信号的前几个频率成分的叠加来代替原信号是对信号的一个很好的近似。

当用 Multisim 进行离散傅里叶变换时，只使用电路输出端时域或瞬态响应基波成分的第二个周期来进行计算，第一个周期认为是置位时间而丢弃。每一谐波的系数由时域中从周期的开始到时间 t 这段时间内采集到的数据计算而来，一般来说是自动设定的，且是基本频率的一个函数。傅里叶分析需要设定一个基本频率，使它与交流源的频率相匹配，或者是多个交流源频率的最小公因数。

4.9.2 仿真设置

当我们要进行傅里叶分析时，可启动"Simulate""Analyses and Simulation""Fourier"命令，将弹出如图 4-31 所示的对话框。

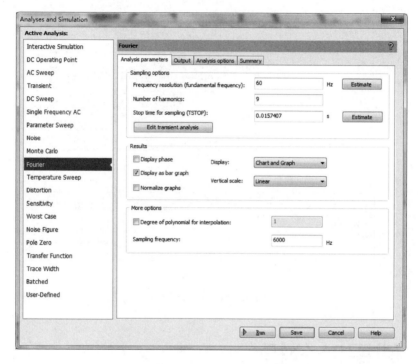

图 4-31 傅里叶分析设置

其中包括四页，除了"Analysis parameters"页外，其余皆与直流工作点分析的设定一样，详见 4.1 节。而"Analysis parameters"页下包括以下项目：

（1）"Sampling options"选项区域

这部分用来设定与采样有关的参数。包括以下内容：

① "Frequency resolution（fundamental frequency）"栏：用于设定基本频率（基频），如果电路中有多个交流信号源，则取各信号源频率的最小公因数。如果不知道如何设定时，也可以单击"Estimate"按钮，由程序帮我们预估。

② "Number of harmonics"栏：设定用于计算的基本频率的谐波次数。

③ "Stop time for sampling（TSTOP）"栏：本选项的功能是设定停止取样的时间。如果不知道如何设定时，也可以单击"Estimate"按钮，由程序帮我们预估。

④ "Edit transient analysis"按钮：本按钮的功能是设定相关瞬态分析的选项。此对话框里的各项，都与时域的瞬态分析一样，详见 4.3 节。

（2）"Results"选项区域

该区域用于设置结果的显示方式，具体选项的功能如下：

① "Display phase"选项：本选项设定结果连相位图一并显示。以图 4-9 所示的电路为例，把输入交流源用 1kHz/5V 的方波电源代替。

② "Display as bar graph"选项：本选项设定结果以条形图显示，如果不选此项，则结果以线性图显示。

③ "Normalize graphs"选项：本选项设定将输出结果的幅值归一化，归一化相对于基波而言。

④ "Display"选项：本选项设定所要显示的项目，其中包括 3 个选项，即 Chart（表）、Graph（图）及 Chart and Graph（图与表），以表的形式显示可得图 4-32。图中第 1 行表示傅里叶分析的节点为 21 点；第 2 行表示直流成分为 0.00028524；第 3～6 行表示谐波次数取 9，THD 为 42.3673%，格点大小为 256，插值度为 1；第 9～16 行的数据，从左到右的几列分别代表序号、谐波频率、幅值、相位、归一化幅值和归一化相位。

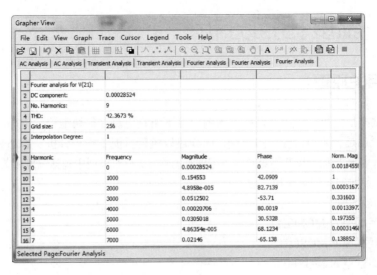

图 4-32 "Chart"选项

⑤ "Vertical scale"：本字段设定垂直刻度，其中包括 Decibel（分贝刻度）、Octave（八倍刻度）、Linear（线性刻度）及 Logarithmic（对数刻度）。

（3）"More options"选项区域

① "Degree of polynomial for interpolation"选项：本选项的功能是设定仿真中用于点间插值的多项式的次数，选取本选项后，即可在其右边方框中指定多项式次数。

② "Sampling frequency"栏：指定采样率。

4.9.3 实例仿真

把图 4-9 所示电路的交流源用图 4-33 所示的电源代替，对修改后电路进行傅里叶分析。基本频率和停止时间均单击"Estimate"按钮由程序设定，基频值最后选定为 20Hz（对于多个交流源，取它们频率的最小公因数）；谐波数设为 9；结果显示选择显示相位图，显示方式为线性图，并对图形归一化；以图和表的形式显示；纵坐标选择线性坐标。单击"仿真"按钮，可得图 4-34 所示的仿真结果。

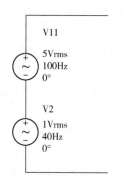

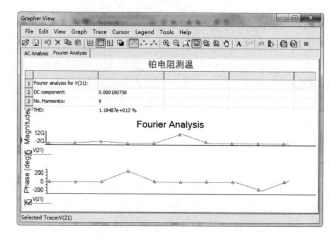

图 4-33　多交流源情况　　　　　　　　　图 4-34　仿真结果

4.10　温度扫描分析

4.10.1　相关原理

应用温度扫描分析，可以通过在不同的温度下仿真电路来很快地检验电路的性能。其实温度扫描分析也是参数扫描分析的一种，同样可以执行直流工作点分析、瞬态分析及交流扫描分析，不过，温度扫描分析并不是对所有零件都有作用，只对模型中包括温度相关（temperature dependency）参数的零件有作用，包括：

① 虚拟电阻器；

② 3 端耗尽型 N-MOSFET；

③ 3 端耗尽型 P-MOSFET；

④ 3 端增强型 N-MOSFET；

⑤ 3 端增强型 P-MOSFET；

⑥ 4 端耗尽型 N-MOSFET；

⑦ 4 端耗尽型 P-MOSFET；

⑧ 4 端增强型 N-MOSFET；

⑨ 4 端增强型 P-MOSFET；

⑩ 二极管；

⑪ LED；

⑫ N 沟道 JFET；

⑬ P 沟道 JFET；

⑭ NPN 晶体管；

⑮ PNP 晶体管。

4.10.2　仿真设置

当我们要进行温度扫描分析时，可启动"Simulate""Analyses and Simulation""Temperature

Sweep"命令，屏幕出现如图 4-35 所示的对话框。

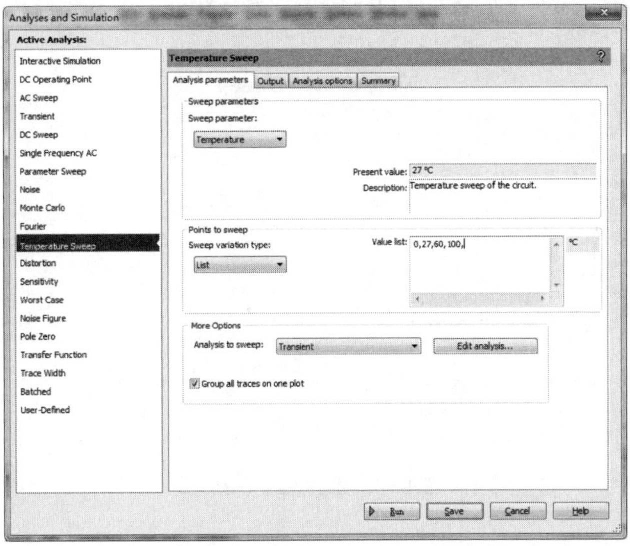

图 4-35　温度扫描分析

温度扫描与参数扫描的设定对话框基本一样，其设定方式也一样，可参照 4.6 节内容。

4.10.3　实例仿真

以图 4-9 所示的电路为例，双击打开电阻的"属性"对话框，在"Value"页下修改电阻的温度系数，如图 4-36 所示。对所有电阻修改后，进行仿真的参数设置，如图 4-35 所示，仿真结束时间设为 0.1s，输出节点选择 21。仿真结果如图 4-37 所示，可见温度变化时，由于电阻阻值等参数的变化，电路的放大倍数、相位都发生了变化。

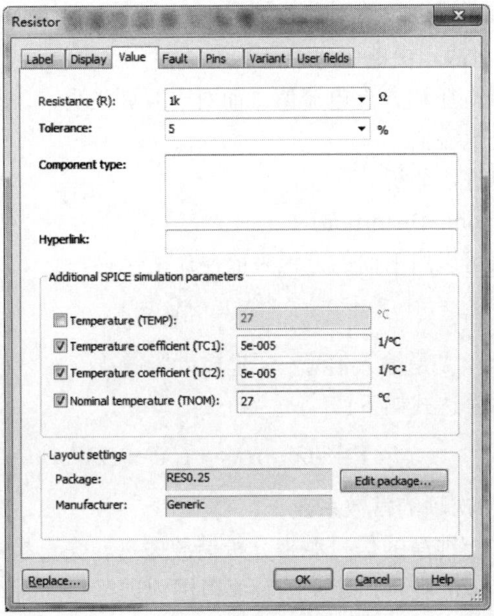

图 4-36　温度系数的修改

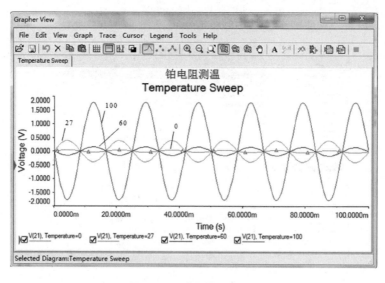

图 4-37　温度扫描仿真结果

4.11　失真分析

4.11.1　相关原理

一个性能良好的线性放大器可以放大输入信号，而在输出端没有任何信号失真。实际应用中，信号中常有虚假信号成分，它们以谐波或互调失真的形式加到信号中。

失真分析用来分析信号的失真，而这种失真用傅里叶分析观察不是很明显。信号失真通常是由电路中增益的非线性和相位的偏移引起的，通常非线性失真会导致谐波失真（Harmonic Distortion）；而相位偏移会导致互调失真（Intermodulation Distortion，IMD）。Multisim 可对模拟小信号电路的谐波失真和互调失真进行仿真。对于电路中的每个交流源，可设置失真分析中用到的参数。Multisim 将决定电路中每节点的电压和分支电流值。对于谐波失真，分析的是第二和第三谐波下的节点电压和分支电流值，而对于互调失真，失真分析将计算互调生成频率下各点节点电压和分支电流值。

下面分别对两种失真进行分析。

（1）谐波失真（Harmonic Distortion）

一个好的线性放大器可以用下面的方程来描述：

$$Y = AX \tag{4-9}$$

式中，Y 是输出信号；X 是输入信号；A 是放大器增益。

包括高阶次项的总体表达式如下：

$$Y = AX + BX^2 + CX^3 + DX^4 + \cdots \tag{4-10}$$

式中，B，C 等是高阶次项的常数系数。

可通过给电路设计加上纯净的信号源来分析谐波失真。失真是对输出信号和它的谐波进行分析后确定的。当 Multisim 在用户定义的频率范围内进行扫描时，它将计算谐波频率 2f 和 3f 处的节点电压和支路电流，并显示对应于输入频率 f 的结果。

（2）互调失真（Intermodulation Distortion, IMD）

互调失真在放大器有两个或两个以上信号同时输入时产生。在这种情况下，信号的相互作用产生互调效应。这个分析将给出在互调产生频率 f1+f2, f1−f2 和 2f1−f2, 以及用户自定义扫描频率下节点电压和分支电流的对比结果。

4.11.2　仿真设置

在进行失真分析之前，必须决定要用什么电源，每个电源失真分析参数的设定都是独立的。可按以下步骤设定交流源的参数，要进行谐波分析，按步骤①和步骤②进行；要进行互调失真分析，则要把以下三步全部执行：

① 双击信号源；

② 在"Value"栏下选择"失真频率 1 幅值（Distortion Frequency 1 Magnitude）"，设定输入幅值与相位；

③ 在"Value"栏下选择"失真频率 2 幅值（Distortion Frequency 2 Magnitude）"，设定输入幅值与相位（仅互调失真设定该步）。

当我们要进行失真分析时，可启动"Simulate""Analyses and Simulation""Distortion"命令，屏幕出现如图 4-38 所示的对话框。

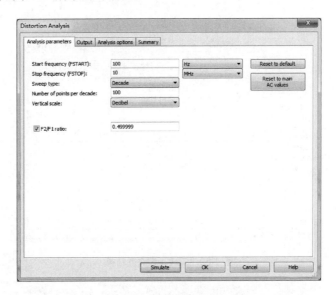

图 4-38　失真分析

其中包括四页选项卡，除了"Analysis parameters"页外，其余皆与 4.1 节的设定一样。而"Analysis parameters"页包括下列条目：

① "Start frequency（FSTART）"栏：设定扫描的起始频率。

② "Stop frequency（FSTOP）"栏：设定扫描的终止频率。

③ "Sweep type"下拉列表：设定交流分析中频率的扫描方式，其中包括 Decade（十倍刻度扫描）、Octave（八倍刻度扫描）及 Linear（线性刻度扫描）。

④ "Number of points per decade"栏：设定每十倍频率的采样点数。

⑤ "Vertical scale"下拉列表：设定垂直刻度，其中包括 Decibel（分贝刻度）、Octave（八倍刻度）、Linear（线性刻度）及 Logarithmic（对数刻度），通常采用 Logarithmic（对数刻度）

或 Decibel（分贝刻度）。

⑥ "F2/F1 ratio" 选项：该复选框仅当进行互调失真时勾选。若信号含有两个频率（F1 和 F2），可由使用者指定 F2 与 F1 之比，F1 频率是在起始频率与终止频率之间扫描的频率，而 F2 频率为 F1 频率的起始值（FSTART）与 F2/F1 的乘积。在勾选该复选框后，紧接着在右边的反白处，指定 F2/F1 之比，它的值必须在 0.0～1.0 之间。这个数应该是无理数，但计算机的计算精度是有限的，所以应取一个多位数的浮点数来代替。

⑦ "Reset to default" 按钮：本按钮是把所有设定恢复为程序预置值。

⑧ "Reset to main AC values" 按钮：本按钮是把所有设定恢复为与交流分析一样的设定值。

4.11.3 实例仿真

以图 4-9 所示的电路为例，首先来分析电路的谐波失真。双击交流源 V11，选择 "Value" 选项卡，把失真频率 1 幅值（Distortion Frequency 1 Magnitude）设为 8V，相位设为 0deg，然后就可以进行仿真。仿真参数设置中，将起始频率设为 1Hz，终止频率设为 10MHz，频率扫描方式设为十倍刻度扫描，取样点为 100，垂直刻度选择线性刻度，输出节点设为 21，单击 "仿真" 按钮将产生两个图，图 4-39 所示为二次谐波失真结果，图 4-40 所示为三次谐波失真结果。由这两个图可以看到，在 100kHz～10MHz 的范围内，存在谐波失真，应对信号进行滤波等处理。

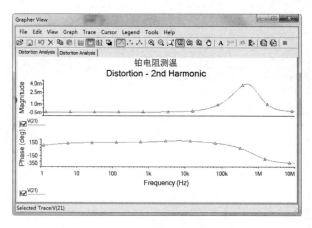

图 4-39　二次谐波失真结果

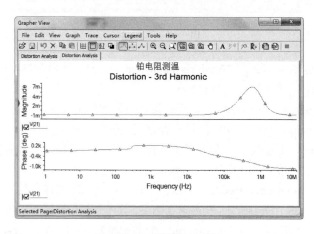

图 4-40　三次谐波失真结果

还是以图 4-9 所示的电路为例来研究互调失真。双击交流源 V11，在"Value"选项卡中将失真频率 1 和 2 的幅值和相位都分别设为 8V 和 0deg。在仿真参数设置中，起始频率为 100Hz，终止频率为 10MHz，频率扫描类型为十倍刻度扫描，取样点为 100，垂直刻度为线性刻度，F2/F1 的比率为 0.499999，输出节点为 21。单击"仿真"后将产生三个图，分别显示互调频率 f1+f2，f1-f2 和 2f1-f2 下电路的互调失真，如图 4-41~图 4-43 所示。

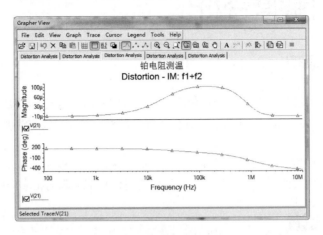

图 4-41   f1+f2 谐波失真图

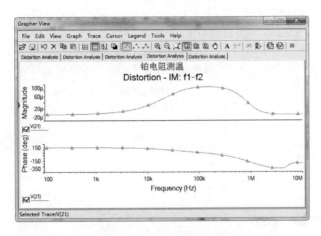

图 4-42   f1-f2 谐波失真图

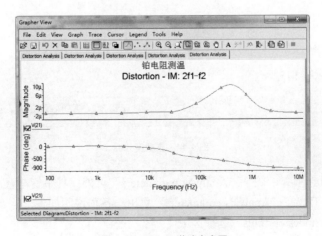

图 4-43   2f1-f2 谐波失真图

由图 4-41 可以看到，当 f1 达到较高的频率（1kHz ~ 1MHz），如果混入 f2（约 50Hz），则 f1+f2 谐波的幅值大幅增加，在这些频率点处，需要用滤波器把信号中 f1+f2 谐波分量滤除掉。对于 f1−f2 谐波和 2f1−f2 谐波的分析与处理方法与 f1+f2 谐波类似。

4.12　灵敏度分析

4.12.1　相关原理

灵敏度分析可以确定电路中的元件影响输出信号的程度。因此，重要的元件可以分配更大的容差，并易于优化。同样，不重要的元件可降低成本，因为它们的精确度对于设计性能影响不大。

灵敏度分析计算相当于电路中元件参数变化时，输出节点电压或电流的灵敏度。直流灵敏度的仿真结果以数表的形式显示，而交流灵敏度的仿真结果则为相应的曲线。

4.12.2　仿真设置

当我们要进行灵敏度分析时，可启动"Simulate""Analyses and Simulation""Sensitivity"命令，屏幕出现如图 4-44 所示的对话框。

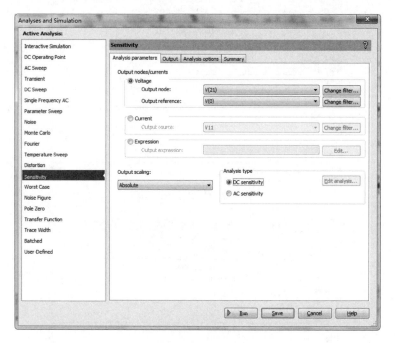

图 4-44　灵敏度分析

其中包括 4 页选项卡，除了"Analysis parameters"页外，其余皆与直流工作点分析的设定一样，详见 4.1 节。在"Analysis parameters"页中，各项说明如下：

（1）"Output nodes/currents"选项区域

① 选中"Voltage"单选项可进行电压灵敏度分析，而选取本选项后，即可在其下的

"Output node"下拉列表中指定所要分析的输出节点、在"Output reference"下拉列表中指定输出端的参考节点。

② 选中"Current"单选项可进行电流灵敏度分析，而选取本选项后，即可在其下的"Output source"下拉列表中指定所要分析的信号源。

③ 选中"Expression"单选项可自定义分析的输出表达式，用户可在空白处自己编辑，或单击"Edit"进入"分析表达式编辑"对话框进行编辑。在"Output scaling"的下拉列表下可选择灵敏度的输出格式，包括 Absolute（绝对的）、Relative（相对的）两个选项。

（2）"Analysis type"选项区域

① "DC sensitivity"选项：设定进行直流灵敏度分析，分析结果将产生一个表格。

② "AC sensitivity"选项：设定进行交流灵敏度分析，分析结果将产生一个分析图。当勾选交流灵敏度分析时，"Edit analysis"按钮可用，单击后弹出如图 4-45 所示的对话框，它的设置和失真分析的设置相似，不再重复。

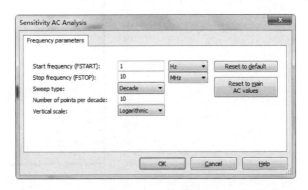

图 4-45　交流灵敏度分析

4.12.3　实例仿真

图 4-46 所示为简单的 RC 低通滤波器电路，下面对这个电路进行交流灵敏度分析。仿真设置中选择电压灵敏度分析，输出节点选择 2，输出参考节点为 0，灵敏度输出格式为绝对值（Absolute），分析类型为交流灵敏度分析，并单击后面的"Edit analysis"按钮，设置扫描频率为 1Hz ~ 10GHz，扫描类型为 Decade，垂直刻度为线性刻度，然后在"Output"选项卡下设置仿真元件为电阻 R2，单击"仿真"按钮，可得图 4-47 所示的仿真结果。仿真曲线反映了当频率变化时输出的变化。对于单一频率值也可以人工计算灵敏度。以 100Hz 的频率来计算 R2 对于电路的灵敏度：

电容 C2 的阻抗为：

$$X_c = \frac{1}{2\pi f_c} = \frac{1}{2\pi \times 100 \times 10^{-6}} = 1592$$

所以节点 2 的输出电压为：

$$V_{out} = \frac{V_1 R_2}{R_2 - jX_c} = \frac{1 \times 1}{1 - j1592} \approx \frac{1}{-j1592} \approx 628 \text{（μV）}$$

如果把 R2 的阻值增加一个单位到 2Ω，则：

$$V_{out} = \frac{V_1 R_2}{R_2 - jX_c} = \frac{1 \times 2}{2 - j1592} \approx 1.2563 \text{（mV）}$$

因此电压的变化量为 628μV，和 Multisim 的仿真结果相符。

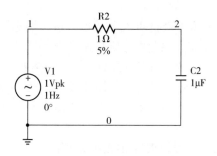

图 4-46　RC 低通滤波器电路

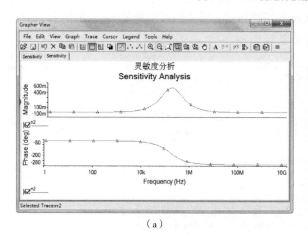

（a）

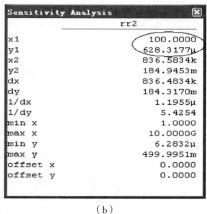

（b）

图 4-47　交流灵敏度分析结果

4.13　最坏情况分析

4.13.1　相关原理

最坏情况分析是以统计分析的方式，来研究元件参数变化时对电路性能的最坏可能的影响。Multisim 在进行最坏情况分析时结合直流或交流分析。不论在哪种情况下，仿真首先从标称值开始。其次，进行（直流或交流）灵敏度分析来决定特定元件关于输出电压或电流的灵敏度，最后，仿真的是元件在输出端将产生最坏情况的参数值。根据输出端元件的灵敏度是一个正的或负的值，最坏情况参数由在标称值上增加或减去容差值来决定。

① 对于直流小信号模型的模拟电路，假定模型已经线性化。对于最坏情况分析——直流分析，将进行以下计算：

直流灵敏度：如果相对于特定元件的输出电压的直流灵敏度定为负值，那么这个元件的最小值已计算出。例如，如果电阻 R1 的直流灵敏度为−1.23V/Ohm，那么最小值由以下公式得到：

$$R1_{min} = (1 - Tolerance) \times R1_{nom} \tag{4-11}$$

式中，$R1_{min}$ 为电阻 R1 的最小值；Tolerance 为容差，由用户定义（容差是绝对值或标称值的百分数）；R1$_{nom}$为电阻 R1 的标称值。

如果相对于特定元件的输出电压的直流灵敏度定为正值，那么这个元件的最大值已计算出。例如，正灵敏度电阻将由下式定义：

$$R2_{max} = (1 - Tolerance) \times R2_{nom} \tag{4-12}$$

式中，R2$_{max}$为电阻 R2 的最大值；Tolerance 为容差，定义如上；R2$_{nom}$为电阻 R2 的标称值。

利用电阻标称值和由灵敏度符号决定的电阻最大或最小值进行直流分析。

② 对于最坏情况分析——交流分析，所选择的交流分析由以下步骤计算而来：

a. 计算交流灵敏度来决定元件关于输出端电压的灵敏度；

b. 根据灵敏度结果，计算所选择器件的最大或最小值，和上面解释的相同；

c. 用以上计算出的器件的值进行交流分析。

4.13.2　仿真设置

当我们要进行最坏情况分析时，可启动"Simulate""Analyses and Simulation""Worst Case"命令，屏幕出现如图 4-48 所示的对话框。

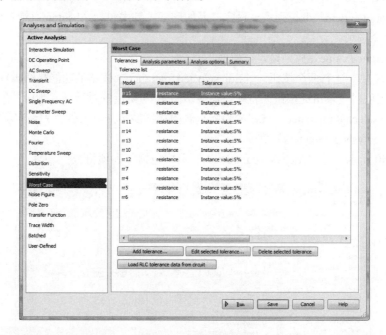

图 4-48　最坏情况分析

其中包括 4 页选项卡，除了"Tolerances"页及"Analysis parameters"页外，其余皆与直流工作点分析的设定一样，详见 4.1 节。

（1）"Tolerances"页

"Tolerance list"区域中，列出了目前的元件参数及容差，我们可以单击"Add tolerance"按钮新增元件容差，对话框如图 4-49 所示。

我们可以在"Parameter type"下拉列表中选择所要设定的是模型参数（Model parameter），还是元件参数（Device parameter），下面介绍选择不同类型参数后，其他区域的设置：

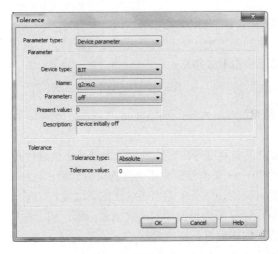

图 4-49　新增元件容差设定

①　"Parameter" 选项区域：这部分参数的设定可参照参数扫描分析中 "Analysis parameters" 页下的扫描参数设置部分，不再详述。

②　"Tolerance" 选项区域：

a. "Tolerance type" 下拉列表：设定容差的形式，其中包括 Absolute（绝对值）、Percent（百分比）两个选项。

b. "Tolerance value" 栏：设定容差值。

在图 4-48 中，还有两个按钮，"Edit selected tolerance" 按钮的功能是编辑在区域中所选取的容差设定项目，单击此按钮，将弹出类似于图 4-49 所示的对话框，其中各项，刚才已说明。"Delete selected tolerance" 按钮的功能是删除在区域中所选取的容差设定项目。

（2）"Analysis parameters" 页

如图 4-50 所示，在 "Analysis parameters" 页中包括下列项目：

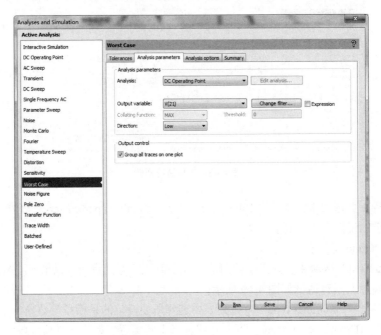

图 4-50　"Analysis parameters" 页

① "Analysis"选项：选择要进行的分析，其中包括 AC Sweep（交流扫描分析）及 DC Operating Point（直流工作点分析）两个选项。

② "Output variable"选项：指定所要分析的输出节点。勾选"Expression"复选框后，可指定一个输出变量的表达式作为输出变量。

③ "Collating function"选项：选择比较函数，该项只在选择交流扫描分析时可进行设置。下拉列表包括 MAX（最大）、MIN（最小）、RISE EDGE（上升沿）、FALL EDGE（下降沿）及 FREQUENCY（频率）五个选项。选择"MAX"选项，仿真结果将显示每次运行的最大电压值；选择"MIN"选项，仿真结果将显示每次运行的最小电压值；选择"RISE EDGE"选项，仿真结果将显示当信号在波形的第一个上升沿达到门限电压的时间；选择"FALL EDGE"选项，仿真结果将显示当信号在波形的第一个下降沿达到门限电压的时间；选择"FREQUENCY"选项，仿真结果将显示当信号的频率大于门限频率的时间。如果指定"RISE EDGE""FALL EDGE"或"FREQUENCY"选项，则需在其右边的"Threshold"栏中指定其门限值。

④ "Direction"下拉列表：设定容差变化的方向，包括"Low"和"High"两个选项。

⑤ "Group all traces on one plot"选项：设定将所有分析的曲线放置在同一个分析图中。

4.13.3　实例仿真

以图 4-9 所示的电路为例来分析当最坏情况分析列表中的电阻参数变化时，电路直流工作点的最坏情况变化。分析类型选择直流工作点分析，输出节点为 21 点，容差变化方向为 Low，选择使所有曲线在一张图中显示，可得仿真分析结果如图 4-51 所示。上面的表格是电路输出在正常值和最坏情况下的直流工作点；下面的表格是最坏情况下电阻的变化。可以看到电阻的变化对直流工作点会造成一定的影响。

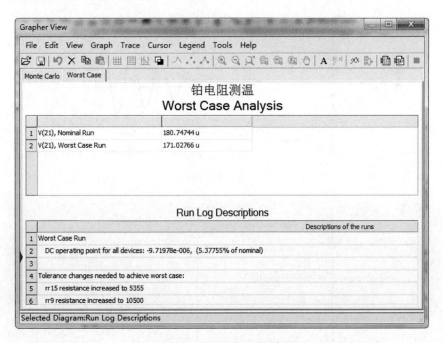

图 4-51　最坏情况分析结果

4.14　零极点分析

4.14.1　相关原理

　　零极点分析是计算电路的交流小信号传递函数的零点与极点，以决定电子电路的稳定度。在进行零点与极点分析时，首先计算出直流工作点，其次求出所有非线性零件的线性小信号模型，最后找出其交流小信号传递函数的零点与极点。当我们在设计电路时，总希望在正常的输入信号下，电路的输出是有限度的（Bounded），且与输入呈现一定的关系；如果是没有限度的输出，将可能伤害到电路。所以一个稳定的电子电路一定是有限的输入、有限的输出，即 BIBO（Bounded Input Bounded Output），而 BIBO 的稳定度取决于其传递函数的极点。

　　传递函数是模拟电路特性在频域中的一种方便的表达方式，它是输出信号和输入信号拉普拉斯变换的比值。输出信号和输入信号的拉普拉斯变换通常记为 $V_o(s)$ 与 $V_i(s)$，其中的 $s=j\omega=j2\pi f$。传递函数通常是以幅频响应和相频响应给定的一个复数值。电路的传递函数可以表示为：

$$T(s) = \frac{V_o(s)}{V_i(s)} = \frac{K(s+z_1)(s+z_2)(s+z_3)(s+z_4)\cdots}{(s+p_1)(s+p_2)(s+p_3)(s+p_4)\cdots} \tag{4-13}$$

　　此函数的零点为 $-z_1$、$-z_2$、$-z_3$、$-z_4$、$\cdots$，极点为 $-p_1$、$-p_2$、$-p_3$、$-p_4$、$\cdots$。零点使传递函数的分子为零，而极点使传递函数的分母为零。零点和极点都可以包括实数、复数或纯虚数。从传递函数的公式中求出零点与极点，可使设计者预见电路设计在运行中的性能。了解零极点的位置与电路稳定性的关系是非常重要的。在复数坐标系下描绘零点与极点时，其 x 坐标轴为实数轴（Real，缩写为 Re）、y 坐标轴为虚数轴（Imaginary，缩写为 Im 或 jω）。图 4-52 所示为不同极点位置在系统阶跃响应下对电路稳定性的影响。

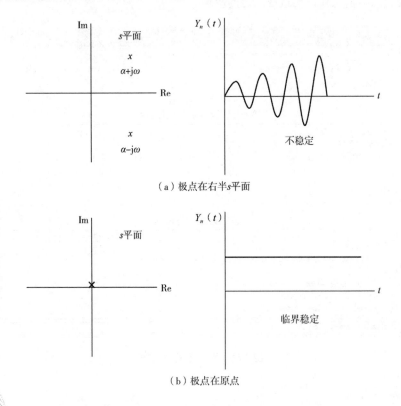

（a）极点在右半 s 平面

（b）极点在原点

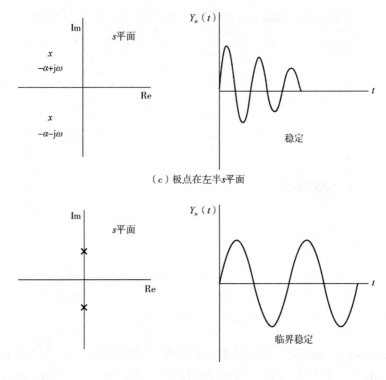

（c）极点在左半s平面

（d）极点在虚轴上

图 4-52　系统稳定性与极点的关系

注意：当电路包含无源元件（电阻、电容和电感）时，零极点分析可提供精确的结果；而当电路中含有有源元件时，则不是总显示预期的结果。

4.14.2　仿真设置

当我们要进行零点与极点分析时，可启动"Simulate""Analyses and Simulation""Pole Zero"命令，屏幕出现如图 4-53 所示的对话框。

其中包括 3 页选项卡，除了"Analysis parameters"页外，其余皆与直流工作点分析的设定一样，详见 4.1 节。在"Analysis parameters"页中，各项说明如下：

（1）"Analysis type"选项区域

① "Gain analysis（output voltage/input voltage）"选项：设定分析电路的增益，也就是输出电压与输入电压之比。

② "Impedance analysis（output voltage/input current）"选项：设定分析电路的阻抗，也就是输出电压与输入电流之比。

③ "Input impedance"选项：设定分析电路的输入阻抗。

④ "Output impedance"选项：设定分析电路的输出阻抗。

（2）"Nodes"选项区域

① "Input（+）"下拉列表：指定正的输入节点。

② "Input（-）"下拉列表：指定负的输入节点（通常是接地端，即 0 节点）。

③ "Output（+）"下拉列表：指定正的输出节点。

④ "Output（-）"下拉列表：指定负的输出节点（通常是接地端，即 0 节点）。

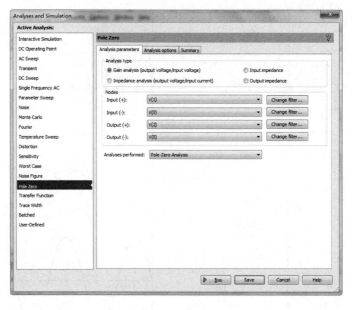

图 4-53 零点与极点分析

⑤ "Analyses performed" 下拉列表：设定所要分析的项目，其中包括 "Pole-Zero Analysis"（同时找出极点与零点）、"Pole Analysis"（找出极点）、"Zero Analysis"（找出零点）三个选项。

4.14.3 实例仿真

以图 4-54 所示的电路为例来进行零极点分析。仿真参数设置如图 4-53 所示，仿真结果如图 4-55 所示，可以看到系统只存在一个极点，且位于左半 s 平面，所以系统稳定。

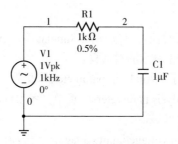

图 4-54 RC 低通滤波器

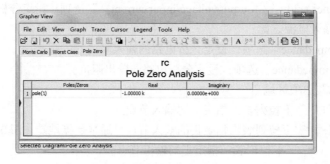

图 4-55 零点与极点分析的结果

4.15　传递函数分析

4.15.1　相关原理

传递函数分析计算电路中一个输入源和两个输出节点（对于电压）或一个输出变量（对于电流）的直流小信号传递函数；同时也计算电路的输入和输出阻抗。任何非线性模型首先根据直流工作点线性化，然后进行小信号分析。输出信号可以是任何节点电压，但输入信号必须是电路中定义的一个独立电源。

假设电路是模拟电路，电路模型已被线性化，则直流小信号增益为输出相对于直流偏置点（零频率）处输入的导数，即

$$\text{gain} = \frac{\mathrm{d}V_{\text{out}}}{\mathrm{d}V_{\text{in}}} \tag{4-14}$$

电路中的输入和输出阻抗是指在输入或输出端"动态的"或小信号的电阻。数学上，小信号直流阻抗为直流偏置点（零频率）处输入电压相对于输入电流的导数。下式为输入电阻的表达式：

$$R_{\text{in}} = \frac{\mathrm{d}V_{\text{in}}}{\mathrm{d}I_{\text{in}}} \tag{4-15}$$

在 Multisim 中，对传递函数分析的结果产生一个图表，显示输入和输出信号的比率、输入源节点的输入阻抗和输出电压节点的输出阻抗。

注意：这是一个直流分析而不计算时域或频域的传递函数。

4.15.2　仿真设置

当我们要进行传递函数分析时，可启动"Simulate""Analyses and Simulation""Transfer Function"命令，屏幕出现如图 4-56 所示的对话框。

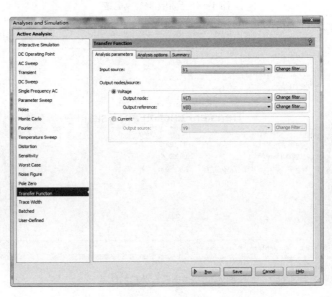

图 4-56　传递函数分析

其中包括 3 页选项卡，除了"Analysis parameters"页外，其余皆与直流工作点分析的设定一样，详见 4.1 节。在"Analysis parameters"页中，各项说明如下：

① "Input source"下拉列表：指定所要分析的输入电压源。

② "Output nodes/source"栏：选择输出的节点或电源。它包括两个备选项：

a．"Voltage"选项：指定输出变量为电压，选取本选项后，就可以在"Output node"下拉列表中指定所要测量的输出节点，而在"Output reference"下拉列表中指定参考节点，通常是接地端（即 0）。

b．"Current"选项：指定输出变量为电流，选取本选项后，就可以在"Output source"下拉列表中指定所要测量的输出电源。

4.15.3 实例仿真

分析图 4-9 所示电路的输出放大部分，如图 4-57 所示。这是一个反相比例放大电路，电路增益约为 18.2，由于电路的输入阻抗远小于运放的阻抗，所以电路输出阻抗近似为 0。按图 4-56 所示的设置对电路进行仿真，结果如图 4-58 所示，可见仿真结果与理论分析近似。

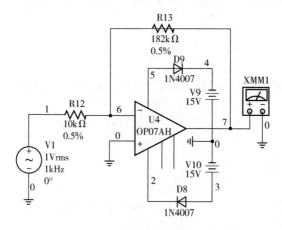

图 4-57　反相比例放大电路

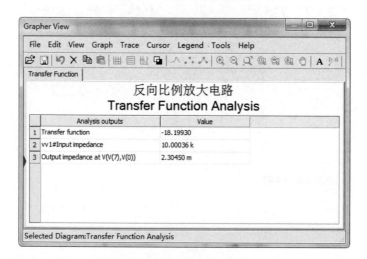

图 4-58　传递函数分析的结果

4.16 布线宽度分析

4.16.1 相关原理

布线宽度分析计算满足电路中任意走线上有效电流（RMS current）的最小走线宽度，其中有效电流可由仿真结果求出。要完全理解这个分析的重要性，我们必须首先明白当线路上电流增加时，这条走线会发生什么变化。

当线路上流过电流时将使线路的温度升高。功率的计算公式为 $P=I^2R$，因此功率与电流不是简单的线性关系。单位长度线路的电阻是其横截面积（线路的宽度乘以厚度）的函数。因此温度和电流的关系是电流、布线宽度和厚度的非线性函数。线路的散热能力是它的表面面积和宽度（单位长度）的函数。

PCB 布线技术限制了走线铺铜的厚度，这个厚度和标称重量有关，标称重量以表格的形式给出，单位为 oz/ft²。

下面介绍一下布线宽度是如何决定的。

热力学中线路上电流的一般模型为：

$$I = K \cdot \Delta T^{B_1} A^{B_2} \tag{4-16}$$

式中，I 为运放电流；ΔT 为环境温度的变化，℃；A 为每 $1mil^2$ 的横截面积；K，B_1，B_2 是常数。

为了估计上面等式的系数，首先需要把上式转成线性形式。我们可以对等式两边取自然对数来实现：

$$\ln(I) = \ln(K) + B_1 \cdot \ln(\Delta T) + B_2 \cdot \ln(A) \tag{4-17}$$

DN 原始数据是和温度变化及不同走线配置下电流相关的图表。DN 数据提供的信息可用于对走线长度和宽度进行独立估计。

把所有 DN 数据用于回归分析，可得如下的估计：

$$\ln(I) = -3.23 + 0.45\ln(\Delta T) + 0.69\ln(A)$$

即可得：

$$I=0.04\Delta T^{0.45} A^{0.69}$$

图 4-59 是从以上公式中得到的接近 300 个点的数据图。

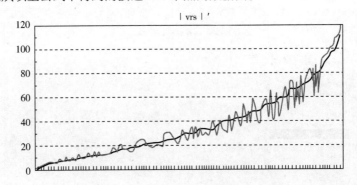

图 4-59 从 DN 数据得来的真实与估计电流图

Multisim 利用线的重量值（oz/ft²）来计算布线宽度分析中要求的线的厚度。表 4-1 为各种铜皮重量对应的厚度值。每条走线的电流首先在瞬态分析中进行计算。这些电流值通常在时间上是独立的。

表 4-1　布线宽度

厚度	1.0/8.0	1.0/4.0	3.0/8.0	1.0/2.0	3.0/4.0	1	2
重量	0.2	0.36	0.52	0.70	1	1.4	2.8
厚度	3	4	5	6	7	10	14
重量	4.2	5.6	7.0	8.4	9.8	14	19.6

由于瞬态分析是基于离散时间点的，最大绝对值的精确度取决于所选时间点数的多少。下面是增加布线宽度分析精确度的一些建议：

① 瞬态分析结束时间应设置到至少包括信号的一个周期，特别是信号具有周期性的情况。否则，必须保证结束时间足够大，以使 Multisim 获得正确的最大电流值。

② 手动增加点数到 100 或更多。信号的点数越多，最大值越准确。注意，时间点数增加到 1000 以上将延长程序执行的时间，并可能使 Multisim 关闭。

③ 考虑初始条件的影响，它可能改变开始时信号的最大值。如果稳定状态（如直流工作点）和初始条件相差较远，则仿真可能停止。

当 I 和 ΔT 已知，Multisim 利用以下公式确定线的宽度：

$$I = KT^{0.44} A^{0.725} \tag{4-18}$$

式中，I 为运放的最大电流值；K 为降级强度（中心接近 0.024）；T 为高于环境温度的最大温度值，℃；A 为以 mil^2 为单位的横截面积；注意这里的 mil 不是毫米，它等于 1/1000 英寸。

4.16.2　仿真设置

当我们要进行布线宽度分析时，可启动 "Simulate" "Analyses and Simulation" "Trace Width" 命令，屏幕出现如图 4-60 所示的对话框。

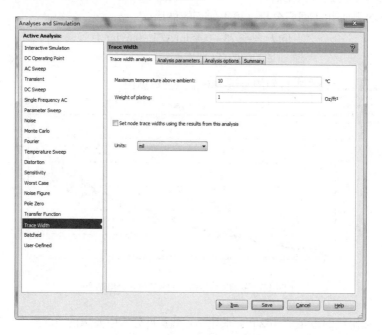

图 4-60　"布线宽度分析"对话框

图 4-60 所示的对话框中除了"Trace width analysis"页以外,其余皆与瞬态分析的设定一样,详见 4.3 节。"Trace width analysis"页说明如下:

① "Maximum temperature above ambient"栏:设定高于环境温度的最大温度值。

② "Weight of plating"栏:设定每平方英寸的铜膜重量,就是铜膜的厚度。

③ "Set node trace widths using the results from this analysis"选项:勾选该复选框,则电路板布线时,走线宽度按本分析的结果设定。

4.16.3 实例仿真

以图 4-9 所示的电路为例,来进行布线宽度分析。布线宽度分析页的设定如图 4-60 所示。在分析参数页中将仿真的结束时间设为 0.1s,最少时间点改为 200 点,其他设定选择默认值,单击"仿真"按钮进行仿真,得到图 4-61 所示的仿真结果,表中显示了元件各引脚的有效电流值及其对应的最小走线宽度。

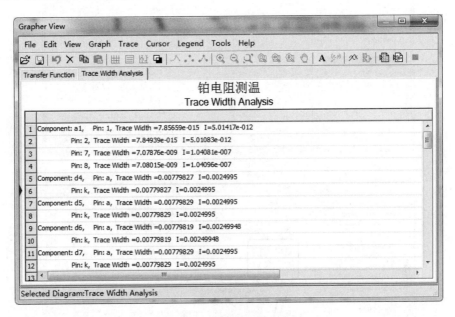

图 4-61 布线宽度分析的结果

4.17 批处理分析

4.17.1 相关原理

Multisim 可在同一个例子中绑定不同的分析或在同一分析中按顺序仿真不同的例子。这样就为高级用户提供了一种用单一命令进行多仿真的方法。

例如,可以利用批处理分析完成以下功能:

① 当试图调整一个电路时,可重复进行一批相同的分析;

② 对电路仿真时可建立分析的记录;

③ 设定一系列可长期自动运行的分析。

4.17.2 仿真设置

当我们要进行批处理分析时，可启动"Simulate""Analyses and Simulation""Batched"命令，屏幕出现如图 4-62 所示的对话框。

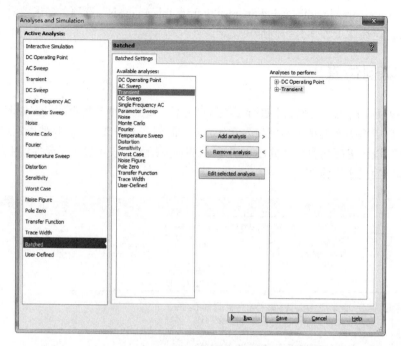

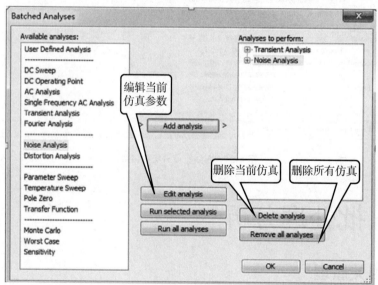

图 4-62　批处理分析

左边"Available analyses"区域中为可选的分析，单击"Add analysis"按钮，弹出"仿真设置"对话框，修改参数后，单击"Add to list"按钮即可将被选项移入右边的"Analyses to perform"区域中，如图 4-62 右边的区域中已加入了直流工作点分析和瞬态分析。已选的仿真也可编辑仿真参数或进行删除处理。

所要绑定的仿真全部指定完成后，单击"Run selected analysis"按钮可对右边区域中的所有仿真项进行批处理分析。

习题与思考题

1. 傅里叶分析可分析电路的什么特性?
2. 失真分析可分析哪两种失真? 它们产生的原因是什么?
3. 电路中的噪声主要有哪几种? 产生的原因分别是什么?

第 5 章
音频功率放大器设计

5.1 设计任务

音频功率放大器是音响系统中的关键部分，其作用是将传声器件获得的微弱信号放大到足够的强度去推动放声系统中的扬声器或其他电声器件，使原声重现。

一个音频功率放大器一般包括两部分，如图 5-1 所示。

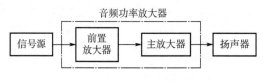

图 5-1 音响系统结构图

由于信号源输出电压幅度往往很小，不足以激励音频功率放大器输出额定功率，因此常在主放大器前插入一个前置放大器将信号源输出电压信号加以放大，同时对信号进行适当的音色处理。而音频功率放大器不仅放大电压，而且对电流也进行放大，从而提高整体的输出功率。

5.1.1 总体设计要求

在放大通道的正弦信号输入电压幅度大于 5mV 小于 100mV、等效负载电阻 R_L = 8Ω 的条件下，放大通道应满足：

① 额定输出功率 P_{OR}≥2W；
② 带宽 BW 为 50 ~ 10000Hz；
③ 音调控制范围：低音 100Hz（±12dB）；高音 10kHz（±12dB）；
④ 在 P_{OR} 下和 BW 内的非线性失真系数 γ≤3%；
⑤ 在 P_{OR} 下的效率≥55%；
⑥ 当前置放大器输入端交流短接到地时，R_L=8Ω 上的交流噪声功率≤10mW。

下面是音频功率放大器的扩展性设计要求，可根据要求选做。

5.1.2 设计要求分级分解

（1）信号放大电路设计要求
设计主放大器，信号幅值 10mV，频率范围 20Hz~20kHz，输出电压值 5V。

（2）直流稳压源设计要求

直流稳压源在输入电压 220V、50Hz，电压变化范围-20% ~ +15%条件下：

① 输出电压为±15V；

② 最大输出电流为 0.1A；

③ 电压调整率≤0.2%；

④ 负载调整率≤2%；

⑤ 纹波电压（峰-峰值）≤5mV；

⑥ 具有过流及短路保护功能。

（3）滤波器设计要求

50Hz 干扰抑制。

5.2　集成运放音频功率放大电路设计

音频功率放大电路的设计不仅要求对音频信号进行功率放大，以足够的功率驱动扬声器发声，同时要求音质效果良好。要实现功率放大（简称功放），不仅要求对电流进行放大，而且要求有足够的电压放大倍数。利用集成运放对电压信号进行放大，不仅可减少元器件的数量，而且会使电路更加稳定。根据设计要求，在输入电压幅度为 5~10mV、等效负载电阻 R_L = 8Ω 下，放大通道应满足额定输出功率 P_{OR}≥2W。设输出电压有效值为 U_{rsm}，输出功率为 P_o，则

$$U_{rsm} = \sqrt{P_O R_L} \geqslant 4$$

所以总体电路要求的电压放大倍数为预期的输出电压值除以输入电压值再加上一定的设计余量，为 500~1000 倍。单级放大不易实现如此大的放大倍数且同时保持电路性能，故需要采取多级放大的合理连接。考虑多级放大电路虽然可以提高电路的增益，但级数太多也会使通频带变窄。因此下面采用三级放大设计，一级、二级电路组合以实现电压放大（各提供 20 倍的放大倍数），同时加入改善音质的设计（滤波），第三级电路实现电流放大，同时对电压放大倍数进行调节。

和晶体管功率放大器设计相同，为了保证电路安全可靠，通常使电路最大输出功率 P_{om} 比额定输出功率 P_{OR} 要大一些。一般取 P_{om}=(1.5 ~ 2)P_{OR}，所以最大输出电压应根据 P_{om} 来计算，即 $V_{om} = \sqrt{2P_{om}R_L}$，因为考虑管子饱和压降等因素，放大器 V_{om} 总是小于电源电压。

令 $\eta = \dfrac{V_{om}}{V_{CC}}$ 为电源电压利用率，一般为 0.6~0.8，因此

$$V_{CC} = \frac{1}{\eta}V_{om} = \frac{1}{\eta}\sqrt{2P_{om}R_L} = \frac{1}{0.6}\times\sqrt{2\times2\times2\times8} = \frac{8}{0.6} = 13.3 \text{（V）}$$

以上指单边电源电压。再考虑功放的供电电源大小，最后选择 V_{CC} 为 15V。

5.2.1　前置放大电路设计

前置放大电路的作用是先对微弱的输入信号进行电压放大，以保证足够的音量。如图 5-2 所示，这是一个反相比例放大电路，参数设置如图中所示。电路输入为 10mV 的交流源，产生 1kHz 的正弦波信号。电容 C1 是耦合电容，其容抗远小于放大器的输入电阻，它

的作用是使前后两级电路的静态工作点的配置相互独立，有隔直的功能。扬声器上若叠加有直流成分，受话线圈的位置就会发生偏移，从而增大失真，严重时甚至会因发热而烧断受话线圈。

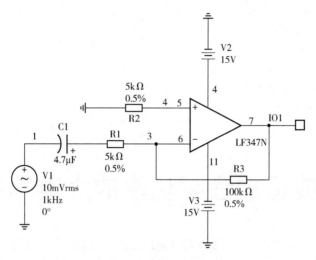

图 5-2　前置放大电路

音频功率放大电路设计要求为有足够的带宽，噪声足够小，以及谐波失真足够小，这就要求各级电路中运放的选择要合适。LF347N 是一种低功耗、高速四片集成 JFET 输入运算放大器，它的主要性能指标如下：

① 低输入偏置电流：50pA；

② 低输入噪声电流：$0.01pA/\sqrt{Hz}$；

③ 宽增益带宽：4MHz；

④ 高回转率：13V/μs；

⑤ 低供电电流：7.2mA；

⑥ 高输入阻抗：$10^{12}\Omega$；

⑦ 低总谐波失真：Av=10 时小于 0.02%（R_L=10k，V_o=20V_{p-p}，BW=20Hz ~ 20kHz）；

⑧ 功率消耗：1000mW。

下面对前置放大电路进行一系列仿真来分析电路的性能。

（1）交流扫描分析

进行交流扫描分析时首先应该双击打开输入信号源 V1，对交流扫描分析的幅度进行设置（详见第 4 章交流扫描分析的内容）。交流扫描分析的结果如图 5-3（a）所示，单击"显示游标"按钮可在图上显示准确的值。中心频率约为 1kHz，对应增益为 19.9958。通带截止频率处增益为 19.9958×0.707=14.137，而这个增益对应的频率为 6.8299Hz 和 143.2905kHz，具体数值见图 5-3（b）。可见一级放大有足够宽的带宽。由交流扫描分析图可以看出低频有衰减，这是由于电容 C1 的作用。

（2）瞬态分析

图 5-4 所示为第一级放大输入端和输出端的瞬态响应。由于放大器接成反相放大，所以输入输出波形相反，输出波形基本不失真。

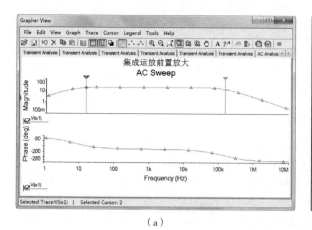

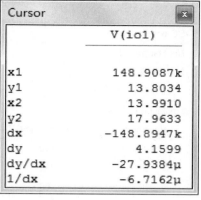

（a） （b）

图 5-3 交流扫描分析结果

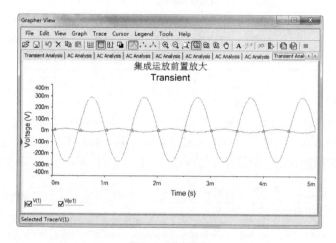

图 5-4 瞬态响应

（3）傅里叶分析

对电路进行傅里叶分析，得图 5-5 所示的图表。选择仿真结果中的表格，单击对话框右上方的"输出到 Excel"按钮，可生成关于傅里叶分析的 Excel 图表，如表 5-1 所示。本电路的非线性失真度很小，各次谐波的幅值很小，可以忽略不计。

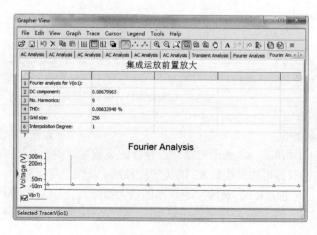

图 5-5 傅里叶分析

表 5-1 傅里叶分析具体结果

DC component:	0.00679964				
No. Harmonics:	9				
THD:	0.00632948 %				
Grid size:	256				
Interpolation Degree:	1				
Harmonic	Frequency	Magnitude	Phase	Norm. Mag	Norm.Phase
1	1000	0.282665	179.986	1	0
2	2000	1.21644e-005	1.6173	4.30347e-005	−178.37
3	3000	8.15576e-006	2.04712	2.88531e-005	−177.94
4	4000	6.0839e-006	2.94356	2.15234e-005	−177.04
5	5000	4.82381e-006	4.01683	1.70655e-005	−175.97
6	6000	4.05779e-006	4.33434	1.43555e-005	−175.65
7	7000	3.56015e-006	4.50964	1.2595e-005	−175.48
8	8000	3.0453e-006	5.7411	1.07736e-005	−174.25
9	9000	2.6284e-006	7.20387	9.29866e-006	−172.78

（4）噪声分析

图 5-6 所示为由噪声分析所得的噪声谱密度曲线，其中有标记的曲线是输入噪声的谱密度曲线，没有标记的曲线是输出噪声的谱密度曲线。输入输出噪声是由各元件产生的各类噪声在输入输出端等效而来的，单位是 V^2/Hz 或 A^2/Hz。

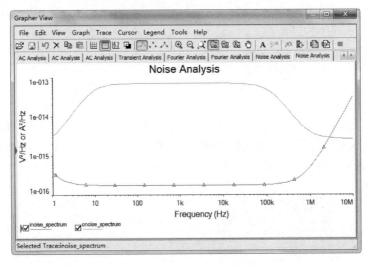

图 5-6　噪声谱密度曲线

（5）交流灵敏度分析

下面分析电容 C1 和电阻 R2 关于电路交流特性的灵敏度。图 5-7（a）中有标记的曲线是 C1 的灵敏度曲线，没有标记的曲线是 R2 的灵敏度曲线，从图上可以看出，电容 C1 的灵敏度随频率增加而减小，而电阻 R2 的灵敏度随频率的增大而增大，但电容的灵敏度总体高于电阻的灵敏度。在图 5-7（a）中使用游标分别标记 20Hz 和 20kHz 处元件的灵敏度，得到的具体数值见图 5-7（b）。

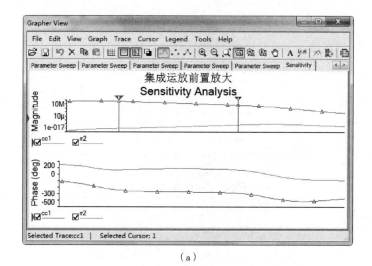

（a）

（b）

图 5-7　交流灵敏度分析

（6）参数扫描分析

下面分析电容 C1 对系统交流特性的影响。由图 5-8 可知电容越小，它的容抗越大，从而对低频信号的抑制作用越强。

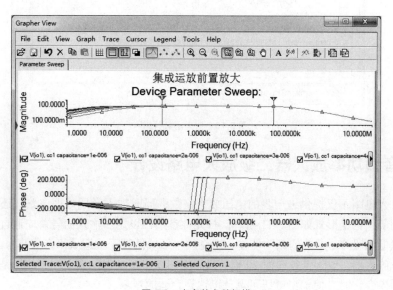

图 5-8　电容的参数扫描

(7) 零极点分析

由图 5-9 所示的零极点分析结果可知系统闭环极点位于左半 s 平面,所以系统稳定。同时,第一个极点远离原点,可以认为系统只有一个主极点,即这是一个一阶系统。

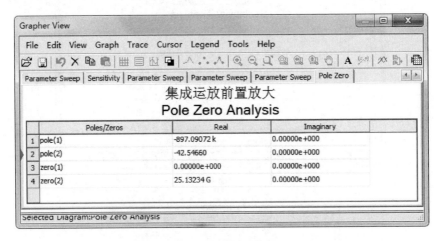

图 5-9   零极点分析

(8) 传递函数分析

Multisim 分析的是直流小信号的传递函数,由于电容 C1 是耦合电容,有隔直作用,所以进行传递函数分析时须去掉电容。图 5-10 所示为传递函数分析的结果,而实际由于电容 C1 的作用,输入阻抗会更大。

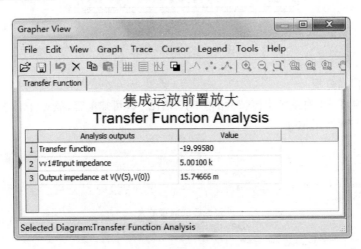

图 5-10   传递函数分析

5.2.2   音频功率放大器二级放大电路设计

二级放大电路不仅提供进一步的电压放大倍数,同时加入音质处理电路,还可对输出的幅度进行调节,电路形式如图 5-11 所示,各元件参数已设定。输入信号首先通过一个高通滤波电路滤除低频噪声(意外的振动使输入麦克风中形成低频干扰造成声音失真),然后通过一个反相电压放大器,放大倍数约为 20 倍,最后电路输出接一滑动变阻器,作用是当输入电压在一个范围内变化时,使输出电压可调,以达到合适的音量。

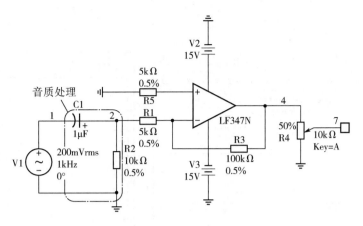

图 5-11 二级放大电路

下面对这个电路的性能用 Multisim 来进行分析。

（1）交流扫描分析

高通滤波器的截止频率 $f_p = \dfrac{1}{2\pi R_2 C_1} = \dfrac{1}{2\pi \times 10^4 \times 10^{-6}} \approx 15.9$（Hz）。对此高通滤波器进行交流仿真，得图 5-12 所示的结果。由图可知截止频率处的增益为中心频率（1kHz）处增益的 0.707 倍。理论计算值和电路仿真结果存在一定差异，是由于带负载后使截止频率升高。

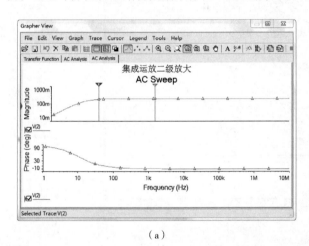

（a）

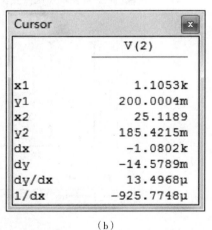

（b）

图 5-12 高通滤波器频率特性

整个电路的交流扫描分析如图 5-13 所示，电压放大倍数由于反相比例放大器而增大，通带为 51Hz~85.36kHz。把电容的值增大到 4.7μF，可使低频截止频率扩展到 17Hz 左右。

（2）瞬态分析

当设定输入信号约为 200mV，输出滑动变阻器滑到中间位置时，输出端的瞬态响应如图 5-14 所示。

（3）傅里叶分析

对电路进行傅里叶分析，结果如图 5-15 所示。选择仿真结果中的表格，单击对话框右上方的"输出到 Excel"按钮，可生成关于傅里叶分析的 Excel 图表，如表 5-2 所示。由表可知，二级放大电路的非线性失真度很小。

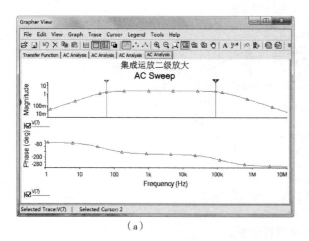
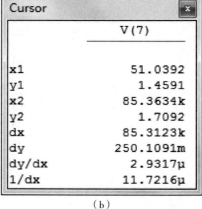

（a）　　　　　　　　　　　　　（b）

图 5-13　二级放大电路的交流扫描分析

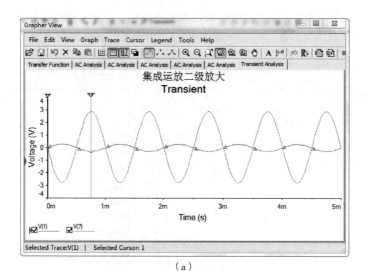

（a）

（b）

图 5-14　瞬态分析结果

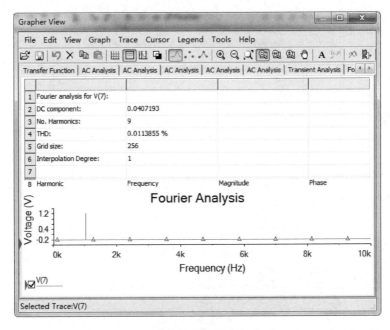

图 5-15　傅里叶分析

表 5-2　傅里叶分析具体结果

DC component：	0.0407193				
No. Harmonics：	9				
THD：	0.0113855%				
Grid size：	256				
Interpolation Degree：	1				
Harmonic	Frequency	Magnitude	Phase	Norm. Mag	Norm. Phase
0	0	0.0407193	0	0.0144069	0
1	1000	2.82637	−179.82	1	0
2	2000	0.000219	1.70428	7.75e-05	181.527
3	3000	0.000146	2.2074	5.16e-05	182.03
4	4000	0.00011	2.97202	3.87e-05	182.795
5	5000	8.79e-05	3.8235	3.11e-05	183.646
6	6000	7.3e-05	4.33669	2.58e-05	184.16
7	7000	6.33e-05	4.68648	2.24e-05	184.509
8	8000	5.48e-05	5.72551	1.94e-05	185.548
9	9000	4.81e-05	6.88723	1.7e-05	186.71

（4）噪声分析

图 5-16 所示是由噪声分析所得的噪声谱密度曲线，其中没有标记的曲线为输入噪声谱密度曲线，有标记的曲线是输出噪声谱密度曲线，输入、输出噪声是由各元件产生的各类噪声在输入、输出端等效而来的，单位是 V^2/Hz 或 A^2/Hz。

（5）交流灵敏度分析

对高通滤波器中的 C1 和 R2 进行交流灵敏度分析，如图 5-17 所示，其中有标记的曲线是 C1 的灵敏度分析，没有标记的曲线是 R2 的灵敏度分析。电容的交流灵敏度大于电阻。

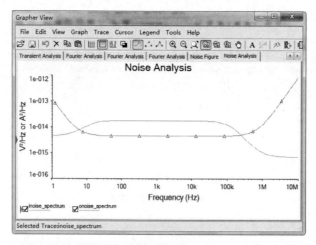

图 5-16　噪声谱密度曲线

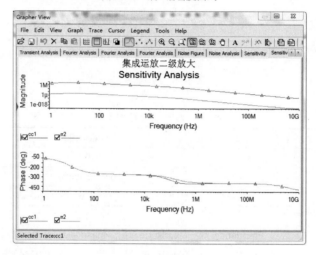

图 5-17　交流灵敏度分析

（6）参数扫描分析

上面分析了高通滤波器的交流特性，下面具体分析电阻、电容取值对交流特性的影响。电容 C1 取值从 1μF 到 20μF，从图 5-18 所示的参数扫描曲线可以看到电容越小，截止频率越高。

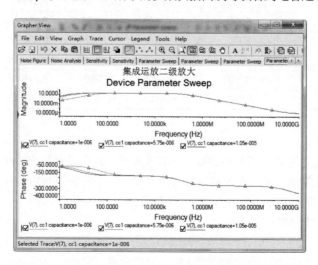

图 5-18　电容的参数扫描分析

当电阻 R2 阻值在 1~50kΩ 均匀取值，对电路进行基于交流扫描分析的参数扫描分析，得图 5-19，可以看到电阻从十几千欧到 50kΩ 变化时，对电路的低频特性影响不大，即反映了电阻 R2 的交流灵敏度小于电容 C1。

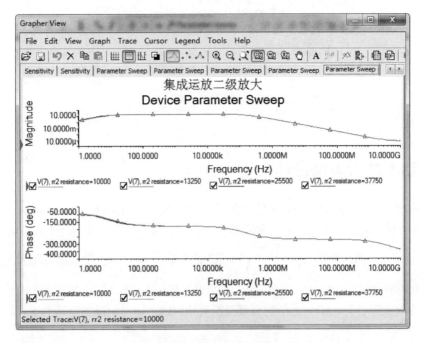

图 5-19　电阻 R2 的参数扫描分析

(7) 零极点分析

电路零极点分析结果如图 5-20 所示。极点位于左半 s 平面，所以系统稳定。第一个极点偏离原点太远可忽略，所以可认为这是一个一阶系统。

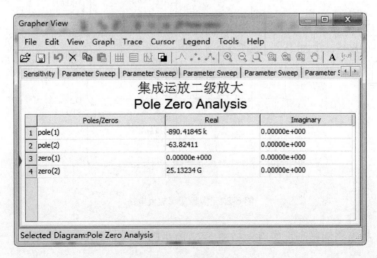

图 5-20　零极点分析

(8) 传递函数分析

反相电压放大电路的传递函数分析结果如图 5-21 所示。由于滑动变阻器只滑到中间位置，所以最后的电路增益约为-10。

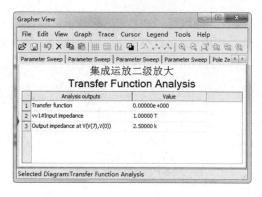

图 5-21　传递函数分析

5.2.3　功率放大电路设计

和晶体管音频功率放大器一样，我们选择甲乙类 OCL（Output Condensert Less，无输出电容）电路作为输出功率放大器。甲乙类功率放大电路前接一同相放大电路作为推动电路，如图 5-22 所示，电压放大倍数为 $1+\dfrac{R_3}{R_2}$，调节 R3 的阻值（R_3），可实现输出电压大小的控制，同时电阻 R3 连接到输出端，引入了负反馈，使电路系统稳定。为了不使电阻上消耗的功率太大，R6 和 R7 的阻值应小于 0.5Ω。由于仿真库里没有扬声器，输出端接的是蜂鸣器，阻值约 8Ω。

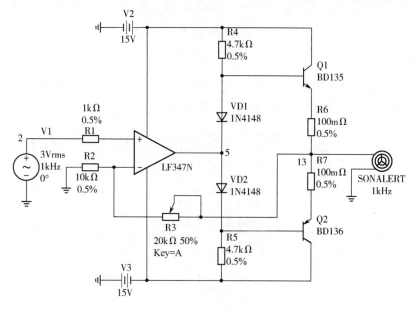

图 5-22　实际功率放大电路

下面先分析电路的静态工作点：当图 5-22 所示的电路中输入信号为 0 时，5 点电压近似为 0，所以

$$i_{Q1B} = \frac{V_{CC} - V_{D1}}{R_4} = \frac{15 - 0.7}{4700} \approx 3.04 \text{（mA）}$$

甲乙类放大器要求 i_C 不能太大，否则静态功耗太大。所以应合适选择 R4 和 R5 的阻值，一般情况下，使 i_B 小于 5mA 即可。

在 OCL 功率放大电路中，晶体管的选择有一定的要求。首先，NPN 和 PNP 的特性应对称。其次，还应考虑晶体管所承受的最大管压降、集电极最大电流和最大功耗。

本设计中在选择晶体管时，应满足：

$$\begin{cases} U_{\text{CEO}} > 2V_{\text{CC}} = 30\text{V} \\ I_{\text{CM}} > \dfrac{V_{\text{CC}}}{R_{\text{L}}} \approx 1.875\text{A} \\ P_{\text{CM}} > 0.2P_{\text{omax}} > 0.4\text{W} \end{cases}$$

可选择 BDX53F/BDX54F 作为输出晶体管。BDX53F/BDX54F 是一对互补的功率晶体管，其内部结构如图 5-23 所示。用复合管代替单管可增大电流放大倍数，使输出功率增加。输出二极管起到防止晶体管一次击穿的作用。R1 和 R2 的阻值分别为 10kΩ 和 150Ω。查阅数据手册可知，最大管压降为 160V，集电极最大电流为 12A，集电极最大功耗为 60W，所有这些参数远大于最低标准值。

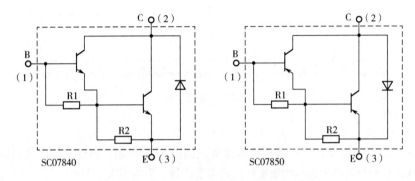

图 5-23　BDX53F 和 BDX54F 的内部结构图

仿真时由于元件库中没有 BDX53F/BDX54F，可用 BD135/BD136 代替，但这两个管子都是单管，最大管压降为 45V，集电极最大电流为 3A，集电极最大功耗为 12.5W，性能上远不如 BDX53/54F，但仍满足要求。

下面用 Multisim 对这个功率放大电路进行仿真分析。

（1）交流扫描分析

对电路进行交流扫描分析，得图 5-24 所示的结果。可以看到功率放大电路具有很宽的带宽。

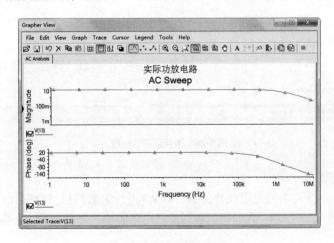

图 5-24　交流扫描分析结果

（2）瞬态分析

在输入 3V 交流信号，滑动变阻器中心抽头位于中间位置时，电路的瞬态响应如图 5-25 所示。

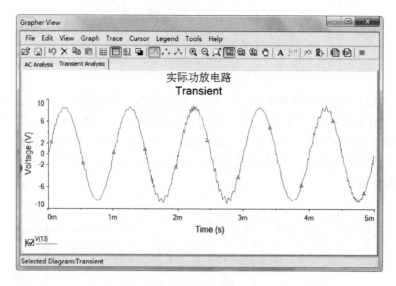

图 5-25　瞬态分析

（3）噪声分析

对电路进行噪声分析，可得噪声谱密度曲线如图 5-26 所示，有标记的曲线是输入噪声的谱密度曲线，没有标记的曲线是输出噪声的谱密度曲线。当频率大于 1MHz 时，噪声明显增加。

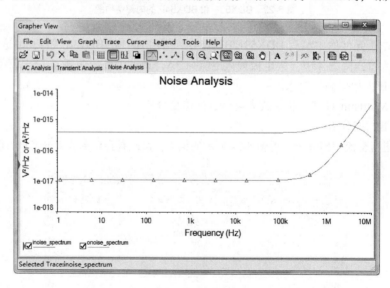

图 5-26　噪声谱密度曲线

（4）参数扫描分析

把滑动变阻器 R3 用普通电阻代替，然后对 R3 进行参数扫描，分析 R3 对系统交流特性的影响，结果如图 5-27 所示。我们可以看到反馈电阻越小，带宽越宽，即电路增益越小，带宽越宽。

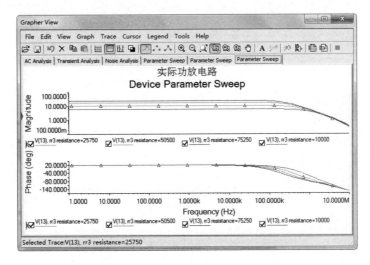

图 5-27　参数扫描用来分析交流特性

接着分析 R3 电阻参数变化时对瞬态响应的影响，结果如图 5-28 所示。电阻 R3 阻值增大到约 30kΩ 以后，波形失真。在电路总体设计考虑供电电压时，由于供电电压及管子性能的限制，功率放大电路有个最大输出电压，如果放大器的放大倍数太大，输出电压就会失真。

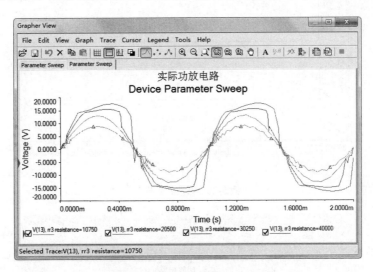

图 5-28　参数扫描用来分析瞬态特性

（5）失真分析

双击输入信号源，设定失真频率 1 的幅值为 3V。然后对电路进行失真分析，可得二次和三次谐波失真结果，如图 5-29（a）、（b）所示。由图中可以看到，10Hz 以后，谐波失真增加。在 1MHz 左右，谐波失真最大，此时二次谐波失真大于三次谐波失真。

双击输入信号源，分别设定失真频率 1 和失真频率 2 的幅值。然后对电路进行失真分析，可得在不同互调频率处的互调失真结果，如图 5-30 所示。

（6）傅里叶分析

对电路进行傅里叶分析，结果如图 5-31 所示。选择仿真结果中的表格，单击对话框右上方的"输出到 Excel"按钮，可生成关于傅里叶分析的 Excel 图表，如表 5-3 所示。由表可知，功率放大电路的非线性失真度也很小。

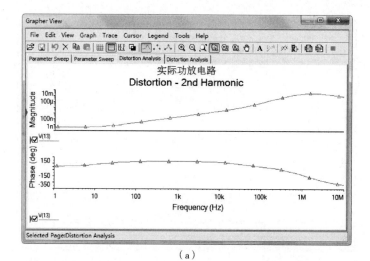

（a）

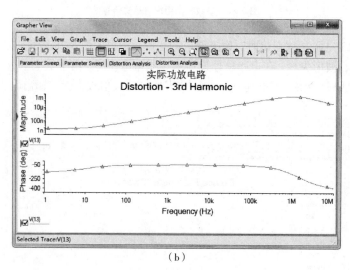

（b）

图 5-29　谐波失真分析

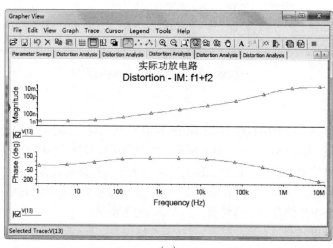

（a）

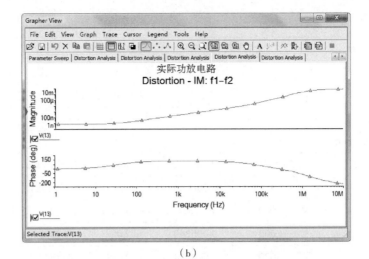

（b）

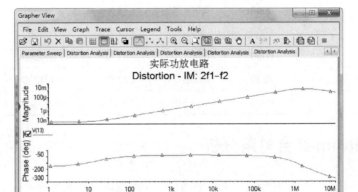

（c）

图 5-30　互调失真分析结果

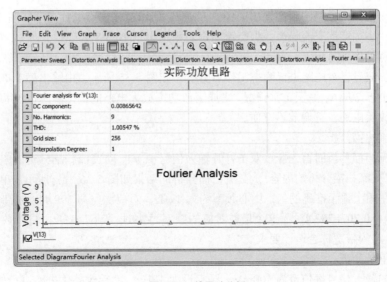

图 5-31　傅里叶分析

表 5-3　傅里叶分析详细结果

DC component:	0.00999978			
No. Harmonics:	9			
THD:	7.25594e-005 %			
Grid size:	256			
Interpolation Degree:	1			
Harmonic	Frequency	Magnitude	Phase	Norm. Mag	Norm. Phase
0	0	0.008656	0	0.001021	0
1	1000	8.47674	−0.50225	1	0
2	2000	0.005849	−32.022	0.00069	−31.52
3	3000	0.043034	−99.391	0.005077	−98.889
4	4000	0.004859	−32.495	0.000573	−31.993
5	5000	0.00468	−74.466	0.000552	−73.964
6	6000	0.003003	152.379	0.000354	152.882
7	7000	0.036179	57.1819	0.004268	57.6841
8	8000	0.015466	139.692	0.001824	140.194

5.2.4　Multisim 综合电路分析

把以上各电路组合起来就构成一个简单的音频功放电路, 如图 5-32 所示, 此电路没有加音调控制电路, 若实际中需要, 可在功放级前加入。

下面对综合电路进行具体的仿真分析。

(1) 瞬态分析

图 5-33 所示为瞬态分析结果, 波形基本不失真。调节电路中的电阻 R6 和 R11 的阻值, 可改变输出幅度。

当输入接地时, 电路的瞬态输出如图 5-34 (a) 所示, 输出点探针指示如图 5-34 (b) 所示。系统存在小幅度的交流噪声, 但交流噪声功率远小于 10mW。

(2) 静态工作点分析

输入不加信号, 对电路进行静态工作点分析, 如图 5-35 所示。由输出静态电压计算而得的静态电流小于 20mA, 属于正常情况。集成运放功率放大电路的输出静态电流和电压都大于晶体管功率放大电路, 且调节不方便。

(3) 交流扫描分析

进行交流扫描分析时首先应该双击打开输入信号源 V1, 对交流扫描分析的幅度进行设置 (详见第 4 章交流扫描分析的内容)。交流扫描分析的结果如图 5-36 (a) 所示, 单击 "显示游标" 按钮可在图上显示准确的值。中心频率约为 1kHz, 对应增益为 399.44。通带截止频率处增益为 399.44×0.707=282.4, 而这个增益对应的频率为 49Hz 和 67.5kHz, 具体数值见图 5-36 (b)。整体电路的带宽符合设计要求。

(4) 傅里叶分析

把电路的输入信号幅值设为 100mV, 频率设为 1kHz, 然后对整体电路进行傅里叶分析, 得图 5-37 所示的结果, 由图可得此时非线性失真率为 0.36%, 所以波形失真很小。

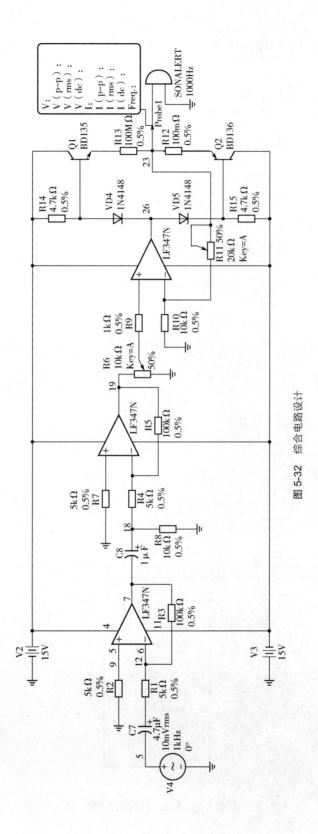

图 5-32　综合电路设计

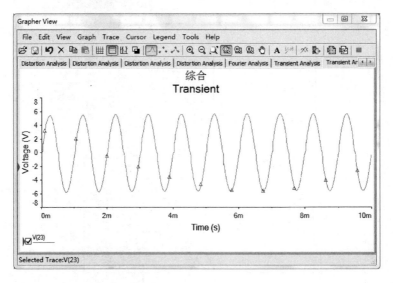

图 5-33　瞬态分析结果

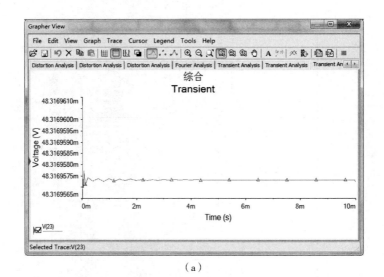

（a）

```
V：48.3mV
V（p-p）：4.53pV
V（rms）：48.3mV
V（dc）：48.3mV
V（freq）：12.0kHz
I：6.04mA
I（p-p）：0A
I（rms）：6.04mA
I（dc）：6.04mA
```

（b）

图 5-34　零输入时的输出状态

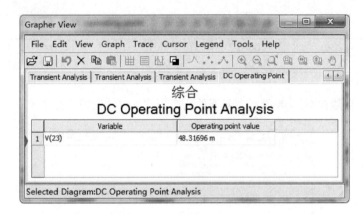

图 5-35 静态工作点分析

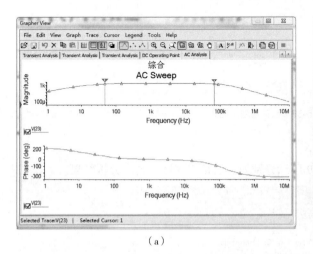

（a）

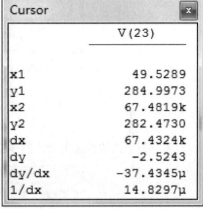

（b）

图 5-36 交流分析结果

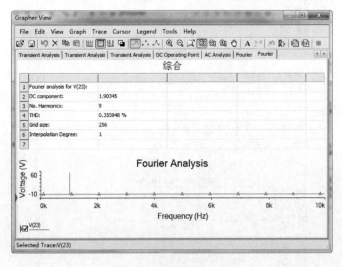

图 5-37 傅里叶分析结果

把输入信号的幅值改成 10mV，分别在表 5-4 所列的频率下对电路进行傅里叶分析，得到相应的总谐波失真度值。在设计要求的频带内，总的失真度非常小，达到设计要求。

表 5-4　电路失真度分析

频率	20Hz	100Hz	1kHz	5kHz	20kHz
失真度	0.33%	0.002%	0.00005%	0.0001%	0.014%

（5）噪声分析

噪声谱密度曲线如图 5-38 所示，元器件所产生的噪声数量级非常小。

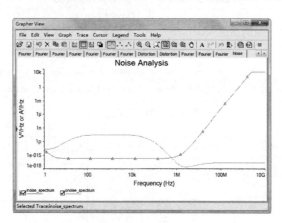

图 5-38　噪声谱密度曲线

（6）失真分析

首先分析电路的谐波失真，图 5-39 所示分别为二次和三次谐波失真分析结果。

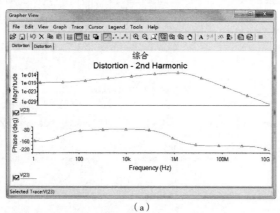

（a）

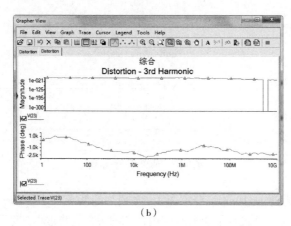

（b）

图 5-39　谐波失真分析

更改信号源设置,然后进行互调失真分析,结果如图 5-40 所示。三个波形分别为不同互调频率下的失真度。

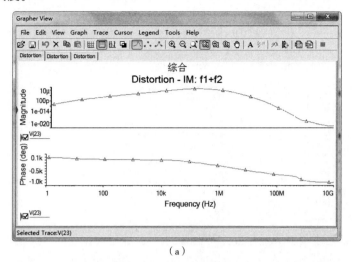

（a）

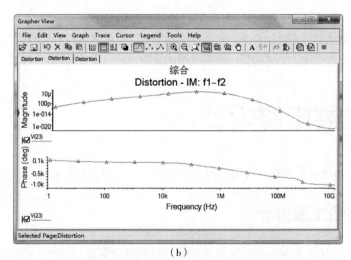

（b）

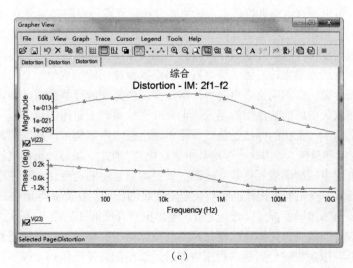

（c）

图 5-40　互调失真分析

（7）零极点分析

电路零极点分析结果如图 5-41 所示，由于所有极点位于左半 s 平面，所以系统稳定。

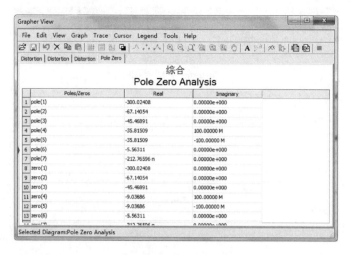

图 5-41　零极点分析

电路软件仿真达到了设计的要求，在制作硬件电路时应参考软件分析的结果。硬件电路的调试和晶体管功放硬件电路的调试类似，开机前滑动变阻器应从最小值往大调，防止烧坏元器件。

5.3　扩展电路设计

上面介绍了简单的音频功率放大电路，下面设计一些附加的电路以实现更多的功能。

5.3.1　直流稳压源设计

上面电路仿真时电路中的供电电源都采用 15V 直流电源直接供电，而实际应用中，如果我们希望能通过市电来对电路进行供电，就需要设计直流稳压电路来实现交-直流的转换，以及稳定供电电压。直流稳压源电路如图 5-42 所示。220V 市电经变压器输出 24V 交流电。由于所需直流电压与电网电压的有效值相差较大，因而需要通过电源变压器降压后，再对交流电压进行处理。变压器输出端接桥式整流器，将正弦波电压转换成单一方向的脉动电压，它含有较大的交流分量，会影响负载电路的正常工作，例如交流分量会混入输入信号被放大电路放大，甚至在放大电路的输出端所混入的电源交流分量大于有用信号，因而不宜直接作为电子电路的供电电源。解决的办法是桥式整流器输出接入电容构成低通滤波器，使输出电压平滑。由于滤波电容量较大，因此一般均采用电解电容。此时，虽然输出的支流电压中交流分量较小，但当电网电压波动或者负载变化时，其平均值也将随之变化。稳压电路的功能是使输出直流电压基本不受电网电压波动和负载电阻变化的影响，从而获得足够高的稳定性。

VD2、VD3 为输出端保护二极管，是防止输出突然开路而加的放电通路。C3、C4 属于大容量的电解电容，一般有一定的电感性，对高频及脉冲干扰信号不能有效滤除，故在其两端并联小容量的电容以解决这个问题。稳压电源最后输出的直流电压约 15V，如果电路中需要 15V 以下的直流电供电，则增加分压电路，分压电路的参数值根据所要求的输出电压而定。

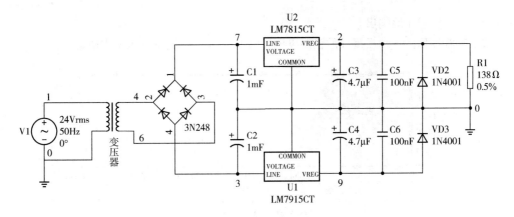

图 5-42　直流稳压源电路

下面用 Multisim 对这个电路进行如下仿真。

（1）桥式整流器输出电压

桥式整流器输出接负载后，用示波器观察波形，如图 5-43 所示。正弦波经整流后输出单一方向的波动。

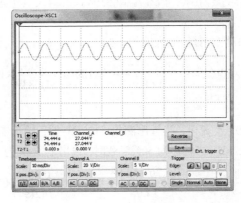

图 5-43　桥式整流器输出

（2）滤波后输出电压

桥式整流器后接滤波器，输出接电阻后电路输出波形如图 5-44 所示。由图可以看到，交流成分减小，但仍然存在小的波动。

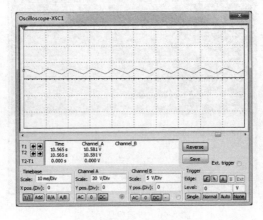

图 5-44　滤波后输出

（3）接三端稳压后输出

接三端稳压后，正端接负载后输出电压如图 5-45 所示。输出电压基本稳定。

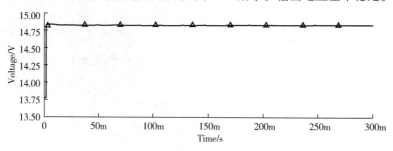

图 5-45　稳压源输出

（4）电压调整率

输入 220V 交流电，变化范围为−20% ～ +15%，所以电压波动范围为 176 ～ 253V。在额定输入电压下，当输出满载时，调整输出电阻，使电流约为最大输出电流，即 0.1A，得满载时电阻阻值为 138Ω。当输入电压为 176V、负载为 138Ω 时，输出电压 U_1 为 14.832V；当输入电压为 220V、负载为 138Ω 时，输出电压 U_0 为 14.839V；当输入电压为 253V，负载为 138Ω 时，输出电压 U_2 为 14.842V。

取 U 为 U_1 和 U_2 中相对 U_0 变化较大的值，则 U=14.832V，所以电压调整率：

$$S_V = \frac{|U - U_0|}{U_0} \times 100\% = \frac{|14.832 - 14.839|}{14.839} \times 100\% = \frac{0.007}{14.839} \times 100\% \approx 0.5\%$$

（5）电流调整率

设输入信号为额定 220V 交流电，当输出满载（138Ω）时，输出电压 U_0 为 14.839V；当输出空载时，输出电压 U 为 15.26V；当输出为 50%满载时，输出电压 U_0 为 14.98V，所以电压调整率：

$$S_I = \frac{|U - U_0|}{U_0} \times 100\% = \frac{|15.26 - 14.98|}{14.98} \times 100\% = \frac{0.28}{14.98} \times 100\% \approx 1.9\%$$

（6）纹波电压

在额定 220V 输入电压下，输出满载，即负载电阻为 138Ω 时，在示波器中观察输出波形，如图 5-46 所示。因只选择了观察交流成分，所以所观察到的信号即纹波电压信号，其峰-峰值为 2.143nV。

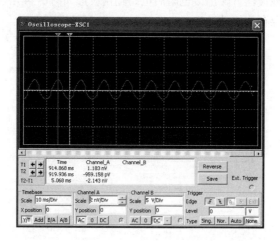

图 5-46　纹波电压示意图

（7）输出抗干扰电路分析

图 5-47（a）为未加抗干扰电路前系统的幅频响应图，可以看到交流成分的幅值很小。当输出加了抗干扰电路后，输出的幅频响应如图 5-47（b）所示，可以看到高频噪声得到一定程度的抑制。

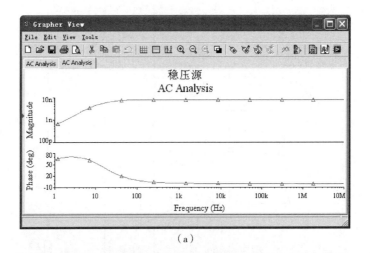

（a）

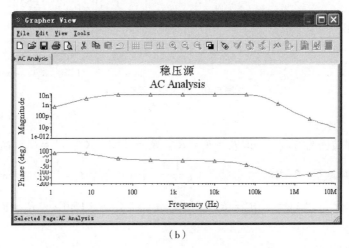

（b）

图 5-47　抗干扰电路交流分析

5.3.2　50Hz 的陷波器设计

上面主体电路的仿真是由标准 15V 直流源供电，而实际电路中，当用 220V 交流电通过变压器及直流稳压源对电路供电，可能会引入 50Hz 的工频干扰。虽然晶体管功放的前置放大电路对共模干扰具有较强的抑制作用，但有部分工频干扰是以差模信号方式进入电路的，所以必须专门滤除。下面来介绍一种双 T 陷波器。

双 T 陷波器电路如图 5-48 所示，该电路的 Q 值和反馈系数 β 有关，其中 $0<\beta<1$。Q 值与 β 的关系如下：

$$Q = \frac{1}{4(1-\beta)}$$

而 β 与 R_4 和 R_5 的比值有关，调节它们的比值就可改变 Q 值。同时电路引入了正反馈，适

当调整 R_3 和 C_3 可使中心频率 f_0 处的电压放大倍数增加，而又不会因正反馈过强而产生自激振荡。

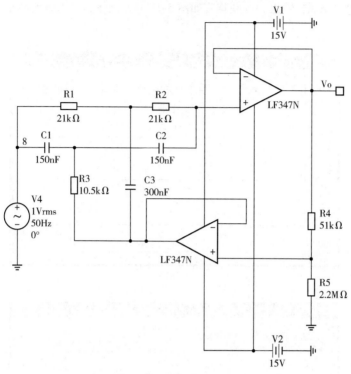

图 5-48 双 T 陷波器设计

（1）元器件参数计算

根据双 T 陷波器的特性，应取 $R_1 = R_2 = R$，$R_3 = R/2$，$C_1 = C_2 = C$，$C_3 = 2C$。

所以本电路中取 $C = 0.15\mu F$，由公式 $R = \dfrac{1}{2\pi f_0 C}$，当中心频率 $f_0 = 50Hz$ 时，计算得 $R \approx 21k\Omega$，所以元器件参数可设定为：$R_1 = R_2 = 21k\Omega$，$C_1 = C_2 = 0.15\mu F$，$R_3 = R/2 = 10.5k\Omega$，$C_3 = 2C = 0.3\mu F$。

50Hz 陷波器的传递函数为：

$$H(s) = \frac{K_p(s^2 + \omega_0^2)}{s^2 + (\omega_0/Q)s + \omega_0^2}$$

幅频特性为：

$$A(\omega) = \frac{K_p\left|\omega^2 - \omega_0^2\right|}{\sqrt{(\omega^2 - \omega_0^2)^2 + (\omega_0\omega/Q)^2}}$$

其中，$K_p = 1$，$\omega_0 = 100\pi$。

国家允许的交流供电频率在 49.5～50.5Hz 范围内，所以 50Hz 陷波器的 Q 值并不是越高越好，当 Q 值太高时，阻带过窄，若工频干扰频率发生波动，则根本达不到滤除工频干扰的目的。而 Q 值太小时，又可能会滤掉有用信号。本设计中选择 3dB 处截止频率分别为 47.5Hz、52.5Hz，将 $\omega_1 = 2\pi \times 47.5Hz$ 和 $\omega_2 = 2\pi \times 52.5Hz$ 分别代入 $A(\omega) = \dfrac{K_p\left|\omega^2 - \omega_0^2\right|}{\sqrt{(\omega^2 - \omega_0^2)^2 + (\omega_0\omega/Q)^2}} = \dfrac{1}{\sqrt{2}}$ 中进行计

算，可得 $Q_1 = 9.74$，$Q_2 = 10.24$，所以取 $Q = \dfrac{1}{4(1-\beta)} = \dfrac{1}{4(1-\dfrac{R_5}{R_4+R_5})} = \dfrac{1}{4(\dfrac{R_4}{R_4+R_5})} = 10$，可取

$R_4 = 51\text{k}\Omega$，$R_5 = 2.2\text{M}\Omega$。

(2) 电路仿真分析

按以上计算所得的参数选取合适的元器件，给电路加入正弦波输入信号，然后对电路进行仿真分析。首先观察电路的幅频特性，如图 5-49 所示。从图中我们可以看到在通带中的电压放大倍数为 1，在 50Hz 的时候幅值为最小值，即陷波器的中心频率正好为 50Hz。通过计算，我们知道最大放大倍数的 0.707 倍对应截止频率。50Hz 所对应的最小放大倍数为 0.185，而最大放大倍数的 0.707 倍所对应的频率为 43.3Hz，所以电路参数还需要进行调整。

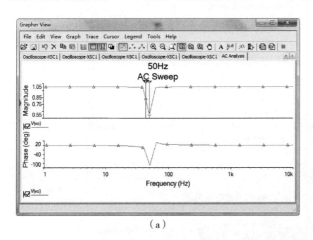

（a）　　　　　　　　　　　　（b）

图 5-49　初始电路交流扫描分析

从上面的计算过程我们知道陷波器的 Q 值大小与 R_4 和 R_5 的比值有关。所以在这里，我们固定 R_4，然后对 R_5 进行参数扫描，观察电路特性的变化，如图 5-50 所示，可以看到 R_5 的阻值越大，陷波器的阻带越小，但阻带放大倍数变小。考虑再增大 R_5 的阻值，阻带的变化不明显，所以可以用其他的方法来调整陷波器性能。

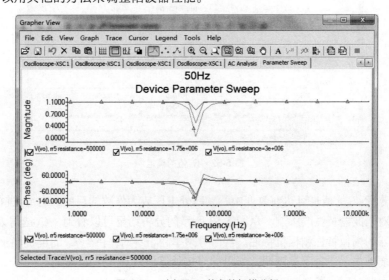

图 5-50　对电阻 R_5 的参数扫描分析

改变 R_3 的值可以改变中心频率处的放大倍数,对 R_3 进行参数扫描分析,观察 R_3 阻值变化对电路交流特性的影响,如图 5-51 所示。R_3 太大或太小,电路的阻带特性都不是很好,应在 $10k\Omega$ 和 $11k\Omega$ 之间调节阻值,使电路阻带宽度达到要求的同时,又具备高的阻带放大倍数,再在这个范围内对 R_3 进行参数扫描,结果见图 5-52,选 $R_3 = 10k\Omega$ 可使阻带宽度达到设计要求。

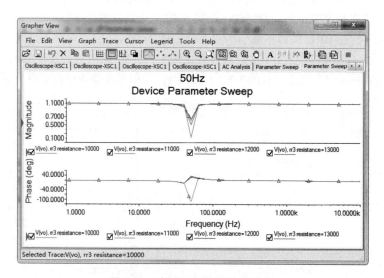

图 5-51　对电阻 R_3 的参数扫描分析

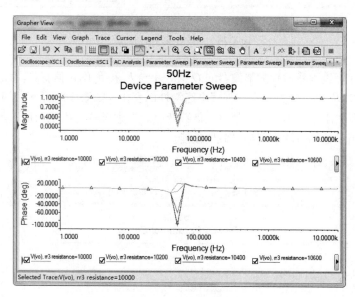

图 5-52　R_3 值的确定

同样,改变 C_3 的值也可达到改变中心频率处电压放大倍数的目的,对 C_3 进行参数扫描,观察其取值对陷波器特性的影响。从图 5-53 所示的分析结果可以看到,C_3 选得太大或太小,会影响陷波器的幅值特性和相位特性。当信号频率趋于零时,由于 C_3 的电抗趋于无穷大,因而正反馈很弱。由于电容不易微调,所以一般按计算值取其大小即可,R_3 可与一个 $1k\Omega$ 的可变电阻器相串联,对电路进行微调。

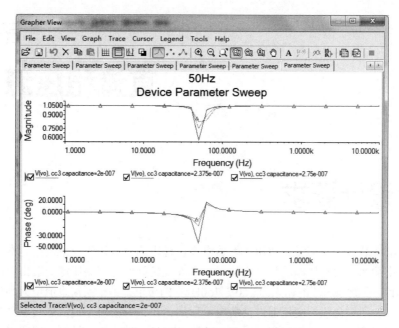

图 5-53 对电容 C_3 的参数扫描分析

模拟陷波器还有别的电路形式，但分析方法类似。根据设计要求合理选择 Q 点，是陷波器设计的关键。调整反馈电阻和电容，可调节中心频率处的幅值和相位。

习题与思考题

1. 将最大输出电流设为 0.2A，重新考虑设计。
2. 甲乙类 OCL 功率放大电路有什么优点？

第 6 章

直流稳压源设计

6.1　设计要求

在许多电子装置中，都需要按用户的要求提供稳定的直流稳压源来供电。本章将介绍低噪声的单相小功率直流稳压源的设计方法。一个性能良好的直流稳压源一般由四部分组成，如图 6-1 所示。直流稳压源的输入为 220V（50Hz）的市电，由于所需直流电大小和交流电有效值相差较大，所以先用一变压器对交流电降压后，再进行交流和直流的转换。整流电路将变压器副边输出的交流电压转化为单一方向的脉动电压，然后通过滤波电路输出直流电，但此直流电纹波系数太大，且容易随负载的变化而波动，在一般稳压源设计中，都会加稳压电路。

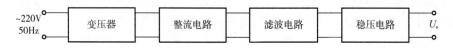

~220V
50Hz　　变压器　　整流电路　　滤波电路　　稳压电路　　$U_。$

图 6-1　直流稳压源的组成

本章的设计都是基于串联型电源，开关型电源虽然转换效率高、体积小且重量轻，但其输出直流电压有较大的噪声，所以不作研究。在输入电压 220V、50Hz，电压变化范围−20%～+15%条件下，稳压电源设计的具体要求为：

① 输出电压可调范围为 0～±15V；

② 最大输出电流为 0.2A；

③ 电压调整率≤0.2%；

④ 负载调整率≤1%；

⑤ 纹波电压（峰-峰值）≤5mV；

⑥ 具有过流及短路保护功能。

本章 6.2 节到 6.5 节将结合仿真来介绍直流稳压源各组成部分的基本原理，6.6 节将根据设计要求对整个直流稳压源进行设计仿真。

6.2　整流电路

整流电路基本原理是利用整流二极管（简称二极管）的导通特性将交流电压转换为单一方向的半波电压。根据整流二极管连接形式的不同，又可分为半波整流和桥式整流。

6.2.1 半波整流电路

半波整流电路由变压器的副边接一个二极管构成,如图 6-2 所示。当变压器的副边电压为正时,二极管导通,当其为负时,二极管截止。也就是说,在半波整流电路中,二极管只在半个周期内导通,由于电路只在半个周期内对负载提供功率,所以半波整流电路的转换效率较低。变压器副边电压和半波整流电路的输出端电压分别如图 6-3(a)和(b)所示,两个波形周期相同,设为 T,变压器副边电压波形的峰值约等于 $\sqrt{2}U_2$,由于实际变压器存在内阻且二极管正向导通时存在损耗,所以半波整流电路输出电压峰值的绝对值略小于 $\sqrt{2}U_2$。设电路中的损耗电压峰值约为 U_s,则实际输出电压为 $\sqrt{2}U_2 - U_s$。半波整流电路中二极管的正向平均电流约等于负载电流平均值(本节示例电路中均已选用了合适的元件,示例波形为实际仿真波形,仅用来说明电路原理)。

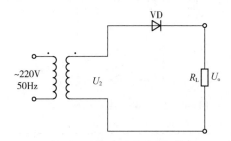

图 6-2　半波整流电路

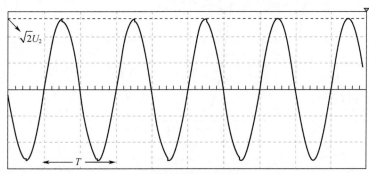

(a)变压器副边电压波形

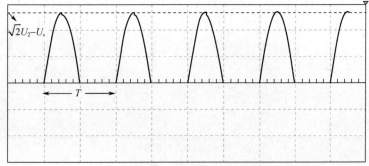

(b)半波整流电路的输出端电压波形

图 6-3　半波整流电路波形图

6.2.2　变压器中心抽头式全波整流电路

利用有中心抽头的变压器和两个二极管可构成全波整流电路, 如图 6-4 所示。中心抽头的上下部分分别构成半波整流电路, 由于上下二极管交替导通, 两个半波整流电路的波形在输出端叠加, 就使输出电压在一个周期内有两个峰值, 从而使平均输出电压是半波整流电路的 2 倍, 提高了整流电路的效率。用虚拟示波器观察变压器副边中心抽头以上的电压波形和输出端电压波形, 如图 6-5 所示, U_s 同样为变压器和二极管的损耗。

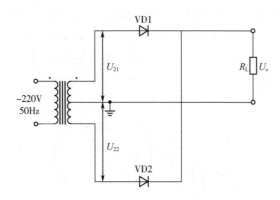

图 6-4　变压器中心抽头式全波整流电路

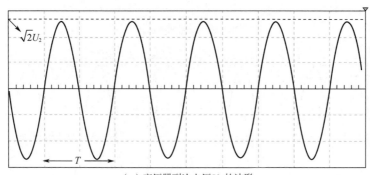

（a）变压器副边电压 U_{21} 的波形

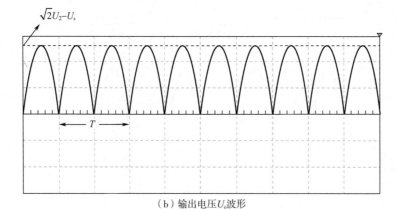

（b）输出电压 U_o 波形

图 6-5　变压器中心抽头式全波整流电路波形图

变压器中心抽头式全波整流电路中, 每个二极管承受的反向电压峰值比半波整流时高一倍, 而且变压器的次级绕组必须有中心抽头。

6.2.3 桥式全波整流电路

桥式全波整流电路由四只二极管组成,如图 6-6(a)所示。当变压器副边电压为正时,二极管 VD1 和 VD3 导通;当变压器副边电压为负时,二极管 VD2 和 VD4 导通。这样两对二极管轮流导通,使负载上整个周期内都有电压输出。桥式全波整流电路的常用画法如图 6-6(b)所示。

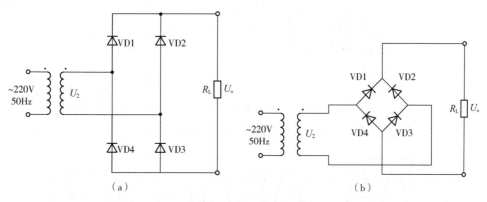

图 6-6　桥式全波整流电路

变压器副边电压波形如图 6-7(a)所示,桥式全波整流电路的输出电压如图 6-7(b)所示,由于都是全波整流,所以此电路的输出电压波形和变压器中心抽头式全波整流电路的输出电压波形相似。

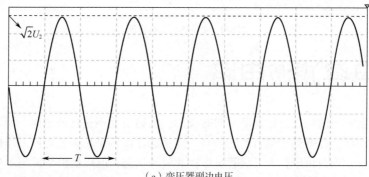

(a)变压器副边电压

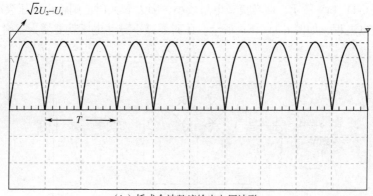

(b)桥式全波整流输出电压波形

图 6-7　桥式全波整流电路波形图

如果改用有中心抽头的变压器,则可得到关于 x 轴对称的正负两个电压输出,电路如图 6-8 所示。正负输出电压的波形如图 6-9 所示,它们峰值的绝对值相等,略小于变压器副边电压的峰值。

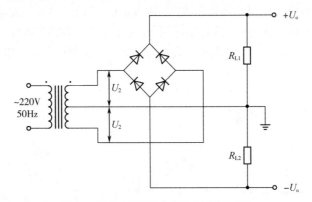

图 6-8　正负电压输出的桥式全波整流电路

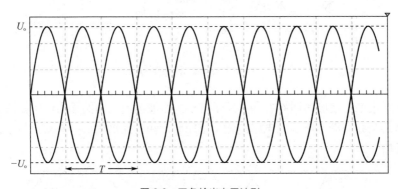

图 6-9　正负输出电压波形

6.3　电容滤波电路

由整流电路输出的电压虽然是单方向的波形,但输出还不是直流电压,所以电路需要加平滑电容器来滤波,以得到近似直流的信号。此平滑滤波器采用无源电路,所以负载的大小会影响滤波效果。同时由于整流二极管工作在非线性状态,所以滤波特性也不相同。图 6-10 为加了滤波电容后的桥式全波整流电路,电路中当负载电阻较大,即 I_o 较小时,输出电压比较平滑,如图 6-11（a）所示;而当负载电阻较小,即 I_o 较大时,则输出电压存在波动,反映了电容的充放电过程,如图 6-11（b）所示。此时要减小脉动电压就要增大平滑电容的容量。

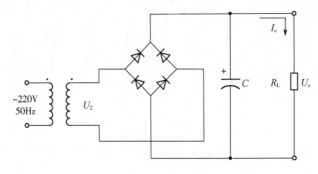

图 6-10　加滤波电容的桥式全波整流电路

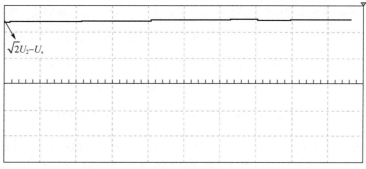

（a）输出电阻较大时

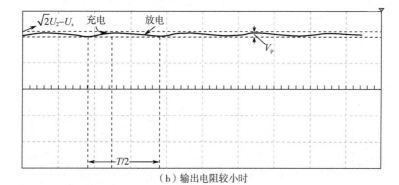

（b）输出电阻较小时

图 6-11　输出电压波形

图 6-11（b）所示的波形是考虑变压器内阻和二极管导通电阻值后的波形。当电容充电时，整流电路的内阻（变压器内阻和二极管导通电阻）为滤波回路中的电阻，其数值较小，因而充电时间较短；电容放电时，负载电阻 R_L 为滤波回路中的电阻，因而放电时间较长。滤波效果主要取决于放电时间，也就是说 $R_L C$ 越大，滤波效果越好。经过滤波处理后的电压波形变得平滑，而且电压平均值也变大。由于整流电路内阻压降 U_s 的影响，输出电压的峰值略小于 $\sqrt{2}U_2$。

6.4　整流滤波电路参数选取方法

本节将介绍整流滤波电路的实际设计方法，对于图 6-10 所示的电路，要求电路输出电流为 0.2A、输出电压大于 21V 小于 35V。下面来介绍一下简单整流滤波电路元器件的选取。

6.4.1　变压器的选择

当选择副边电压有效值为 18V 时，峰值 U_m 约为 25V。因为变压器由铜线绕成，所以会有一定的内阻 r，当有电流流过变压器时，就会造成一定的损耗。变压器的直流电阻可用万用表测出来，本例中测得变压器的内阻 $r = 0.5\Omega$。

设整流滤波电路的输出电流为 I_o，输出电压为 U_o，流过变压器的工作电流为 I_t，则 $r_1 = \dfrac{I_o r}{U_m}$ 为输出电压降的比率，$r_2 = \dfrac{U_o}{U_m}$ 为输出电压的比率，$r_3 = \dfrac{I_t}{I_o}$ 为变压器的工作电流与输出电流的比率，图6-12给出了它们之间的关系。$I_o r$越小，整流滤波电路的输出电压就越接近于变压器副边电压的峰值U_m，也就是电路的效率越高。当I_o为0，流过变压器的电流I_t也为0，所以变压器内部不会产生电压降，当然如果变压器的内阻为0，则变压器上也不会有电压的损耗。随着输出电流和变压器内阻的增大，变压器上的损耗增大，输出电压就会下降。

本例中由于$U_m = 25V$，$r = 0.5\Omega$，$I_o = 0.2A$，则$r_1 = \dfrac{I_o r}{U_m} = 0.004$，所以从图6-12（a）对应可得$r_3$约为0.995，所以$U_o = 0.995 U_m \approx 24.9V$，其中约0.1V的偏差为变压器上的损耗。又因为正向导通的每个二极管上有大约1V的损耗，所以事实上输出电压约为23V。对于中心抽头式全波整流电路，由于每次只有一个二极管正向导通，所以输出稍大。

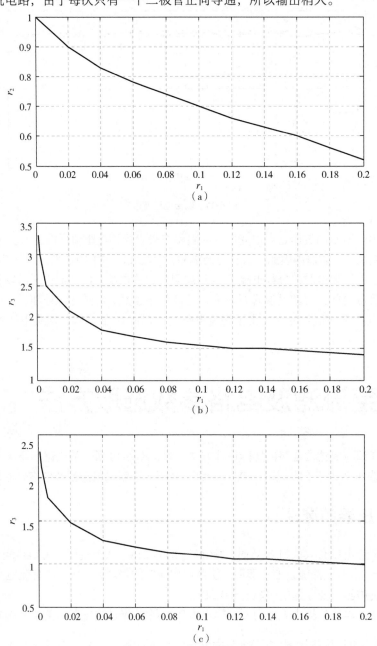

图6-12　变压器参数关系

图 6-12 （b）和 （c）分别为桥式和中心抽头式全波整流电路中变压器的工作电流与输出电流比率 r_3 的曲线。由于图 6-10 中的电路为桥式全波整流电路，由上面计算所得结果 $r_1 = 0.004$，对照图 6-12 （b）可得 $r_3 \approx 3.2$，所以 $I_t = 3.2I_o = 0.64A$。那么应选择额定电流大于 0.64A 的变压器。实际的变压器中当输出电流小于额定电流，其输出电压的峰值将大于 25V，也可以得到整流电路的输出电压可能大于 23V。若选择中心抽头式变压器，输出电压降的比率 r_1 相同的情况下，变压器所需的额定电流要小一些。

6.4.2 整流二极管的选择

在未加滤波电容之前，无论是半波整流电路还是全波整流电路，二极管（整流二极管）都是仅在半个周期处于导通状态；而加了滤波电容之后，只有电容充电时二极管才导通，所以导通时间小于半个周期。由于加了电容后电路输出的平均电压和平均电流都增大，而二极管的导通时间反而减少，因此整流二极管在短暂的时间内将流过一个很大的电流为电容充电，这就要求二极管的额定电流应足够大。全波整流电路每个二极管的正向平均电流约等于负载电流平均值的一半（本例中约为 0.1A），而最大值要比平均值大一些，所以应使整流二极管最大平均电流大于负载平均电流一半的 2~3 倍，故二极管的额定电流可选 0.3A 以上。

当电路接通电源的瞬间对电容充电时，可能流过的最大电流为：

$$I_{SV} = U_m / r = 25V / 0.5\Omega = 50A$$

所以需选择耐波动电流大于 50A 的二极管。此外，应选择耐压大于 $1.1U_m$ 的二极管，考虑一定的裕度，选择耐压为 50V 的二极管。表 6-1 为符合要求的一些常用整流二极管的参数。

表 6-1 常用整流二极管的参数

型号	耐压/V	正向电流/A	耐波动电流/A	正向电压
1S1885	100	1	60	1.2V/1.5A
S5277B	100	1	50	1.2V/1A
10D1	100	1	50	0.9V/1A
ERB12-01	100	1	60	1.1V/2A

桥式全波整流电路中也可以采用已封装在一起的整流二极管堆来代替原先的四个二极管，常用产品型号见表 6-2。

表 6-2 整流二极管堆

型号	耐压/V	正向电流/A	耐波动电流/A	正向电压
1B4B41	100	1	50	1.2V/1.5A
1B4B42	100	1	30	1V/0.5A
1S2371A	100	1	30	1.05V/0.5A

普通二极管在流过 1A 左右的电流时，会产生 1V 以上的压降，这样造成了整流电路的效率低下。而采用肖特基二极管可以减小二极管上的正向压降。肖特基二极管的缺点是耐压不高，适用于桥式全波整流电路，同时肖特基二极管比普通二极管贵，所以这里没有选用。表 6-3 为常用整流肖特基二极管。

表 6-3　整流肖特基二极管

型号	耐压/V	正向电流/A	耐波动电流/A	正向电压
ERA81-004	40	1	50	0.55V/1A
HRP22	50	1	50	0.55V/1A
AK04	40	1	25	0.6V/1A

6.4.3　滤波电容的选择

若给电容充以 Q 的电荷，电容两端的电压为 V，则：

$$Q = CV \tag{6-1}$$

当电容放电时，电容器两端电压将下降。对式（6-1）两端分别取微分，可得单位时间内电容两端电压的下降率，即：

$$\frac{\mathrm{d}V}{\mathrm{d}t} = \frac{1}{C} \times \frac{\mathrm{d}Q}{\mathrm{d}t} \tag{6-2}$$

因为 $\dfrac{\mathrm{d}Q}{\mathrm{d}t}$ 为流过电容器的电流 I，所以式（6-2）可以写为以下形式：

$$\frac{\mathrm{d}V}{\mathrm{d}t} = \frac{I}{C} \tag{6-3}$$

对于图 6-11（b）所示的滤波电路电容充放电过程，因为电容的放电时间远大于充电时间，所以可以认为电压下降的时间为 $T/2$，当电压下降值（即电压脉动值）为 V_{p}，则：

$$V_{\mathrm{p}} = \frac{I_{\mathrm{o}}}{C} \times \frac{T}{2} = \frac{I_{\mathrm{o}}}{2fC} \tag{6-4}$$

已经算出输出电压最大值约为 23V，减去脉动电压 V_{p}，电路的最低输出应大于设计要求的 21V，这是因为稳压电路没有升压作用，所以脉动电压 V_{p} 不能太大。而由式（6-4）可知电容量越小，脉动电压越大，所以应尽量选择容量大一些的电容器。对于本电路，已知 $I_{\mathrm{o}} = 0.2\mathrm{A}$，$f = 50\mathrm{Hz}$，设 $V_{\mathrm{p}} = 2\mathrm{V}$，则：

$$C = \frac{I_{\mathrm{o}}}{2fV_{\mathrm{p}}} = \frac{0.2}{2 \times 50 \times 2}\mathrm{F} = 0.001\mathrm{F} = 1000\mu\mathrm{F}$$

由于滤波电容的容量较大，一般采用电解电容，另外选择电容时应考虑电容的耐压，一般选择输出电压的 2 倍，这里可以选择 50V。

以上介绍了桥式全波整流电路元件的选择，中心抽头式全波整流和桥式全波整流电路有以下几点不同：

① 在桥式全波整流电路中，由于每次有两个二极管同时导通，两个二极管都存在损耗，所以在相同输入电压的情况下，中心抽头式全波整流电路的输出电压会高一些；

② 中心抽头式全波整流电路中流过变压器的电流是桥式全波整流电路的 $\sqrt{2}$ 倍；

③ 两个电路中二极管上要求的内压不同，桥式全波整流电路中二极管的耐压应大于 $1.1U_{\mathrm{m}}$，而中心抽头式全波整流电路中二极管的耐压应是桥式全波整流电路中的 2 倍。

6.5　稳压电路

以上的整流滤波电路输出的电压不够稳定，会随着电网电压的波动而波动，且和负载的大小变化有关，而在实际应用中常常需要输出稳定的电压源，这就需要增加稳压电路来稳定输出电压，减小电压的脉动。

6.5.1　稳压二极管稳压电路

稳压二极管稳压电路是最简单的一种稳压电路，它由一个稳压二极管和一个限流电阻组成，如图 6-13 所示。从图 6-14 所示的稳压二极管稳压特性曲线可以看到，只要稳压二极管的电流 $I_z \leqslant I_{Dz} \leqslant I_{zm}$，则稳压二极管就能使输出稳定在 U_z 附近，其中 U_z 是在规定的稳压二极管反向工作电流下所对应的反向工作电压。限流电阻的作用一是限流，以保护稳压二极管；二是当输入电压或负载电流变化时，通过该电阻上电压降的变化，取出误差信号以调节稳压二极管的工作电流，从而起到稳压作用。

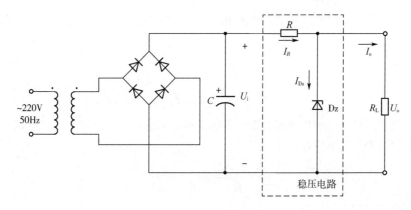

图 6-13　稳压二极管稳压电路

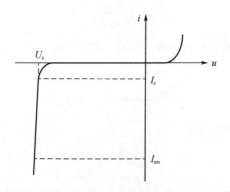

图 6-14　稳压二极管稳压特性曲线

设计稳压二极管稳压电路首先需要根据设计要求和实际电路的情况来合适地选取电路元件，以下参数是设计前必须知道的：要求的输出电压 U_o、负载电流的最小值 I_{Lmin} 和最大值 I_{Lmax}、输入电压 U_i 的波动范围。

根据上面的情况，我们可以确定以下元件和参数的选取：

（1）输入电压 U_i 的确定

知道了要求的稳压输出 U_o，一般选 U_i 为 U_o 的 2～3 倍。也就是如果要获得 10V 的输出电压，那么整流滤波电路的输出电压应在二十几伏，然后可根据 6.4 节的方法来选取合适的变压器。

(2) 稳压二极管的选择

稳压二极管的主要参数有三个：稳压值 U_z、最小稳定电流 $I_{z\min}$（即手册中的 I_z）和最大稳定电流 $I_{z\max}$（即手册中的 I_{zm}）。

选择稳压二极管时，应首先根据要求的输出电压来选择稳压值 U_z，使 $U_o = U_z$。确定了稳压值后，可根据负载的变化范围来确定稳定电流的最小值 I_z 和最大值 I_{zm}。一般要求额定稳定电流的变化范围大于实际负载电流的变化范围，即 $I_{zm} - I_z > I_{L\max} - I_{L\min}$，同时最大稳定电流的选择应留有一定的余量，以免稳压二极管被击穿。综上所述，选择稳压二极管应满足：

$$\begin{cases} U_z = U_o \\ I_{zm} - I_z > I_{L\max} - I_{L\min} \\ I_{zm} \geqslant I_{L\max} + I_z \end{cases} \tag{6-5}$$

(3) 限流电阻 R 的选择

限流电阻的选取应使稳压二极管中的电流在额定的稳定电流范围内，即 $I_z \leqslant I_{Dz} \leqslant I_{zm}$。由图 6-13 可知：

$$\begin{cases} I_R = \dfrac{U_i - U_z}{R} \\ I_z = I_R - I_L \end{cases} \tag{6-6}$$

当电网电压最低且负载电流最大时，稳压二极管中流过的电流最小，应保证此时的最小电流大于稳定电流的最小值 I_z，即：

$$\frac{U_{i\min} - U_z}{R} - I_{L\max} \geqslant I_z$$

可得限流电阻的上限值为：

$$R_{\max} = \frac{U_{i\min} - U_z}{I_z + I_{L\max}} \tag{6-7}$$

相反，当电网电压最高且负载电流最小时，稳压二极管中流过的电流最大，此时应使此最大电流不超过稳定电流的最大值，即：

$$\frac{U_{i\max} - U_z}{R} - I_{L\min} \leqslant I_{zm}$$

根据上式可得限流电阻的下限值为：

$$R_{\min} = \frac{U_{i\max} - U_z}{I_{zm} + I_{L\min}} \tag{6-8}$$

稳压二极管稳压电路简单，所用元器件少，但受稳压二极管自身参数的限制，其输出电流较小，输出电压不可调。此外，实际应用时负载电阻的变化范围有时也不易确定。

6.5.2 简单三端稳压器稳压电路

实际中常用三端稳压器来做稳压电路。使用三端稳压器不仅元件数量少，使用方便，而且内部具有限流电路，输出断路时不会损坏元件，并具有热击穿功能。三端稳压器具有输入、输出和接地三端，外形和晶体管类似，最常用的各系列三端稳压器及其参数如表 6-4 所示，78 系列输出正电压和正电流，79 系列输出负电压和负电流。三端稳压器输出电压不需调整，固定为 5V、6V、7V、8V、12V、15V、18V、24V。78/79 系列三端稳压器有很多电子厂家生产，通常前缀为生产厂家的代号，如 TA 表示东芝的产品，AN 表示松下的产品，LM 表示美国国半的产品等。有时在数字 78 或 79 后面还有一个 M 或 L，如 78M12 或 79L24，用来区别输出电流和封装形式等，其中 78L 系列的最大输出电流为 100mA，78M 系列的最大输出电流为 1A，78 系列最大输出电流为 1.5A。它们的具体封装形式，使用时可参见元件的具体手册。塑料封装的稳压电路具有安装容易、价格低廉等优点，因此用得比较多。

当制作中需要一个能输出 1.5A 以上电流的稳压电源，通常采用几块三端稳压电路并联起来，使其最大输出电流为 N 个 1.5A，但应用时需注意：并联使用的集成稳压电路应采用同一厂家、同一批号的产品，以保证参数的一致。另外在输出电流上留有一定的余量，以避免个别集成稳压电路失效时导致其他电路的连锁烧毁。

表 6-5 为 78 系列三端稳压器的具体参数。

表 6-4 不同系列三端稳压器参数比较

参数		类型							
		78L	78N	78M	78	79L	79N	79M	79
输入最大电压/V	输入 5~18V	35	35	35	35	−35	−35	−35	−35
	输入 24V	40	40	40	40	−40	−40	−40	−40
输出电流/A		0.15	0.3	0.5	1	−0.15	−0.3	−0.5	−1
最大损耗/W		0.5	8	7.5	15	0.5	8	7.5	15
工作温度/℃		−30~75	−30~80	−30~75	−30~75	−30~75	−30~80	−30~75	−30~75

注：不同厂家的产品参数有所不同。

表 6-5 78 系列三端稳压器的具体参数

参数	型号							
	7805	7806	7807	7808	7812	7815	7818	7824
输出电压/V	4.8~5.2	5.7~6.3	6.7~7.3	7.7~8.3	11.5~12.5	14.4~15.6	17.3~18.7	23~25
输入稳定度/mV	3	5	5.5	6	10	11	15	18
负荷稳定度/mV	15	14	13	12	12	12	12	12
偏流/mA	4.2	4.3	4.3	4.3	4.3	4.4	4.6	4.6
脉动压缩度/dB	78	75	73	72	71	70	69	66
最小输入、输出电压差/V	3	3	3	3	3	3	3	3
输出短路电流/A	0.75	0.75	0.75	0.75	0.75	0.75	0.75	0.75
输出峰值电流/A	2.2	2.2	2.2	2.2	2.2	2.1	2.1	2.1
输出电压温度系数/（mV/℃）	−1.1	−0.8	−0.8	−0.8	−1	−1	−1	−1.5

注：不同厂家的产品参数有所不同。

从表 6-4 和表 6-5 可知，三端稳压器要正常工作，输入、输出端需要存在一个压差。对于表 6-5 中的三端稳压器，这个差值为 3V，而这个差值又不能太大，对于三端稳压器 7815 来说，最大输入电压不能超过 35V。

脉动压缩度为在稳压电路中对输入端的脉动分量压低的程度。例如 7815 的脉动压缩度为 70dB，就表示输出的脉动电压衰减到输入脉动电压的 $1/10^{3.5}$，如果输入的脉动电压为几伏，则输出的脉动电压为毫伏级，该值是很理想的。

图 6-15 所示为 7815 三端稳压器的应用电路，在三端稳压器输出端接有一电容 C_2，它的作用是降低三端稳压器的交流输出阻抗。一般这个电容值可选 1～100μF，本电路中由于要求的输出电流较小，约为 0.2A，所以可以选择 20μF。由于铝介质电解电容的高频特性不太好，所以在 C_2 上并联一个高频特性好的陶瓷电容 C_3，容量选 0.1μF。

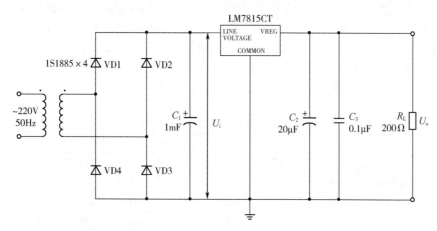

图 6-15 7815 三端稳压器的应用电路

当电阻为 200Ω 时，对图 6-15 所示的电路进行仿真，电路输出端接示波器，可得到图 6-16 所示的结果。稳压后电路输出约 14.8V 的电压，且电压波形比较平直。给输出端加探针可以观察到输出电流值，如图 6-17（a）所示，增加负载到 500Ω 时，观察探针的变化如图 6-17（b）所示，可以看到输出电流随负载的增大而减小，输出电压值有微小的增大，但仍在稳压范围内。在电网波动范围内改变输入电压，观察输出端探针，电压和电流值基本不变。

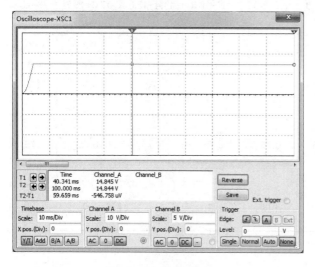

图 6-16 稳压电路输出

	（a）负载为200Ω时	（b）负载为500Ω时
V:	14.8V	14.9V
V（p-p）:	577μV	228μV
V（rms）:	16.3V	16.1V
V（dc）:	14.9V	14.9V
V（freq）:	100Hz	100Hz
I:	74.2mA	29.8mA
I（p-p）:	2.88μA	457nA
I（rms）:	81.3mA	32.2mA
I（dc）:	74.3mA	29.8mA
I（freq）:	100Hz	100Hz

图 6-17 输出端探针

为了提高三端稳压器承受功耗的能力，实际使用时一般需要使用散热器。7815 三端稳压器不加散热器时允许的功耗约为 2W，当输入端电压为 24V 时，7815 三端稳压器输入、输出之间的电压差为 9V，当要求的输出电流为 0.2A，所以三端稳压器功耗为：

$$P = 0.2\text{A} \times 9\text{V} = 1.8\text{W}$$

考虑输出短路的情况，LM7815CT 可流过 0.75A 左右的短路电流，功耗将大于 6.7W，此时必须使用散热器来保护三端稳压器。通过以上分析可知，在使用三端稳压器时，输入电压与输出电压的差值不能太大，太大了会使功耗增大。

6.5.3 输出电压可调的稳压电路

三端稳压器虽然输出电压较稳定，且使用方便，但其输出电压不可调，在实际应用中，我们需要对以上电路进行改进以满足要求。下面介绍几种常用的可调电压稳压电路。

（1）简单调压电路设计

图 6-18 所示为最简单的由电阻和普通 15V 输出三端稳压器构成的可调电压稳压器。电阻 R_2 连接于三端稳压器的输出端和接地端，其上流过的电流 $I_1 = \dfrac{15V}{R_2}$，I_1 也流过电阻 R_1，并在其上产生一定的压降，同时三端稳压器接地端和地之间有微小的电流 I_Q，它也流过电阻 R_1，所以电路最后的输出电压为：

$$U_o = 15V + I_1 R_1 + I_Q R_1 = 15V + \frac{15V}{R_2}R_1 + I_Q R_1 = 15V(1 + \frac{R_1}{R_2}) + I_Q R_1 \tag{6-9}$$

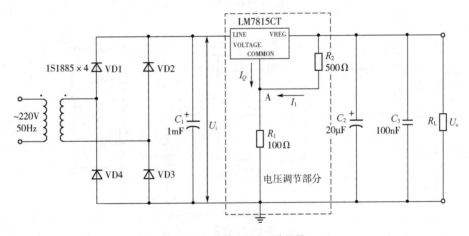

图 6-18　简单可调电压稳压器

对于三端稳压器 7815，I_Q 为毫安级，只要 R_1 的选择不太大，$I_Q R_1$ 项的值就很小。可调稳压电路的输出电压大小也有一定的范围，一般输入电压应比输出电压大 3V 左右，当输入、输出电压的差值太小时，输出电压将达不到由式（6-9）计算所得的值。

对图 6-18 所示的电路，如果忽略 $I_Q R_1$ 项的值，由于滤波后电压约为 24V，减去 3V 的压差，输出端电压最好不要超过 21V，所以 R_1 / R_2 应小于等于 0.4。要想增大输出电压，应增大整流滤波电路的输出电压，但可调的稳压电路的最低输出电压不低于 15V。电路中将 R_1 用一可调电阻代替，则调节 R_1 的大小就能得到期望的输出电压。

在图 6-18 所示的电压调节电路中，在 A 点和三端稳压器的公共端之间接入电压跟随器，可得图 6-19 所示的电路。电压跟随器基本吸收了三端稳压器接地端和地之间的电流 I_Q，起到了缓冲隔离的作用。

（2）最低电压可调电路

上面介绍的电压可调电路的最低可调电压和三端稳压器的输出稳压值相等，而这常常不能满足实际应用的需要。78 系列三端稳压器中输出稳压值最小为 5V，当需要 5V 以下稳压输出时，需要重新设计电路。

我们先来看看常用的串联型可调稳压电路，如图 6-20 所示。晶体管采用射极输出的形式，引入了电压负反馈，同时起到了电流放大的作用。为了使输出电压可调，又引入了放大电路，和晶体管整体构成负反馈形式，由于集成运算放大器开环差模增益可达 80dB 以上，所以电路引入了深度负反馈。运算放大器正输入端接一基准电源 V_{REF}，当运算放大器的放大倍数足够大，就可将运算放大器近似为工作于线性区的理想运算放大器，从而可以认为电路中 A 点电压和正输入端电压 V_{REF} 近似相等。当 V_{REF} 从 0V 开始改变时，电路相当于一个同相比例放大电路，所以电路输出电压 U_o 可通过下式求得：

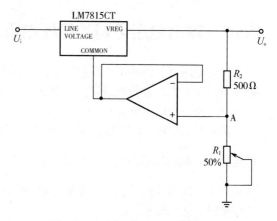

图 6-19　加电压跟随器的电压调节电路

$$U_o = (1 + \frac{R_2}{R_1})V_{REF} \tag{6-10}$$

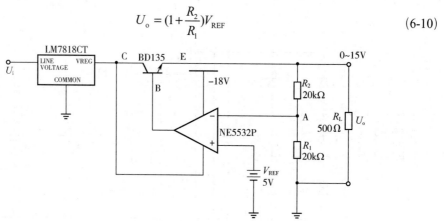

图 6-20　串联型可调稳压电路

由于电路中运算放大器使用三端稳压器进行稳压，所以 A 的工作电压是稳定的。因为晶体管分担了三端稳压器的一部分功耗，所以对于总体电路来说并没有增加三端稳压器的功耗。

电路中调整管即晶体管的选择是很重要的，调整管一般选择大功率管，所以需要考虑的参数有集电极最大电流 I_{CM}、最大管压降 U_{CEO} 和集电极最大功耗 P_{CM}。调整管极限参数的确定需考虑电网波动对输入电压的影响，以及输出电压和负载电流变化的影响。由图 6-20 可知，调整管的发射极电流 I_E 等于电阻 R_1 上和负载 R_L 上的电流之和，通常电阻 R_1 取几十千欧，其上流过的电流不太大，所以当负载电流最大时，流过调整管发射极的电流就最大，所以选择调整管时，应保证其最大集电极电流

$$I_{CM} > I_{Lmax} \tag{6-11}$$

调整管的管压降 U_{CE} 等于输入电压 U_i 和输出电压 U_o 之差，显然当电网电压最高且输出电压又最低时，调整管承受的管压降最大，所以应保证最大管压降

$$U_{CEO} > U_{imax} - U_{omin} \tag{6-12}$$

所以集电极最大功耗应满足：

$$P_{CM} > I_{Lmax}(U_{imax} - U_{omin}) \tag{6-13}$$

在本电路中，当最大负载电流为 0.2A 时，应使 $I_{CM} > 0.2A$；由于输入端有三端稳压器，所以输入电压基本不受电网电压的影响，最大输入电压约为 18V，又因为最小可调电压为 0V，所以应使 $U_{CEO} > 18V$；同时 $P_{CM} > 0.2 \times 18 = 3.6(W)$，考虑余量的同时，还应按晶体管使用手册上的规定采取散热措施。根据以上要求，本电路中调整管可选择 BD135。

图 6-21 所示的电路也可以实现电压从 0V 起调。设三端稳压器的输出稳压值为 5V，则电路中三端稳压器可以认为是具有 $V_{BE} = 5V$ 的限制器的晶体管，它和放大器构成了负反馈的形式。运算放大器正输入端接一可变基准电源 V_{REF}，则电路中 A 点电压随正输入端电压 V_{REF} 变化。整个电路构成一同相比例放大电路，于是电路输出电压 U_o 可通过式（6-10）求得。

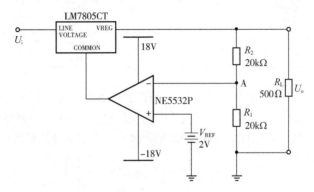

图 6-21　常用可调稳压电路

由于三端稳压器输出端和接地端的压差近似等于稳压输出值，所以运算放大器的输出端电压往往比电路输出电压低 5V 左右，即当输出电压从 0V 起调时，运算放大器的输出电压可能为-5V 左右，所以运算放大器需要由正负电源同时供电。由于电路中使用三端稳压器，所以不用再设计电流限制电路和其他保护电路。

注意：三端稳压器输入、输出之间的压差应在 3~35V 之间，否则三端稳压器将起不到稳压作用。

（3）可调式三端稳压器的应用

以上由普通三端稳压器构成的可调稳压电路需外接基准电源来实现调压功能，且电路元件较多，实际应用中可用集成的可调式三端稳压器来代替上面的电路。常用的可调式三端稳压器有 W117、W217、W317，它们具有相同的引出端、相同的基准电压和相似的内部结构，不同的是它们的工作温度范围不同，W117 的工作温度范围为-55~150℃，W217 的工作温度范围为-25~150℃，W317 的工作温度范围为 0~125℃。对于同类型稳压器，器件名称后缀不同，其最大输出电流、器件封装形式和额定功耗也不同，如表 6-6 所示。应用中如需更大的输出电流，可选 LM150 系列（3A）和 LM138 系列（5A），如同时需负的可调三端稳压器，可选择 LM137 系列。

表 6-6　同系列器件参数对比

后缀名	封装	额定功耗	最大负载电流
K	TO-3	20W	1.5A
H	TO-39	2W	0.5A
T	TO-220	20W	1.5A
E	LCC	2W	0.5A
S	TO-263	4W	1.5A

下面以 W117 为例来介绍可调式三端稳压器的使用。

W117 的可调输出电压范围为 1.2~37V；它的内部结构和串联型可调稳压电路类似，引入了电压负反馈，因而输出电压稳定；基准电压电路内部集成，典型基准电压值为 1.25V；同时芯片内部还集成了过流保护、调整管安全区保护和过热保护等保护电路。W117 的主要特性参数如表 6-7 所示。

表 6-7　W117 主要特性参数

主要参数	符号	典型值
输入、输出电压差/V	U_i–U_o	3~40
输出电压/V	U_o	1.2~37
参考电压/V	V_{REF}	1.25
调整端电流/μA	I_Q	50
最小负载电流/mA	I_{Lmin}	3.5
纹波抑制/dB	RR	65

W117 的基本应用电路如图 6-22 所示，R_2 两端的电压大小约为 1.25V，即为标称参考电压值；R_2 上的电流 I_1 流过可调电阻 R_1，形成一个可变的电压；W117 的调整管电流 I_Q 很小，一般在 R_1 上形成的压降很小，所以电路的输出电压大小可由下式计算得到：

$$U_o = V_{REF}\left(1 + \frac{R_1}{R_2}\right) = 1.25\left(1 + \frac{R_1}{R_2}\right) \tag{6-14}$$

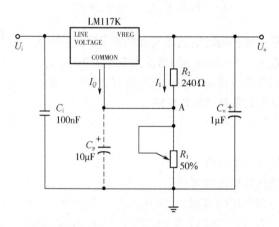

图 6-22　W117 的基本应用电路

因为 W117 是浮动变压器，所以只要输入、输出端的压差满足使用手册的要求，W117 可以提供较高的输出电压，但必须同时考虑功耗和散热问题。当三端稳压器离电源滤波器有一定的距离时，需要加一个滤波器 C_i，可以选择 $0.1\mu F$ 的圆片电容或 $1\mu F$ 固体钽电容。输出端电容 C_o 对稳定性而言不必要，但可以改善瞬态响应。和其他反馈电路相同，某些值的外部电容会引起过分振荡，$1\mu F$ 钽电容或 $25\mu F$ 铝电解电容作为输出电容可以消除这一现象并保证稳定性。可通过把调节端 A 旁路到地来提高纹波抑制，该旁路电容 C_p 可防止输出电压增大的同时纹波被放大。

有外加电容的情况下，有时需要加保护二极管以防止电容通过三端稳压器内部低电流通路放电而损坏三端稳压器。图 6-23 所示为输出电压大于 25V 或电容较高（$C_o > 25\mu F$，$C_p > 10\mu F$）时的带保护二极管的应用电路。二极管 VD1 可防止输入短路时 C_o 经集成电路放电；二极管 VD2 可防止输出短路时旁路电容 C_p 对集成电路放电；VD1 和 VD2 的组合可防止输入短路时 C_p 对集成电路的放电。

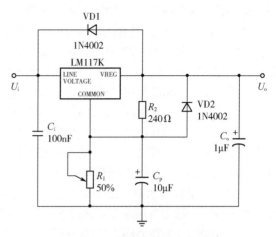

图 6-23　W117 带保护二极管的应用电路

6.5.4　基准电源的设计

对于图 6-20 和图 6-21 所示的电路，必须外接基准电源。一般常用齐纳二极管作为基准电压元件，但在要求稍高的场合，普通齐纳二极管不能满足设计的要求。下面介绍一种并联调整稳压器 TL431，它的输出电压可调，调节范围为 2.5 ~ 36V，具有约 0.22Ω 的低动态电阻和低输出噪声，其温度系数约为 $50\times10^{-6}/℃$，因此广泛应用于基准电压电路。图 6-24 为 TL431 的引脚示意图和内部等效电路图。TL431 内部的基准电压约为 2.5V，当参考端电压接近 2.5V 时，器件阴极将会有一个稳定的非饱和电流通过，而且随着参考端电压的微小变化而变化，电流变化范围为 1 ~ 100mA。当然，图 6-24（b）绝不是 TL431 的实际内部结构，所以不能简单地用这种组合来代替它。但如果在设计、分析应用 TL431 的电路时，这个模块图对开启思路、理解电路都是很有帮助的。

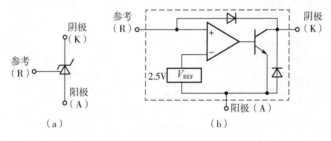

图 6-24　TL431 的引脚示意图和内部等效电路图

当把 TL431 的参考端和阴极直接相连，其阳极和阴极之间的电压为输出最小电压，即相当于稳压值为 2.5V 的稳压二极管，其最简单的应用如图 6-25 所示，电路输出 2.5V 的恒定电压，在此电路输出端和接地之间接一个可变电阻器，则可实现 0 ~ 2.5V 之间的调压。这里需要注意的一点就是电阻 R 的选择，根据输入电压的大小和负载电阻的变化范围，选择一个合适的电阻 R，使 TL431 的工作电流 I_k 保证在 1 ~ 100mA 之间。

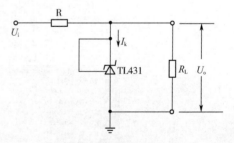

图 6-25　TL431 的简单应用

将 TL431 接成 2.5V 的输出电路，然后将其再接到普通三端稳压器的接地端，可构成固定输出的基准电源，如图 6-26 所示。本电路中采用了 LM7805CT 三端稳压器，当然还可选用其他输出电压的稳压器，但必须注意稳压器的使用条件，如压差等。LM7805CT 正常工作时公共端电流 I_Q 约为 5mA，即为 TL431 的电流。该电路输出电压 U_o 为 LM7805CT 和 TL431 的电压之和，即 $U_o = 5\text{V} + 2.5\text{V} = 7.5\text{V}$。图 6-27 所示为对电路进行参数扫描分析，得到的输入端电压大小对输出结果的影响，其中图 6-27（a）显示了输入电压对输出端电压的影响，图 6-27（b）显示了输入电压对三端稳压器工作状态的影响。从图 6-27（a）可以看到当电路输入电压大于 10V，即输入、输出之间的压差大于 2.5V 时，输出电压恒定，约为 7.5V，而当输入电压小于 10V 时，输出电压随输入电压的减小而减小；从图 6-27（b）的分析结果我们可以得出，当输入端电压偏低而输出端电压下降的主要原因是三

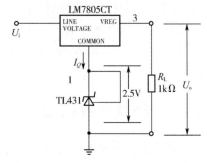

图 6-26　TL431 和三端稳压器的简单组合

端稳压器输入、输出电压差没有达到其正常工作的最小压差，从而使三端稳压器的输出电压不到 5V。电路中 LM7805CT 输出端的最终电压为 7.5V，为了确保其正常工作，应使输入电压大于 10V。由于三端稳压器的输出电压占了整个电路输出电压的主要部分，所以电路的输出特性主要取决于三端稳压器。

	Variable, Parameter setting	Operating point value
1	V(3), vv1 dc=5	3.57382
2	V(3), vv1 dc=6	4.54997
3	V(3), vv1 dc=7	5.52962
4	V(3), vv1 dc=8	6.50488
5	V(3), vv1 dc=9	7.42958
6	V(3), vv1 dc=10	7.49560
7	V(3), vv1 dc=11	7.49580
8	V(3), vv1 dc=12	7.49600
9	V(3), vv1 dc=13	7.49620
10	V(3), vv1 dc=14	7.49640
11	V(3), vv1 dc=15	7.49660

（a）输出端电压分析

	Variable, Parameter setting	Operating point value
1	V(3)-V(1), vv1 dc=5	1.07944
2	V(3)-V(1), vv1 dc=6	2.05557
3	V(3)-V(1), vv1 dc=7	3.03520
4	V(3)-V(1), vv1 dc=8	4.01045
5	V(3)-V(1), vv1 dc=9	4.93515
6	V(3)-V(1), vv1 dc=10	5.00116
7	V(3)-V(1), vv1 dc=11	5.00136
8	V(3)-V(1), vv1 dc=12	5.00156
9	V(3)-V(1), vv1 dc=13	5.00176
10	V(3)-V(1), vv1 dc=14	5.00196
11	V(3)-V(1), vv1 dc=15	5.00216

（b）三端稳压器输出压降分析

图 6-27　对输入端电压的参数扫描分析

图 6-28 所示为 TL431 的可调压应用电路，把
LM7805CT 放于 TL431 的反馈环路，则输出电压为：

$$U_o = V_{REF}(1 + \frac{R_1}{R_2}) = 2.5(1 + \frac{R_1}{R_2}) \tag{6-15}$$

该电路的输出电压主要由 TL431 的特性决定，
而输出保护仍由 LM7805CT 提供。在三端稳压器
LM7805CT 和并联调整稳压器 TL431 的正常工作条
件下，电路的最低输出电压为 5V+2.5V=7.5V。该电
路不能实现从 0V 开始调压。

TL431 的其他应用电路可参见技术手册。

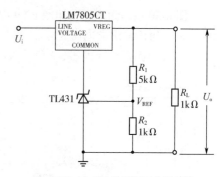

图 6-28　TL431 的可调压应用电路

6.5.5　负电压跟随设计

上面介绍了输出可调稳压源和可变基准电压的设计方法，可通过调节基准电压的大小来
控制稳压源输出的大小。但以上只是针对单一极性电压的输出，当需要输出大小相等的一对
正负电压时，如何实现调整同一个基准电压时正负电压同时变化呢？下面来介绍一种负电压
跟随电路的设计。

负电压跟随正电压变化的稳压电路如图 6-29 所示。运算放大器 A2 经晶体管 VT2 接成负
反馈形式，当其正输入端接地时，运算放大器将控制 VT2 使 A2 负端 A 点电压为 0。A 点通
过电阻 R_3 和 R_4 和正负输出端相连，根据运算放大器"虚断"的分析方法，我们知道流过 R_3 的
电流基本都流入 R_4，所以：

$$(U_{o1} - 0) / R_3 = (0 - U_{o2}) / R_4 \tag{6-16}$$

当电阻 R_3 和 R_4 的阻值相等时，可得：

$$U_{o1} = -U_{o2} \tag{6-17}$$

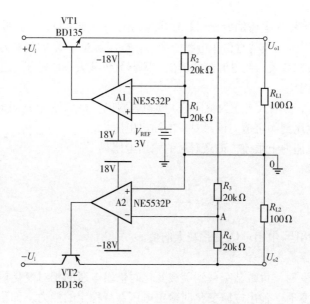

图 6-29　负电压跟随正电压变化的稳压电路

图 6-30 所示为电路采用图 6-29 中的参数，输入电压为±18V 时的仿真结果，负输出端电压基本跟随正输出端电压变化。此时，运算放大器 A2 负输入端的电压和流过的电流基本为零，在 A 点和运算放大器 A2 负输入端之间放置探针，其显示如图 6-31 所示。

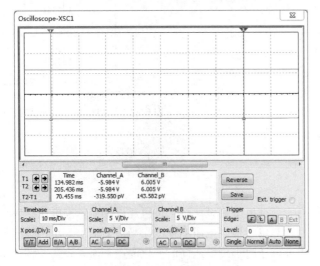

图 6-30　虚拟示波器显示结果　　　　　　图 6-31　A2 负输入端探针显示结果

R_3 和 R_4 大小的选择对输出电压的跟踪精度也有影响。一般 R_3 和 R_4 选得越小，跟踪的精度越好，但为了给负载提供足够的电流，它们的阻值又不能选得太小，一般选几十千欧即可。

6.5.6　稳压器设计主要技术参数

对于任何稳压电路，都可以用电压调整率、负载调整率和纹波电压来描述其稳定性能。下面分别来介绍这些性能指标以及在电路中的测试方法。

（1）电压调整率

电压调整率是指输入电压的变化引起输出电压的相对变化量，它反映了当负载电流和环境温度不变时，电网电压波动对稳压电路的影响。电压调整率 S_V 的测试方法如下：

① 设置可调负载装置，使电源满载输出（即调节负载大小使输出电压为额定电压时，输出电流达到额定电流）；

② 调节交流源，使输入电压为下限值（模拟电网电压最低值），记录对应的输出电压 U_1；

③ 增大输入电压到额定值，记录对应的输出电压 U_o；

④ 调节输入电压为上限值，记录对应的输出电压 U_2；

⑤ 按下式计算：

$$S_V = \frac{|U - U_o|}{U_o} \times 100\% \tag{6-18}$$

式中，U 为 U_1 和 U_2 中相对 U_o 变化较大的值。

（2）负载调整率

在输入电压不变时，负载从空载到满载变化时输出电压的相对变化量。它反映了当输入电压和环境温度不变时，输出电阻变化时输出电压保持稳定的能力，即稳压电路的带负载能力。负载调整率 S_R 的测试方法如下：

① 输入电压为额定值，输出空载时，记录此时输出电压 U_1；

② 调节负载为满载，记录对应的输出电压 U_2；

③ 调节负载为 50%满载，记录对应的输出电压 $U_。$，负载调整率 S_R 按以下公式计算：

$$S_R = \frac{|U - U_。|}{U_。} \times 100\% \qquad (6\text{-}19)$$

式中，U 为 U_1 和 U_2 中相对 $U_。$ 变化较大的值。

（3）纹波电压

纹波电压是指在额定输出电压和负载电流下，输出电压的纹波的绝对值的大小，通常以峰-峰值或有效值表示。需要注意的是，纹波不同于噪声。纹波是出现在输出端子间的一种与输入信号频率同步的成分，一般在输出电压的 0.5%以下；噪声是出现在输出端子间的纹波以外的一种高频成分，一般在输出电压的 1%左右。纹波电压的测试方法为：先用示波器将整个波形捕获，然后将关心的纹波部分放大来观察和测量；同时还要利用示波器的 FFT 功能从频域进行分析。

除了纹波电压还有两个和纹波相关的定义：一是纹波系数，指在额定负载电流下，输出纹波电压的有效值与输出直流电压之比；二是纹波电压抑制比，指在规定的纹波频率（如 50Hz）下，输入电压中的纹波电压与输出电压中的纹波电压之比。

6.6　可调直流稳压源设计与 Multisim 仿真

6.6.1　电路设计

第 5 章的 5.3.1 节介绍了简单稳压源的设计，其输出为不可调+15V 电压，电压调整率和电流调整率分别小于 0.2%和 2%。本节将设计一种输出电压幅值可调的稳压源，且输出为大小相等的一对正负电压，要求稳压性能更高，可以为要求高稳定度供电电压的器件提供稳定的正负电压。

图 6-32 为设计的整体电路图。首先确定整流滤波电路的元件参数。变压器中点接地，可获得正负交流输出电压。由于输出为 18V 的三端稳压器要求输入电压的最小值应大于等于21V，考虑输出电压的波动和电路中元件的损耗，应使变压器输出电压的峰值在 25V 左右即可。变压器幅值不能太大，否则三端稳压器输入、输出端的压差将不能满足其工作要求。整流电桥选择整流二极管堆 1B4B42，具体选取方法参见 6.4.2 节。经整流电桥输出的脉动电压经电容滤波后输出近似的直流电压信号，由于要求的最大输出电流 $I_。=0.2\text{A}$，设滤波后的脉动电压 $V_p=2\text{V}$，则根据式（6-4）可以计算出电容 C_1 和 C_2 的值应选 1000μF，耐压选为输出电压的2 倍，可选 50V 耐压的电容。

以上整流滤波电路，当输出负载较小时，输出电压中将存在脉动，为了进一步实现稳压，我们利用集成稳压器件设计了后面的稳压电路。其中又可以分为以下几部分：运放正负供电稳压源部分、可调稳压源部分和负电压跟随部分。下面对这几部分电路的设计进行分析。

（1）运放正负供电稳压源部分

这部分是一个简单的三端稳压器稳压电路，输出 ±18V 直流电压对运算放大器供电，以及对后级稳压电路提供稳定的输入电压。由于设计要求可调电压的最大值为 ±15V，考虑一定的压差，选择此部分的输出电压为 ±18V。设计要求最大输出电流为 0.2A，所以应使三端稳压器的额定输出电流大于 0.2A，这里正负输出三端稳压器分别选取了 LM7818CT 和 LM7918CT。

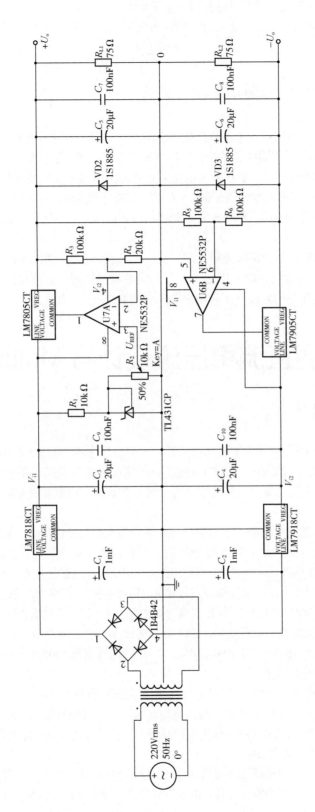

图 6-32　可调稳压源整体设计电路

电容 C_3 和 C_4 用于降低输出阻抗，这里选用耐压为 25V 的 20μF 铝介质电解电容。为改善铝介质电解电容的高频特性，可在 C_3、C_4 旁并联高频特性好的陶瓷电容，容量选为 0.1μF。

(2) 可调稳压源部分

这部分电路的原理可参见 6.5.3 节。TL431 对电路提高基准电压，2.5V 的基准电压经分压电位器 R_2 分压后送入运算放大器的正输入端，所以此可调电压的变化范围为 0 ~ 2.5V。R_1 的大小控制流过 TL431 的电流，当 R_1 取 10kΩ 时，流过 R_1 上的电流值为：

$$I_{R_1} = \frac{18V - 2.5V}{R_1} = \frac{15.5V}{10000\Omega} = 1.55mA$$

电位器 R_2 上流过的电流是 R_1 中电流的一部分，当 $R_2 = 10kΩ$ 时，电位器 R_2 上的电流为：

$$I_{R_2} = \frac{2.5V}{R_2} = \frac{2.5V}{10000\Omega} = 0.25mA$$

因此流过 TL431 的电流约为 1.3mA，在 TL431 的工作范围内。

由于供电电压为 ±18V，所以运算放大器选择了耐压为 ±22V 的 NE5532，NE5532 芯片中集成了两个相同的运算放大器，其参数见表 6-8。

表 6-8 NE5532 主要参数

最大额定供电电压	± 22V
输入偏移电压	0.5mA
输入偏移电流	200mA
同相输入电压	± 13V（± 15V 工作时）
转换速度	9V/μs

电路中三端稳压器 LM7805CT 可以认为是具有 $V_{BE} = 5V$ 的限制器的晶体管，接于放大器的反馈回路中，电阻值 R_3 与 R_4 的比例决定了整个稳压电路输出电压的可调范围，输出电压 $U_o = U_{REF}(1 + \frac{R_3}{R_4})$，其中 U_{REF} 从 0V 到 2.5V 可调，要想使最大输出电压为 15V，R_3/R_4 应等于 5。

(3) 负电压跟随部分

负电压跟随电路的原理可参见 6.5.5 节，只是本电路中晶体管换成了恒定输出电压的稳压三极管，具有更稳定的性能。

输出端二极管 VD2 和 VD3 的作用是防止输出反向，电容 C_5 ~ C_8 的作用和 18V 三端稳压器输出端电容的作用相同。

6.6.2 电路仿真分析

在 Multisim 中对图 6-32 所示的电路进行调整测试，过程如下：

① 将 R_2 调到最大值，输出空载，用示波器观察输出的正负电压，如图 6-33（a）所示。负电压基本跟随正电压，且绝对值都约等于 15V。当同时减小 R_5 和 R_6 的值时，负电压的跟随性能会提高，图 6-33（b）所示为 R_5 和 R_6 取 20kΩ 时负电压跟踪正电压的情况。

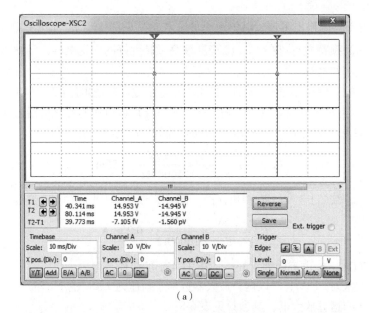

（a）

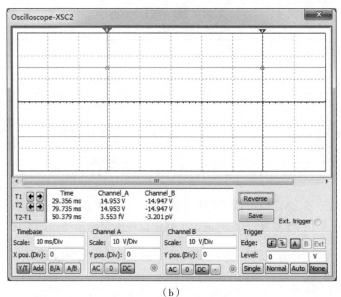

（b）

图 6-33　正负电压测试

在正负输出端与地间接入负载电阻，在负载回路添加探针观察负载电流，改变负载电阻的大小使输出电流为 0.2A，正负输出回路探针显示如图 6-34 所示，此时对应的负载电阻大小为 75Ω。

V: 15.0 V	V: -15.0 V
V(p-p): 991 nV	V(p-p): 991 nV
V(rms): 15.0 V	V(rms): 15.0 V
V(dc): 15.0 V	V(dc): -15.0 V
I: 200 mA	I: 200 mA
I(p-p): 13.2 nA	I(p-p): 13.2 nA
I(rms): 200 mA	I(rms): 200 mA
I(dc): 200 mA	I(dc): 200 mA
Freq.: 49.7 Hz	Freq.: 49.7 Hz

图 6-34　正负输出回路探针显示

② 改变 R_2 的值，输出仍然空载，确定最低输出电压的大小，当 R_2 最小时，从图 6-35 所示的测试结果可知，正负最低输出电压接近于 0。

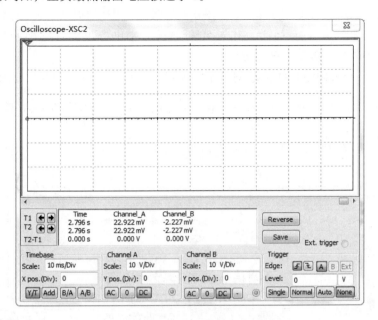

图 6-35　最低输出电压测试

③ 将输出端直接与地做一次短路，如果电路仍能恢复工作，说明电路能够正常工作。

④ 电压调整率计算。输入 220V 交流电，当电网波动范围为−20% ～ +15%时，电压波动范围为 176 ～ 253V。调节电位器 R_2 使其阻值最大，即电路输出约 ±15V 的电压。设定输入为220V 额定电压，调整负载电阻 R_{L1} 和 R_{L2} 使输出满载，即使正负输出回路的电流均为 0.2A，得此时电阻 R_{L1} 和 R_{L2} 都为 75Ω。此时对电路进行直流工作点分析，观察正负输出端直流电压的大小，如图 6-36 所示；使输入电压为 176V，负载电阻 R_{L1} 和 R_{L2} 仍为 75Ω，用同样的仿真方法得到的直流正负输出电压值和图 6-36 相同；使输入电压为 253V，负载电阻为 75Ω 时，输出电压仍然和以上分析结果相同。

根据以上仿真结果，结合 6.5.6 节电压调整率的定义，可得此电路的正负输出电压的电压调整率近似为 0。以上分析是在仿真软件中进行的，实际电路达不到如此好的效果。

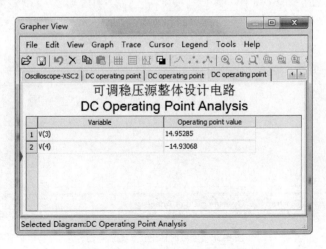

图 6-36　负载恒定时输出正负直流电压

⑤ 负载调整率计算。设输入信号为额定 220V 交流电，调节电位器阻值 R_2 使其最大，即电路输出约±15V 的电压。当输出满载（75Ω）时，对电路进行直流工作点分析，观察正负输出端直流电压的大小，如图 6-37 所示；当输出空载时，用同样的仿真方法可得直流正负输出电压值的大小，如图 6-38 所示；当输出为 50%满载时，对电路进行直流工作点分析得正负输出端直流电压的大小，如图 6-39 所示。

根据 6.5.6 节负载调整率的定义，对于正电压输出电路，$U_o = 14.98798\text{V}$，U 取 14.98754V，则 $S_{R+} = \dfrac{|U - U_o|}{U_o} \times 100\% \approx 0.003\%$；对于负电压输出电路，$U_o = -14.98176\text{V}$，$U$ 取 -14.98117V，则 $S_{R-} = \dfrac{|U - U_o|}{U_o} \times 100\% \approx 0.004\%$。可见电路的负载调整率非常小。

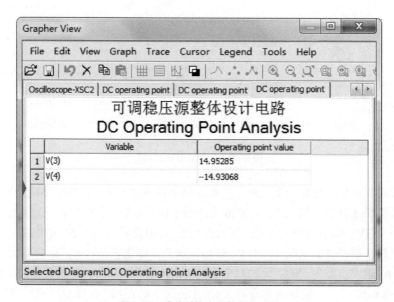

图 6-37　满载时输出正负直流电压

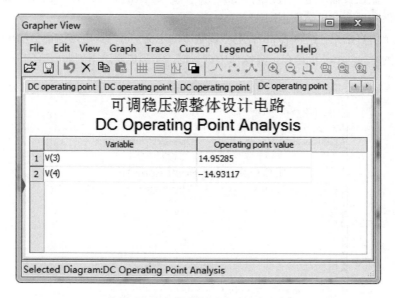

图 6-38　空载时输出正负直流电压

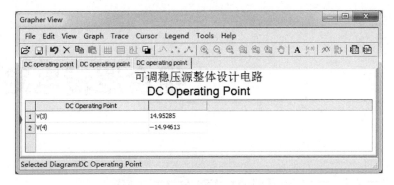

图 6-39　50%满载时输出正负直流电压

⑥ 纹波电压。在额定 220V 输入电压下，输出满载，即负载电阻为 75Ω 时，在示波器中观察输出波形，如图 6-40 所示。因只选择了观察交流成分，所以所观察到的信号即纹波电压信号，其峰-峰值为 5.08fV，远小于设计要求。

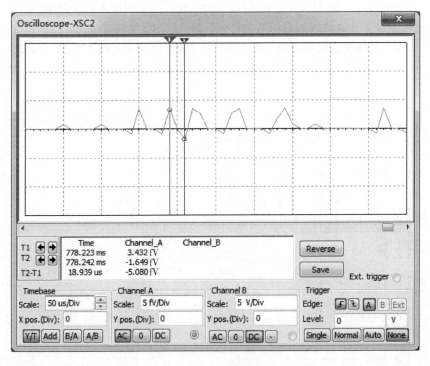

图 6-40　纹波电压

注意：由于电路的验证是在仿真软件中进行的，仿真效果较好，在实际测试条件下，电路性能将达不到软件仿真的效果。

习题与思考题

1. 直流稳压源电路由哪几部分组成？简述各部分作用。
2. 整体电路中为什么要设计±18V 的稳压输出？
3. 说明负电压跟随电路的原理。

第 7 章

组合逻辑电路设计

7.1 三位二进制普通编码器

用 n 位二进制代码对 2^n 个信号进行编码的电路，称为二进制编码器。编码器的逻辑功能就是将输入的每一个高、低电平信号编成一个对应的二进制代码。如图 7-1 所示是三位二进制普通编码器，它由 3 个 4072 芯片（四输入或门）组成。其中，I0 ~ I7 表示输入信号，Y0、Y1、Y2 表示输出信号，所以它又称为 8 线-3 线编码器。对于普通编码器，任何时刻只允许输入一个有效编码请求信号，即假设输入高电平有效，则任何时刻只允许一个输入端子为"1"，其余均为"0"。

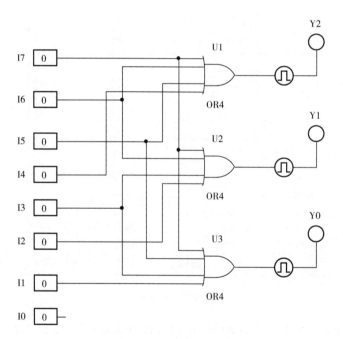

图 7-1 三位二进制普通编码器

如图 7-2（a）所示，当输入信号 I5 为"1"，其余输入信号为"0"时，输出信号为"101"，表示将十进制数"5"编码为三位二进制数"101"。如图 7-2（b）所示，当输入信号 I2 为"1"，其余输入信号为"0"时，输出信号为"010"，表示将十进制数"2"编码为三位二进制数"010"。如图 7-2（c）所示，将十进制数"7"编码为三位二进制数"111"。其他情况同理，具体见表 7-1。

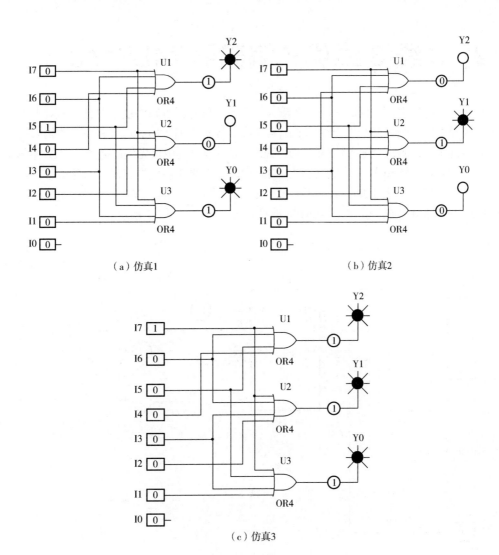

（a）仿真1   （b）仿真2

（c）仿真3

图 7-2　电路仿真

表 7-1　三位二进制普通编码器的输入、输出关系

输　入								输　出		
I0	I1	I2	I3	I4	I5	I6	I7	Y2	Y1	Y0
1	0	0	0	0	0	0	0	0	0	0
0	1	0	0	0	0	0	0	0	0	1
0	0	1	0	0	0	0	0	0	1	0
0	0	0	1	0	0	0	0	0	1	1
0	0	0	0	1	0	0	0	1	0	0
0	0	0	0	0	1	0	0	1	0	1
0	0	0	0	0	0	1	0	1	1	0
0	0	0	0	0	0	0	1	1	1	1

7.2 8线-3线优先编码器74LS148

在普通编码器中，任何时刻只允许输入一个编码信号，否则将发生混乱。而对于优先编码器，则允许同时输入两个以上的编码信号。在设计优先编码器时已经将所有的输入信号按优先顺序排了队，当几个输入信号同时出现的时候，只对其中优先权最高的一个进行编码。

74LS148芯片是BCD二进制转换器，由它构成了8线-3线优先编码器的逻辑图（图7-3）。其中，是I0～I7是输入引脚，低电平有效；EI是使能引脚，Y0～Y2是编码输出，输出为反码；GS、EO是功能输出引脚。74LS148的推荐工作条件如表7-2所示。

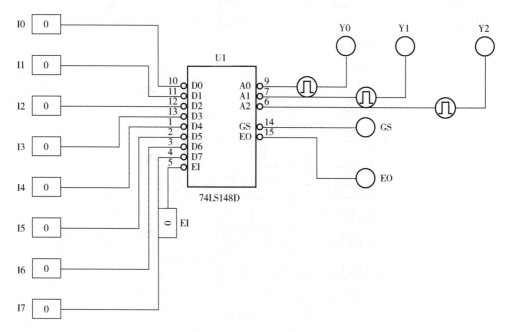

图7-3 8线-3线优先编码器74LS148

表7-2 74LS148推荐工作条件

符号	参数	最小值	典型值	最大值	单位
V_{CC}	电源电压	4.75	5.0	5.25	V
I_{OH}	输出高电平电流	—	—	-0.4	mA
I_{OL}	输出低电平电流	—	—	8.0	mA
T_A	工作环境温度	0	25	70	℃

在EI引脚为低电平时，电路处于正常工作状态下，允许I0到I7当中同时有几个输入端为低电平，即有编码输入信号。其中，I7的优先权最高，I0的优先权最低。只要有输入，GS就输出低电平。

如图7-4（a）所示，当EI端为高电平时，无论输入信号I0～I7是什么，输出信号都为"111"。如图7-4（b）所示，在正常工作状态下（EI端为低电平），当输入信号I1为"0"，I2～I7均为

"1"时，无论 I0 是什么状态，只对 I1 进行编码，此时的输出信号为"110"（即表示 1 的二进制"001"的反码）。如图 7-4（c）所示，在正常工作状态下，当输入信号 I4 为"0"，I5～I7 均为"1"时，无论 I0～I3 是什么状态，只对 I4 进行编码，此时的输出信号为"011"（即表示 4 的二进制"100"的反码）。其他情况同理，具体见表 7-3。

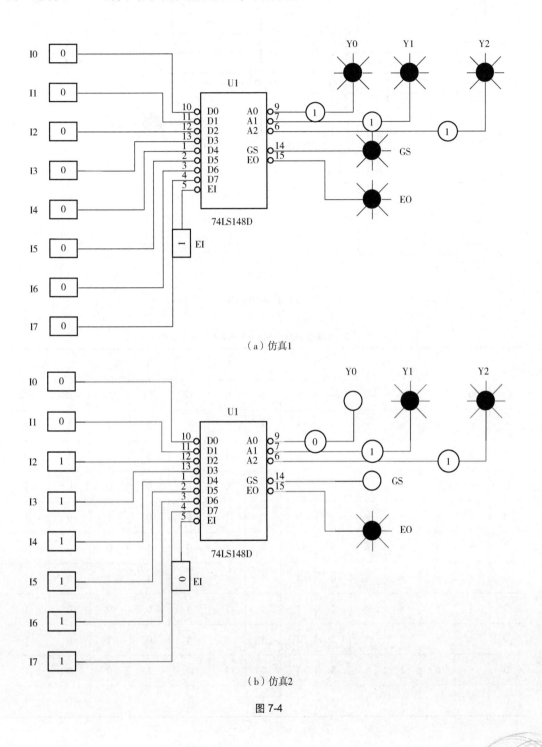

（a）仿真1

（b）仿真2

图 7-4

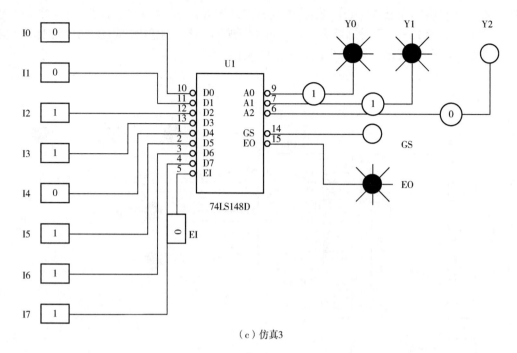

（c）仿真3

图 7-4　电路仿真

表 7-3　8 线-3 线优先编码器的输入、输出关系

输　　　入									输　　　出				
EI	I0	I1	I2	I3	I4	I5	I6	I7	Y2	Y1	Y0	GS	EO
1	×	×	×	×	×	×	×	×	1	1	1	1	1
0	1	1	1	1	1	1	1	1	1	1	1	1	0
0	×	×	×	×	×	×	×	0	0	0	0	0	1
0	×	×	×	×	×	×	0	1	0	0	1	0	1
0	×	×	×	×	×	0	1	1	0	1	0	0	1
0	×	×	×	×	0	1	1	1	0	1	1	0	1
0	×	×	×	0	1	1	1	1	1	0	0	0	1
0	×	×	0	1	1	1	1	1	1	0	1	0	1
0	×	0	1	1	1	1	1	1	1	1	0	0	1
0	0	1	1	1	1	1	1	1	1	1	1	0	1

7.3 用两片 74LS148 组成的 16 线-4 线优先编码器

16 线-4 线优先编码器是将 I0～I15 这 16 个电平输入信号编为 "0000～1111" 16 个四位二进制代码的编码器，可使用两片 74LS148 芯片组成（图 7-5）。

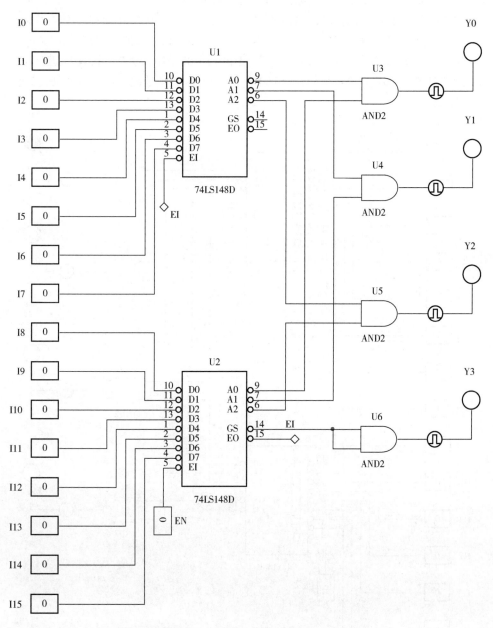

图 7-5 用两片 74LS148 组成的 16 线-4 线优先编码器

74LS148 芯片是 BCD 二进制转换器，由于每片 74LS148 只有八个编码输入，所以需将 16 个输入信号分别接到两片上。如图 7-5 所示，将八个优先权高的输入信号 I8～I15 接到 U2 的输入端 0～

7 上，而将八个优先权低的输入信号 I0～I7 接到 U1 的输入端 0～7 上，其中，I15 的优先权最高。

按照优先顺序的要求，只有 I8～I15 均无输入信号时，才允许对 I0～I7 的输入信号编码。因此，只要将 U2 的"无编码信号输入"信号（即引脚 15：EO）作为 U1 的选通输入信号（即引脚 5：EI）即可。

此外，当 U2 有编码信号输入时，它的引脚 14 输出为"0"，无编码信号输入时，引脚 14 输出为"1"，用它作为输出编码的第四位，以区分 8 个高优先权输入信号和 8 个低优先权输入信号的编码。编码输出的低 3 位应为两片的输出，即 U1 与 U2 上的引脚 9、7、6 分别进行逻辑与运算。需要注意的是，编码输出 Y0～Y3 输出的是反码。

如图 7-6（a）所示，当输入信号 I14 为"0"，I15 为"1"，无论 I0～I13 是什么状态，只对 I14 进行编码，输出信号为"0001"（即表示 14 的二进制"1110"的反码）。如图 7-6（b）所示，当输入信号 I9 为"0"，I10～I15 为"1"，无论 I0～I8 是什么状态，只对 I9 进行编码，输出信号为"0110"（即表示 9 的二进制"1001"的反码）。其他情况同理，具体见表 7-4。

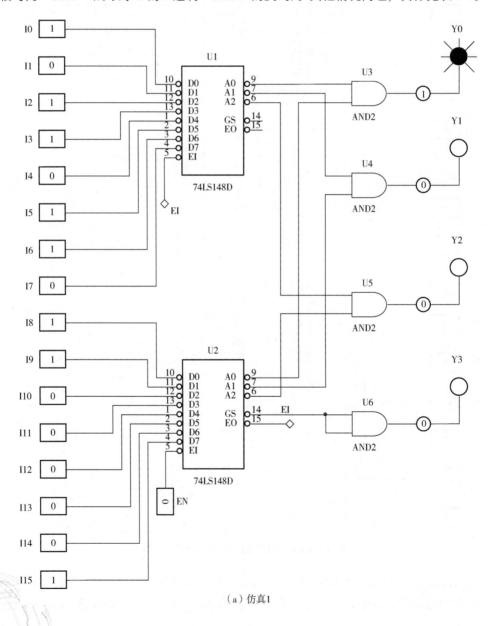

（a）仿真1

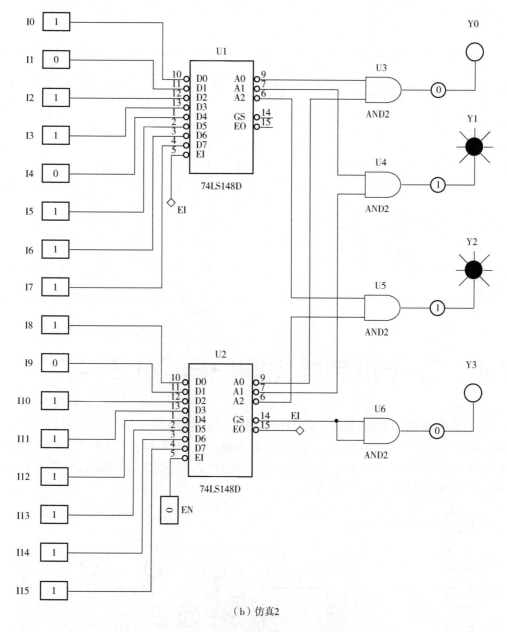

（b）仿真2

图 7-6 电路仿真

表 7-4 16 线-4 线优先编码器输入、输出关系

输入																输出			
I0	I1	I2	I3	I4	I5	I6	I7	I8	I9	I10	I11	I12	I13	I14	I15	Y3	Y2	Y1	Y0
×	×	×	×	×	×	×	×	×	×	×	×	×	×	×	0	0	0	0	0
×	×	×	×	×	×	×	×	×	×	×	×	×	×	0	1	0	0	0	1
×	×	×	×	×	×	×	×	×	×	×	×	0	1	1	0	0	1	0
×	×	×	×	×	×	×	×	×	×	×	0	1	1	1	0	0	1	1
×	×	×	×	×	×	×	×	×	×	0	1	1	1	1	0	1	0	0
×	×	×	×	×	×	×	×	×	×	0	1	1	1	1	1	0	1	0	1

输入																输出			
I0	I1	I2	I3	I4	I5	I6	I7	I8	I9	I10	I11	I12	I13	I14	I15	Y3	Y2	Y1	Y0
×	×	×	×	×	×	×	×	×	0	1	1	1	1	1	1	0	1	1	0
×	×	×	×	×	×	×	×	0	1	1	1	1	1	1	1	0	1	1	1
×	×	×	×	×	×	×	0	1	1	1	1	1	1	1	1	1	0	0	0
×	×	×	×	×	×	0	1	1	1	1	1	1	1	1	1	1	0	0	1
×	×	×	×	×	0	1	1	1	1	1	1	1	1	1	1	1	0	1	0
×	×	×	×	0	1	1	1	1	1	1	1	1	1	1	1	1	0	1	1
×	×	×	0	1	1	1	1	1	1	1	1	1	1	1	1	1	1	0	0
×	×	0	1	1	1	1	1	1	1	1	1	1	1	1	1	1	1	0	1
×	0	1	1	1	1	1	1	1	1	1	1	1	1	1	1	1	1	1	0
0	1	1	1	1	1	1	1	1	1	1	1	1	1	1	1	1	1	1	1

7.4 二-十进制优先编码器 74LS147

二-十进制编码器是指用四位二进制代码表示一位十进制数（0～9）的编码电路，也称 10 线- 4 线编码器，它有 10 个信号输入端和 4 个输出端。二-十进制编码器常见型号为 54/74147、54/74LS147。现以集成 8421BCD 码优先编码器 74LS147 为例介绍二-十进制编码器（图 7-7）。74LS147 的推荐工作条件如表 7-5 所示。

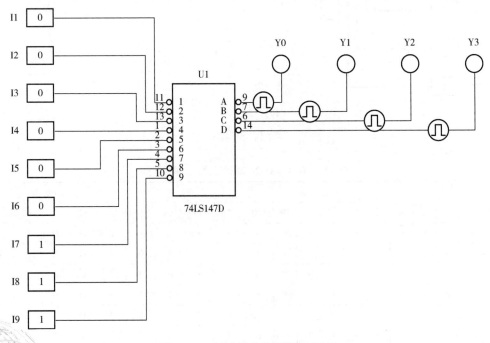

图 7-7 二-十进制优先编码器 74LS147

表 7-5　74LS147 推荐工作条件

符号	参数	最小值	典型值	最大值	单位
V_{CC}	电源电压	4.75	5	5.25	V
I_{OH}	输出高电平电流	—	—	−400	μA
I_{OL}	输出低电平电流	—	—	8	mA
T_A	工作环境温度	0	25	70	℃

　　74LS147 由一组四位二进制代码表示一位十进制数。编码器有 9 个输入端 I1 ~ I9，低电平有效。其中 I9 优先级别最高，I1 优先级别最低。4 个输出端分别是 Y0、Y1、Y2、Y3，其中 Y3 为最高位，Y0 为最低位，反码输出。当无信号输入时，9 个输入端都为"1"，则输出反码"1111"，即原码为"0000"，表示输入十进制数是"0"。当有信号输入时，根据输入信号的优先级别，输出级别最高信号的编码。

　　如图 7-8（a）所示，当 I7 ~ I9 为"1"，I6 为"0"，其余信号任意时，只对 I6 进行编码，输出为"1001"（即表示 6 的二进制"0110"的反码）。如图 7-8（b）所示，当 I5 ~ I9 为"1"，I4 为"0"，其余信号任意时，只对 I4 进行编码，输出为"1011"（即表示 4 的二进制"0100"的反码）。如图 7-8（c）所示，当 I9 为"1"，I8 为"0"，其余信号任意时，将 I8 编码为"1000"，即输出反码为"0111"。其他情况同理，具体见表 7-6。

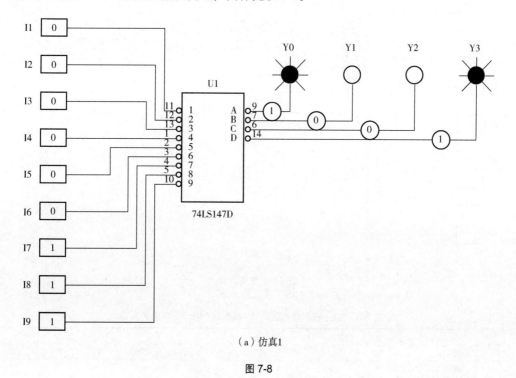

（a）仿真1

图 7-8

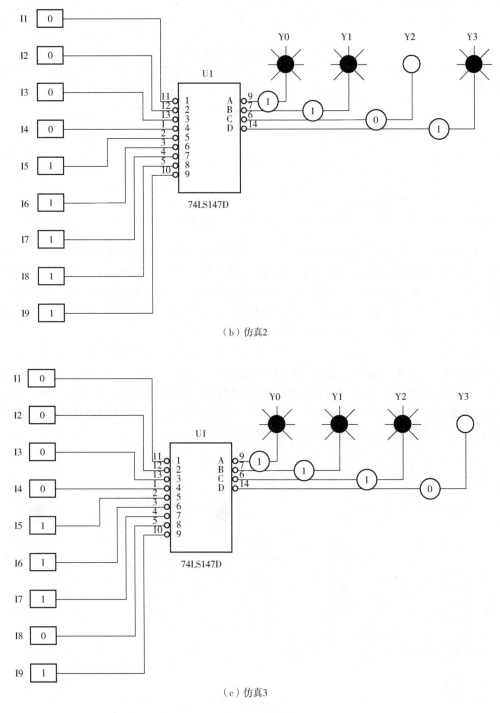

（b）仿真2

（c）仿真3

图 7-8　电路仿真

表 7-6　二-十进制优先编码器 74LS147 输入、输出关系

输入									输出			
I9	I8	I7	I6	I5	I4	I3	I2	I1	Y3	Y2	Y1	Y0
1	1	1	1	1	1	1	1	1	1	1	1	1
0	×	×	×	×	×	×	×	×	0	1	1	0
1	0	×	×	×	×	×	×	×	0	1	1	1

输入									输出			
I9	I8	I7	I6	I5	I4	I3	I2	I1	Y3	Y2	Y1	Y0
1	1	0	×	×	×	×	×	×	1	0	0	0
1	1	1	0	×	×	×	×	×	1	0	0	1
1	1	1	1	0	×	×	×	×	1	0	1	0
1	1	1	1	1	0	×	×	×	1	0	1	1
1	1	1	1	1	1	0	×	×	1	1	0	0
1	1	1	1	1	1	1	0	×	1	1	0	1
1	1	1	1	1	1	1	1	0	1	1	1	0

7.5　用二极管与门阵列组成的 3 线-8 线译码器

译码器是可以将输入二进制代码的状态翻译成输出信号，以表示其原来含义的电路。其可以分为变量译码器和显示译码器两类。变量译码器一般是一种较少输入变为较多输出的器件，常见的有 n 线-2^n 线译码器和 8421BCD 码译码器两类；显示译码器用来将二进制数转换成对应的七段码，一般其可分为驱动 LED 和驱动 LCD 两类。

3 线-8 线译码器是指将 3 位二进制数通过电路转换成八路不同状态的输出的译码电路，本节采用二极管与门阵列构成 3 线-8 线译码器（图 7-9）。由于二极管具有单向导通性，在二极管构成的"与"门中，当输入端只要有一个低电平时，则必有一个二极管导通，使得输出为

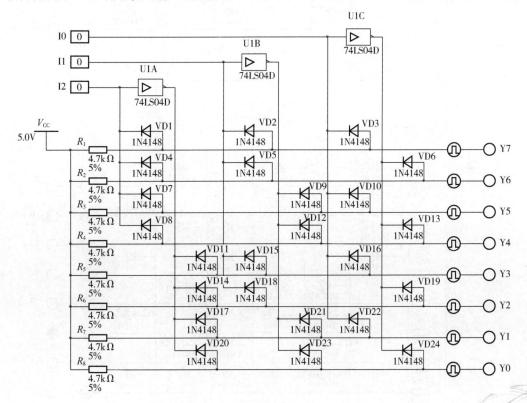

图 7-9　用二极管与门阵列组成的 3 线-8 线译码器

低电平；只有输入端都为高电平，输出才为高电平。据此原理组成 3 线-8 线译码器。

如图 7-10（a）所示，当 I2、I1、I0 输入为 1.1.0 时，输出端 Y6 为高电平，其余均为低电平，表示将二进制代码"110"转化为十进制数"6"。如图 7-10（b）所示，当 I2、I1、I0 输入为 0.1.0 时，输出端 Y2 为高电平，其余均为低电平，表示将二进制代码"010"转化为十进制数"2"。如图 7-10（c）所示，当 I2、I1、I0 输入为 1.1.1 时，将二进制代码"111"转化为十进制数"7"。其他情况同理，具体见表 7-7。

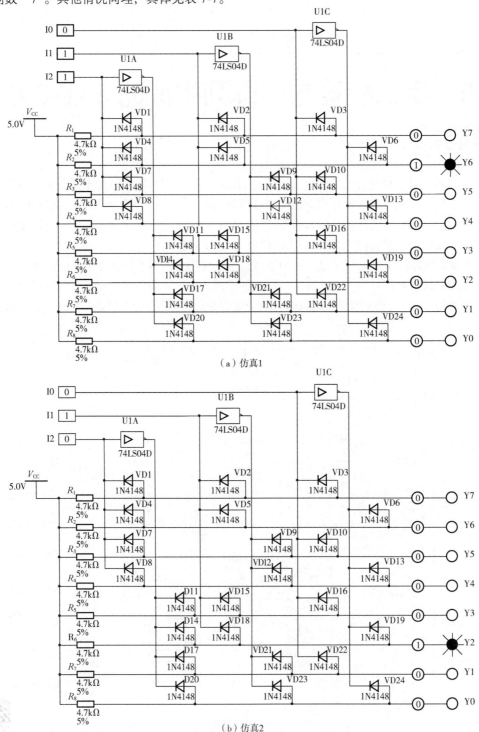

（a）仿真1

（b）仿真2

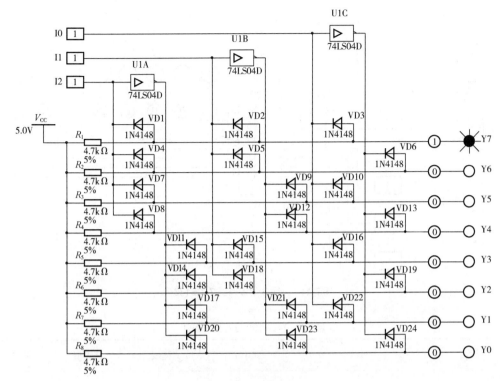

（c）仿真3

图 7-10　电路仿真

表 7-7　3 线-8 线译码器输入输出关系

输入			输出							
I2	I1	I0	Y7	Y6	Y5	Y4	Y3	Y2	Y1	Y0
0	0	0	0	0	0	0	0	0	0	1
0	0	1	0	0	0	0	0	0	1	0
0	1	0	0	0	0	0	0	1	0	0
0	1	1	0	0	0	0	1	0	0	0
1	0	0	0	0	0	1	0	0	0	0
1	0	1	0	0	1	0	0	0	0	0
1	1	0	0	1	0	0	0	0	0	0
1	1	1	1	0	0	0	0	0	0	0

7.6　3 线-8 线译码器 74LS138

上一节介绍了用二极管与门阵列组成的 3 线-8 线译码器，本节介绍更为常用的 3 线-8 线译码器 74LS138（图 7-11）。74LS138 的推荐工作条件如表 7-8 所示。

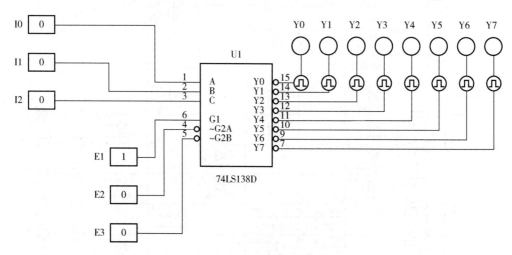

图 7-11　3 线-8 线译码器 74LS138

表 7-8　74LS138 推荐工作条件

符号	参数	最小值	典型值	最大值	单位
V_{CC}	电源电压	4.75	5	5.25	V
V_{IH}	输入高电平电压	2	—	—	V
V_{IL}	输入低电平电压	—	—	0.8	V
I_{OH}	输出高电平电流	—	—	−0.4	mA
I_{OL}	输出低电平电流	—	—	8	mA
T_A	工作环境温度	0	—	70	℃

　　74LS138 具有 3 个输入端 I0、I1、I2，8 个输出端 Y0 ~ Y7 和 3 个使能端（又称选通端）E1、E2、E3。74LS138 的三个输入使能信号之间是逻辑"与"关系， E1 高电平有效，E2 和 E3 低电平有效。只有在所有使能端都为有效电平（E1=1，E2=0，E3=0）时，74LS138 才对输入进行译码，相应输出端为低电平，即输出信号为低电平有效。当使能端不满足正常工作的电平时，译码器停止译码，输出无效电平（高电平）。

　　如图 7-12（a）所示，当 E1≠1 或 E2≠0 或 E3≠0 时，无论输入端信号是什么，输出全都为高电平，此时译码器不能正常译码。如图 7-12（b）所示，在所有使能端都为有效电平（E1=1，E2=0，E3=0）时，译码器正常工作，当 I2、I1、I0 输入信号为 0.0.1 时，输出端 Y1=0，其余输出端为"1"，表示将三位二进制数"001"译为对应的十进制数"1"。如图 7-12（c）所示，当 I2、I1、I0 输入信号为 1.1.1 时，输出端 Y7=0，其余输出端为"1"，表示将三位二进制数"111"译为对应的十进制数"7"。其他情况同理，具体见表 7-9。

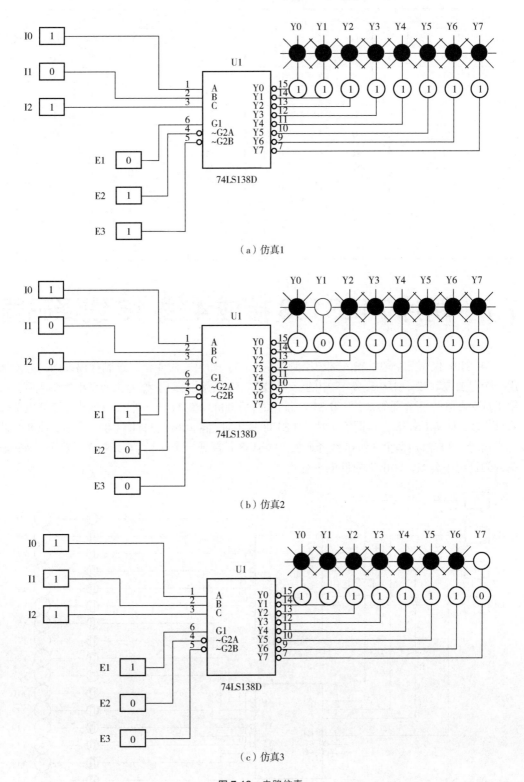

（a）仿真1

（b）仿真2

（c）仿真3

图 7-12　电路仿真

表 7-9　3 线-8 线译码器 74LS138 输入输出关系

输入						输出							
E1	E2	E3	I2	I1	I0	Y7	Y6	Y5	Y4	Y3	Y2	Y1	Y0
0	×	×	×	×	×	1	1	1	1	1	1	1	1
×	1	×	×	×	×	1	1	1	1	1	1	1	1
×	×	1	×	×	×	1	1	1	1	1	1	1	1
1	0	0	0	0	0	1	1	1	1	1	1	1	0
			0	0	1	1	1	1	1	1	1	0	1
			0	1	0	1	1	1	1	1	0	1	1
			0	1	1	1	1	1	1	0	1	1	1
			1	0	0	1	1	1	0	1	1	1	1
			1	0	1	1	1	0	1	1	1	1	1
			1	1	0	1	0	1	1	1	1	1	1
			1	1	1	0	1	1	1	1	1	1	1

7.7　两片 74LS138 接成 4 线-16 线译码器

74LS138 仅有三个地址输入端（引脚 1、2、3），如果想对 4 位二进制代码译码，只能利用一个附加控制端（引脚 6、4、5 中的一个，图 7-13 选用引脚 6）作为第四个地址输入端。当第 1 片 74LS138 工作而第 2 片 74LS138 禁止时，将 0000 ~ 0111 这 8 个代码译成 8 个低电平信号；当第 2 片 74LS138 工作而第 1 片 74LS138 禁止时，将 1000 ~ 1111 这 8 个代码译成 8 个低电平信号。这样就用两个 3 线-8 线译码器 74LS138 扩展成一个 4 线-16 线的译码器了。译码器输入为高电平有效，输出端为低电平有效。

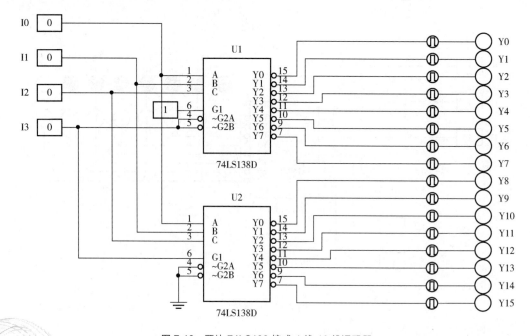

图 7-13　两片 74LS138 接成 4 线-16 线译码器

如图 7-14（a）所示，I3、I2、I1、I0 输入信号为 0.0.1.1 时，输出端 Y3=0，其余输出端为
"1"，表示将四位二进制数"0011"译为对应的十进制数"3"。如图 7-14（b）所示，I3、I2、
I1、I0 输入信号为 0.1.1.1 时，输出端 Y7=0，其余输出端为"1"，表示将四位二进制数"0111"
译为对应的十进制数"7"。如图 7-14（c）所示，I3、I2、I1、I0 输入信号为 1.0.1.1 时，输出
端 Y11=0，其余输出端为"1"，表示将三位二进制数"1011"译为对应的十进制数"11"。其
他情况同理，具体见表 7-10。

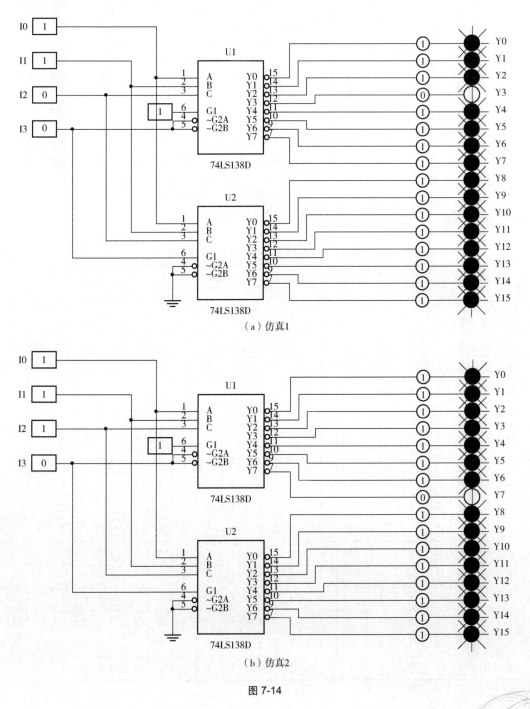

（a）仿真1

（b）仿真2

图 7-14

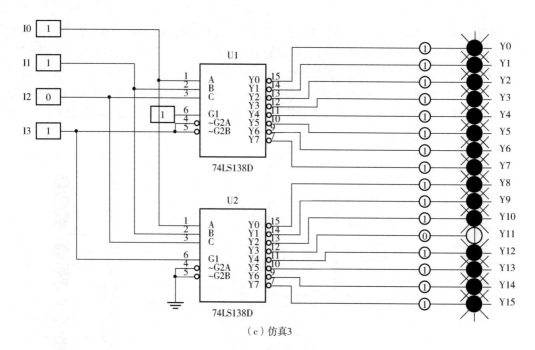

（c）仿真3

图 7-14   电路仿真

表 7-10   4 线-16 线译码器输入、输出关系

输入				输出															
I3	I2	I1	I0	I15	I14	I13	I12	I11	I10	I9	I8	I7	I6	I5	I4	I3	I2	I1	I0
0	0	0	0	1	1	1	1	1	1	1	1	1	1	1	1	1	1	1	0
0	0	0	1	1	1	1	1	1	1	1	1	1	1	1	1	1	0	0	1
0	0	1	0	1	1	1	1	1	1	1	1	1	1	1	1	1	0	1	1
0	0	1	1	1	1	1	1	1	1	1	1	1	1	1	1	0	1	1	1
0	1	0	0	1	1	1	1	1	1	1	1	1	1	1	0	1	1	1	1
0	1	0	1	1	1	1	1	1	1	1	1	1	1	0	1	1	1	1	1
0	1	1	0	1	1	1	1	1	1	1	1	1	0	1	1	1	1	1	1
0	1	1	1	1	1	1	1	1	1	1	1	0	1	1	1	1	1	1	1
1	0	0	0	1	1	1	1	1	1	1	0	1	1	1	1	1	1	1	1
1	0	0	1	1	1	1	1	1	1	0	1	1	1	1	1	1	1	1	1
1	0	1	0	1	1	1	1	1	0	1	1	1	1	1	1	1	1	1	1
1	0	1	1	1	1	1	1	0	1	1	1	1	1	1	1	1	1	1	1
1	1	0	0	1	1	1	0	1	1	1	1	1	1	1	1	1	1	1	1
1	1	0	1	1	1	0	1	1	1	1	1	1	1	1	1	1	1	1	1
1	1	1	0	1	0	1	1	1	1	1	1	1	1	1	1	1	1	1	1
1	1	1	1	0	1	1	1	1	1	1	1	1	1	1	1	1	1	1	1

7.8 二-十进制译码器 74LS42

二-十进制译码器是将四位二进制代码译码为一位十进制数（0~9）的译码电路，也称4线-10线译码器，它有4个信号输入端和10个输出端。现以集成8421BCD码优先编码器74LS42为例介绍二-十进制编码器（图7-15）。74LS42的推荐工作条件如表7-11所示。

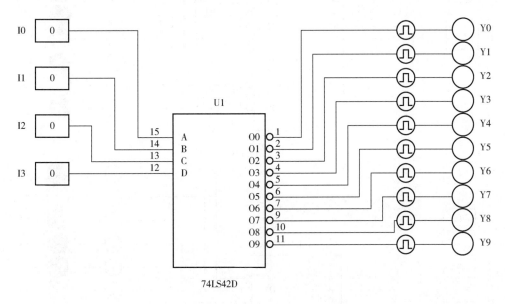

图 7-15　二-十进制译码器 74LS42

表 7-11　74LS42 推荐工作条件

符号	参数	最小值	典型值	最大值	单位
V_{CC}	电源电压	4.75	5	5.25	V
I_{OH}	输出高电平电流	—	—	−0.4	mA
I_{OL}	输出低电平电流	—	—	8	mA
T_A	工作环境温度	0	25	70	℃

74LS42 译码器有 4 个输入端 I0~I3，高电平有效，其中 I3 为最高位。10 个输出端是 Y0~Y9，低电平有效。

如图 7-16（a）所示，当输入信号为"1000"时，输出端 Y8=0，其余输出端均为 1，表示将四位二进制数"1000"译为对应的十进制数"8"。如图 7-16（b）所示，当输入信号为"0001"时，输出端 Y1=0，其余输出端均为 1，表示将四位二进制数"0001"译为对应的十进制数"1"。如图 7-16（c）所示，当输入信号为"0101"时，输出端 Y5=0，其余输出端均为 1，表示将四位二进制数"0101"译为对应的十进制数"5"。其他情况同理，具体见表 7-12。

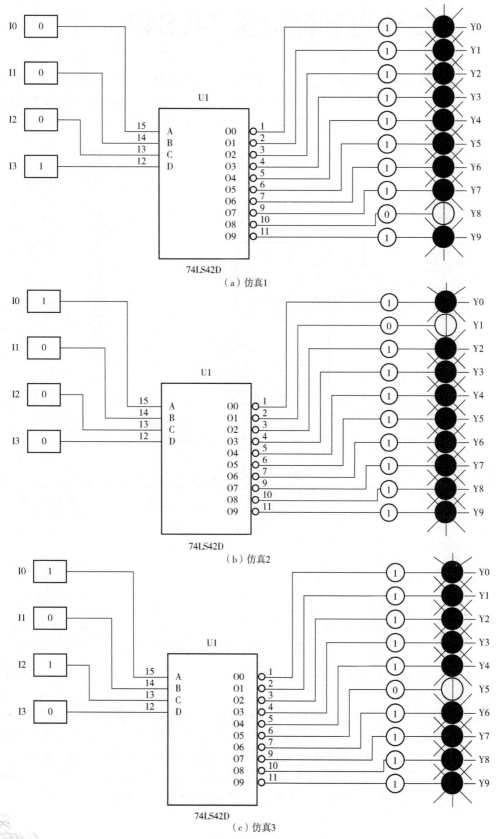

（a）仿真1

（b）仿真2

（c）仿真3

图 7-16　电路仿真

表 7-12   二-十进制译码器输入、输出关系

输入				输出									
I3	I2	I1	I0	Y9	Y8	Y7	Y6	Y5	Y4	Y3	Y2	Y1	Y0
0	0	0	0	1	1	1	1	1	1	1	1	1	0
0	0	0	1	1	1	1	1	1	1	1	1	0	1
0	0	1	0	1	1	1	1	1	1	1	0	1	1
0	0	1	1	1	1	1	1	1	1	0	1	1	1
0	1	0	0	1	1	1	1	1	0	1	1	1	1
0	1	0	1	1	1	1	1	0	1	1	1	1	1
0	1	1	0	1	1	1	0	1	1	1	1	1	1
0	1	1	1	1	1	0	1	1	1	1	1	1	1
1	0	0	0	1	0	1	1	1	1	1	1	1	1
1	0	0	1	0	1	1	1	1	1	1	1	1	1
其他				1	1	1	1	1	1	1	1	1	1

7.9   七段显示译码器 74LS48

74LS48 芯片是一种常用的七段数码管译码器驱动器,常用在各种数字电路和单片机系统的显示系统中(图 7-17)。74LS48 的推荐工作条件如表 7-13 所示。

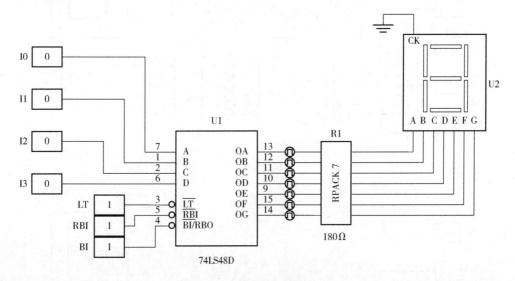

图 7-17   七段显示译码器 74LS48

表 7-13   74LS48 推荐工作条件

符号	参数	最小值	典型值	最大值	单位
V_{CC}	电源电压	4.75	5	5.25	V
I_{OH}	输出电流-高 OA-OG	—	—	-100	μA
I_{OH}	输出电流-高 BI/RBO	—	—	-50	μA
I_{OL}	输出电流-低 OA-OG	—	—	6.0	mA
I_{OL}	输出电流-低 BI/RBO	—	—	3.2	mA
T_A	工作环境温度	0	25	70	℃

74LS48 的输入端是四位二进制信号（8421BCD 码），A、B、C、D、E、F、G 是七段译码器的输出驱动信号，高电平有效，可直接驱动共阴极七段数码管。LT、BI、RBI 是使能端，起辅助控制作用。使能端的作用如下：

① LT 是试灯输入端，当 LT=0，BI=1 时，不管其他输入是什么状态，A～G 七段全亮，可用于判断是否有损坏的字段，如图 7-18（a）所示。

② BI 是静态灭灯输入端，当 BI=0，不论其他输入状态如何，A～G 均为 0，显示管熄灭，如图 7-18（b）所示。

③ RBI 是动态灭零输入端，当 LT=1，RBI=0，BI 悬空时，如果 I3I2I1I0=0000，A～G 各段均熄灭，不显示这个零，如图 7-18（c）所示。而当 I3I2I1I0≠0000，则对显示无影响。

④ RBO 是动态灭零输出端，它与静态灭灯输入端 BI 共用一个引出端。当在动态灭零时输出才为 0。片间与 RBI 配合，可用于熄灭多位数字前后所不需要显示的零。

⑤ 试灯输入端 LT 和静态灭灯输入端 BI 都接高电平时，输入 I0～I3 经 74LS48 译码，输出高电平有效的 7 段字符显示器的驱动信号，显示相应字符。如图 7-18（d）所示，当输入信号 I3I2I1I0 为"0010"时，数码管显示"2"，表示将四位二进制数"0010"译为对应的十进制数"2"。同理，图 7-18（e）表示将四位二进制数"0110"译为对应的十进制数"6"。

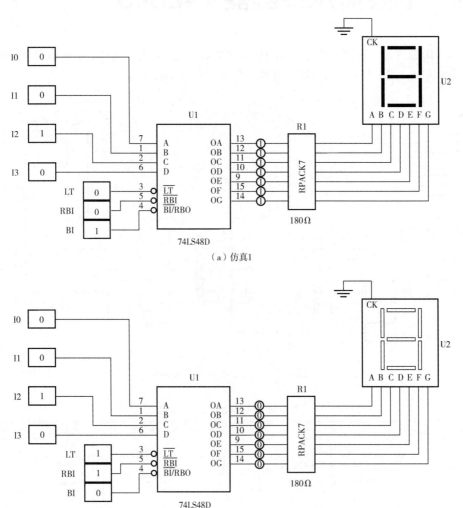

（a）仿真1

（b）仿真2

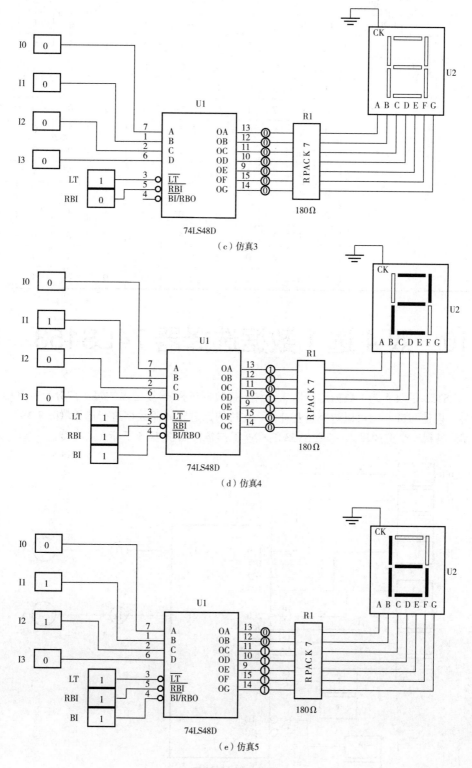

（c）仿真3

（d）仿真4

（e）仿真5

图 7-18 电路仿真

七段显示译码器 74LS48 的输入、输出关系见表 7-14。

表 7-14　七段显示译码器 74LS48 输入、输出关系

输入							输出						
LT	RBI	BI/RBO	I3	I2	I1	I0	a	b	c	d	e	f	g
0	×	1	1	1	1	1	1	1	1	1	1	1	1
×	×	0	0	0	0	0	0	0	0	0	0	0	0
1	×	1	0	0	0	0	1	1	1	1	1	1	0
			0	0	0	1	0	1	1	0	0	0	0
			0	0	1	0	1	1	0	1	1	0	1
			0	0	1	1	1	1	1	1	0	0	1
			0	1	0	0	0	1	1	0	0	1	1
			0	1	0	1	1	0	1	1	0	1	1
			0	1	1	0	0	0	1	1	1	1	1
			0	1	1	1	1	1	1	0	0	0	0
			1	0	0	0	1	1	1	1	1	1	1
			1	0	0	1	1	1	1	0	0	1	1

7.10　双 4 选 1 数据选择器 74LS153

74LS153 是双 4 选 1 数据选择器。这种单片数据选择器/复工器的每一部分都有倒相器和驱动器，以使与或非门可以对完全互补的、在片的二进制译码数据进行选择（图 7-19）。两个 4 线部分各有一个选通输入。74LS153 的推荐工作条件如表 7-15 所示。

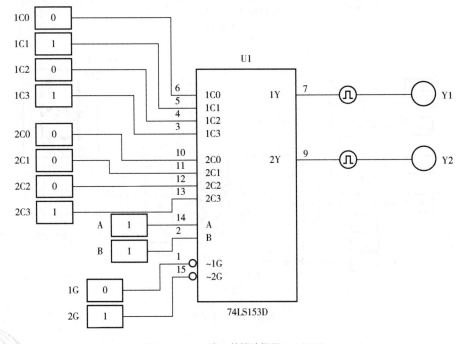

图 7-19　双 4 选 1 数据选择器 74LS153

表 7-15　74LS153 推荐工作条件

符号	参数	最小值	典型值	最大值	单位
V_{CC}	电源电压	4.75	5	5.25	V
V_{IH}	输入高电平电压	2	—	—	V
V_{IL}	输入低电平电压	—	—	0.8	V
I_{OH}	输出高电平电流	—	—	−0.4	mA
I_{OL}	输出低电平电流	—	—	8	mA
T_A	工作环境温度	0	—	70	℃

所谓双 4 选 1 数据选择器就是在一块集成芯片上有两个 4 选 1 数据选择器。1G、2G（引脚 1、15）为两个独立的使能端；B、A（引脚 2、14）为公用的地址输入端，其中 B 是高位；1C0 ~ 1C3（引脚 6 ~ 3）和 2C0 ~ 2C3（引脚 10 ~ 13）分别为两个 4 选 1 数据选择器的数据输入端；Y1、Y2（引脚 7、9）为两个输出端。

（1）当使能端 1G（2G）= 1 时，多路开关被禁止，无输出，Y = 0。

（2）当使能端 1G（2G）= 0 时，多路开关正常工作，根据地址码 B、A 的状态，将相应的数据 C0 ~ C3 送到输出端 Y。如：BA = 00，则选择 C0 数据到输出端，即 Y = C0。BA = 01，则选择 C1 数据到输出端，即 Y = C1，其余类推。

如图 7-20（a）所示，1G 和 2G 都为 "1"，此时两路数据选择器均被禁止，无论数据输入端和地址输入端输入什么，输出端 Y1 和 Y2 都为 "0"。如图 7-20（b）所示，1G=0，2G=1，则 1G 控制的数据选择器正常工作，2G 控制的数据选择器被禁止。由于 BA=11，数据选择器将数据 1C3=1 送到输出端 Y1，即 Y1=1。而第二路数据选择器被禁止，所以 Y2 没有输出。如图 7-20（c）所示，1G=1，2G=0，则 2G 控制的数据选择器正常工作，1G 控制的数据选择器被禁止。由于 BA=10，数据选择器将数据 2C2=0 送到输出端 Y2，即 Y2=0。其他情况同理，74LS153 真值表见表 7-16。

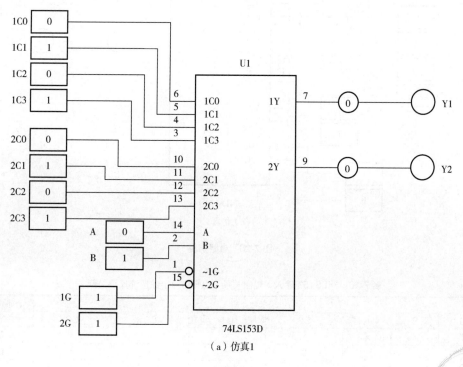

（a）仿真1

图 7-20

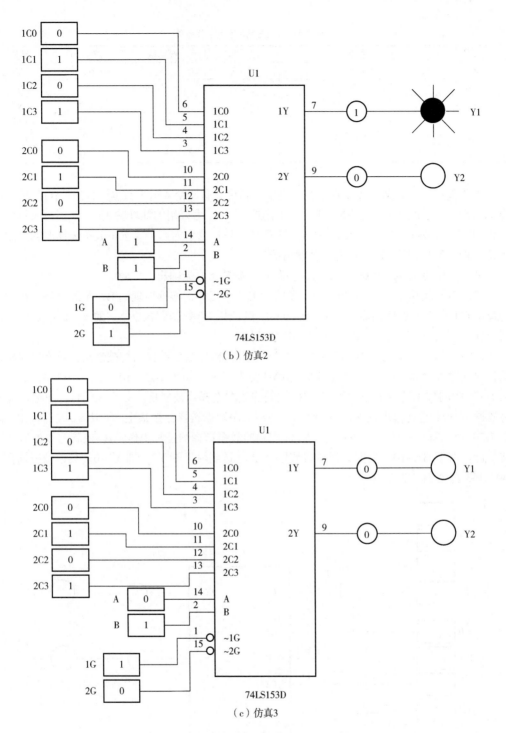

图 7-20　电路仿真

表 7-16　74LS153 输入、输出关系（以其中一个数据选择器为例）

输入							输出
G	B	A	C0	C1	C2	C3	Y
1	×	×	×	×	×	×	0
0	0	0	0	×	×	×	0
			1	×	×	×	1

输入							输出
G	B	A	C0	C1	C2	C3	Y
0	0	1	×	0	×	×	0
			×	1	×	×	1
	1	0	×	×	0	×	0
			×	×	1	×	1
	1	1	×	×	×	0	0
			×	×	×	1	1

7.11 采用 CMOS 传输门结构的数据选择器 4539

与 74LS153 相似，采用 CMOS 传输门结构的数据选择器 4539 也是一种双 4 选 1 数据选择器（图 7-21）。4539 的推荐工作条件如表 7-17 所示。

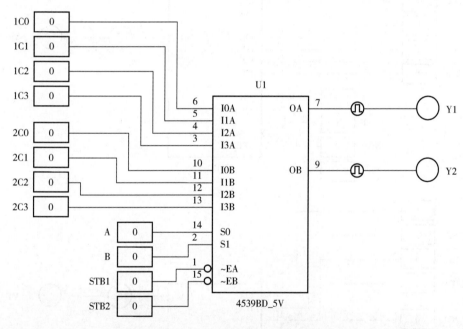

图 7-21　采用 CMOS 传输门结构的数据选择器 4539

表 7-17　4539 推荐工作条件

符号	参数	最小值	典型值	最大值	单位
V_{CC}	电源电压	2.7	5	12	V
V_{IH}	输入高电平电压	2.4	1.6	—	V
V_{IL}	输入低电平电压	—	1.4	0.8	V
I_{IH}	输入高电平电流	−0.1	—	0.1	μA
I_{IL}	输入低电平电流	−0.1	—	0.1	μA
T_A	工作环境温度	0	25	70	℃

在 4539 芯片中，STB1、STB2（引脚 1、15）为两个独立的使能端；A、B（引脚 14、2）为公用的地址输入端；1C0 ~ 1C3（引脚 6 ~ 3）和 2C0 ~ 2C3（引脚 10 ~ 13）分别为两个 4 选 1 数据选择器的数据输入端；Y1、Y2（引脚 7、9）为两个输出端，使能端 STB1 和 STB2 低电平有效。

如图 7-22（a）所示，STB1=0，第一个数据选择器正常工作；STB2=1，第二个数据选择器被禁止。由于 AB=01，将数据 1C1=1 送到输出端 Y1，即 Y1=1；而第二个数据选择器被禁止，故 Y2 没有输出。如图 7-22（b）所示，STB2=0，第二个数据选择器正常工作；STB1=1，第一个数据选择器被禁止。由于 AB=11，将数据 2C3=1 送到输出端 Y2，即 Y2=1；而第一个数据选择器被禁止，故 Y1 没有输出。如图 7-22（c）所示，STB1 和 STB2 都为 "1"，此时两个数据选择器都被禁止，无论数据输入端和地址输入端输入什么，Y1 和 Y2 均没有输出（即输出为 "0"）。数据选择器 4539 的真值表见表 7-18。

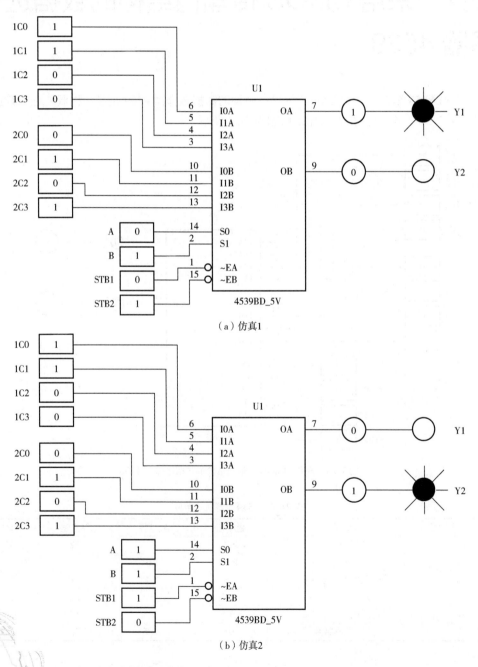

（a）仿真1

（b）仿真2

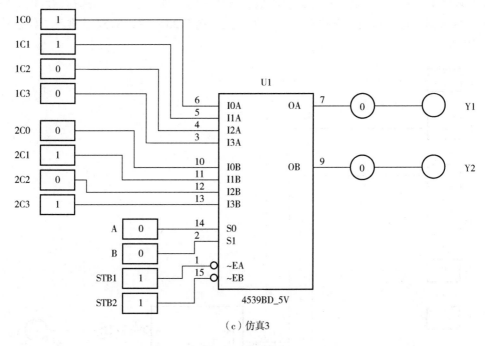

（c）仿真3

图 7-22 电路仿真

表 7-18 数据选择器 4539 输入、输出关系（以其中一个选择器为例）

	输入						输出
STB	A	B	C0	C1	C2	C3	Y
1	×	×	×	×	×	×	0
0	0	0	0	×	×	×	0
			1	×	×	×	1
	0	1	×	0	×	×	0
			×	1	×	×	1
	1	0	×	×	0	×	0
			×	×	1	×	1
	1	1	×	×	×	0	0
			×	×	×	1	1

7.12　8 选 1 数据选择器 74LS152

74LS152 芯片是 8 选 1 数据选择器。数据选择器是根据给定的输入地址代码，从一组输入信号中选出指定的一个送至输出端的组合逻辑电路，有时也把它叫作多路数据选择器或多路调制器。8 选 1 数据选择器是多路数据选择器的一种，该种数据选择器可以根据需要从 8 路数据传送中选出一路电路进行信号切换（图 7-23）。74LS152 的推荐工作条件如表 7-19 所示。

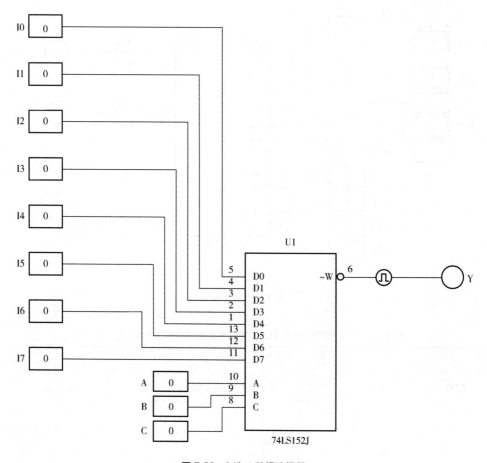

图 7-23　8 选 1 数据选择器

表 7-19　74LS152 推荐工作条件

符号	参数	最小值	典型值	最大值	单位
V_{CC}	电源电压	4.75	5.0	5.25	V
I_{OH}	输出高电平电流	—	—	−0.4	mA
I_{OL}	输出低电平电流	—	—	8.0	mA
T_A	工作环境温度	−20	25	75	℃

74LS152 芯片中，I0 ~ I7 是信号输入端，Y 是输出端。A、B、C 是地址端，其中 C 是最高位。芯片根据地址端的数据选择对应的输入通道，将输入端数据进行取反操作，然后通过输出端输出。

如图 7-24（a）所示，当 CBA=001 时，输入端 I1 的数据被取反后送到输出端 Y，此时 Y=1。

如图 7-24（b）所示，当 CBA=110 时，输入端 I6 的数据被取反后送到输出端 Y，此时 Y=0。
如图 7-24（c）所示，当 CBA=111 时，输入端 I7 的数据被取反后送到输出端 Y，此时 Y=1。
其他情况同理，8 选 1 数据选择器输入、输出关系见表 7-20。

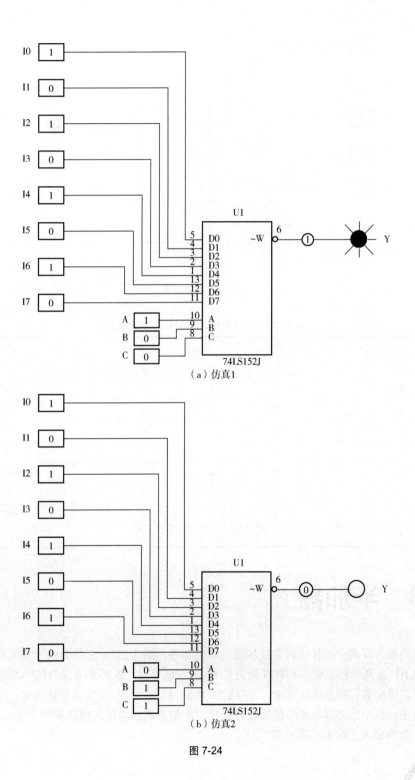

图 7-24

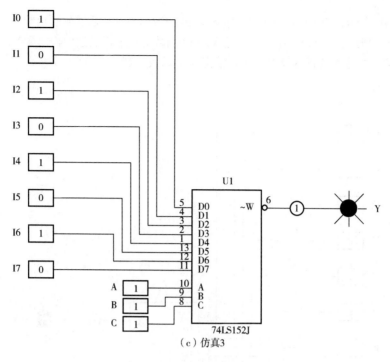

（c）仿真3

图 7-24 电路仿真

表 7-20 8 选 1 数据选择器输入、输出关系

输入			输出
C	B	A	Y
0	0	0	$\overline{I0}$
0	0	1	$\overline{I1}$
0	1	0	$\overline{I2}$
0	1	1	$\overline{I3}$
1	0	0	$\overline{I4}$
1	0	1	$\overline{I5}$
1	1	0	$\overline{I6}$
1	1	1	$\overline{I7}$

7.13 半加器

半加器是实现两个一位二进制数加法运算的器件（图 7-25）。它具有两个输入端（被加数 A 和加数 B）及两个输出端（和数 S 和进位 C）。所谓半加，就是不考虑进位的加法。半加器输入两个二进制数，经异或（XOR）运算后即为 S，经和（AND）运算后即为 C。半加器虽能产生进位值，但半加器本身并不能处理进位值。半加器的四种输入情况如图 7-26（a）~（d）所示，半加器输入、输出关系见表 7-21。

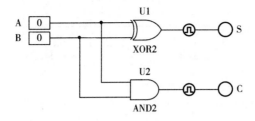

图 7-25 半加器

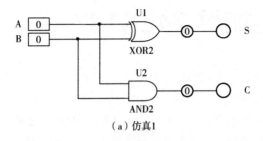

（a）仿真1

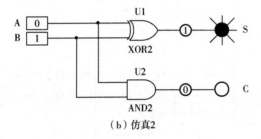

（b）仿真2

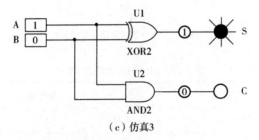

（c）仿真3

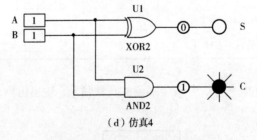

（d）仿真4

图 7-26 电路仿真

表 7-21 半加器输入、输出关系

输入		输出	
加数 A	加数 B	和数 S	进位数 C
0	0	0	0

输入		输出	
加数 A	加数 B	和数 S	进位数 C
0	1	1	0
1	0	1	0
1	1	0	1

7.14 双全加器 74LS183

74LS183 芯片为两个独立的双进位保留全加器（图 7-27）。全加器是用门电路实现两个二进制数相加并求出和的组合电路，一位全加器可以处理低位进位，并输出本位加法进位。以74LS183 的其中一个全加器为例，它具有 3 个输入端，其中 A 为被加数，B 为加数，CI 为低位来的进位。还有 2 个输出端，包括本位和数 S 及进位数 CO。74LS183 的推荐工作条件如表7-22 所示。

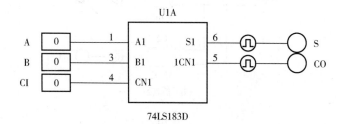

图 7-27 双全加器 74LS183

表 7-22 74LS183 推荐工作条件

符号	参数	最小值	典型值	最大值	单位
V_{CC}	电源电压	4.75	5.0	5.25	V
I_{OH}	输出高电平电流	—	—	−0.4	mA
I_{OL}	输出低电平电流	—	—	8.0	mA
T_A	工作环境温度	0	—	70	℃

如图 7-28（a）～（c）所示，是双全加器的几种输入、输出仿真，其他情况参考表 7-23。

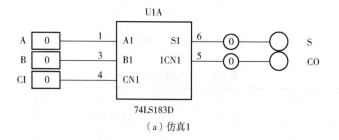

（a）仿真1

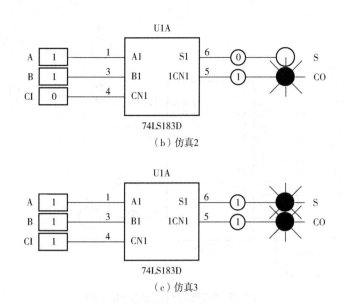

（b）仿真2

（c）仿真3

图 7-28　电路仿真

表 7-23　双全加器输入、输出关系

输入			输出	
被加数 A	加数 B	低位进位 CI	和数 S	进位数 CO
0	0	0	0	0
0	0	1	1	0
0	1	0	1	0
0	1	1	0	1
1	0	0	1	0
1	0	1	0	1
1	1	0	0	1
1	1	1	1	1

7.15　4 位超前进位加法器 74LS283

　　74LS283 是 4 位二进制超前进位加法器，可进行两个 4 位二进制数的加法运算（图 7-29）。不同于普通串行进位加法器由低到高逐级进位，超前进位加法器所有位数的进位大多数情况下同时产生，运算速度快，电路结构复杂。超前进位加法器使每位的进位直接由加数和被加数产生，而无须等待低位的进位信号。74LS283 的推荐工作条件如表 7-24 所示。

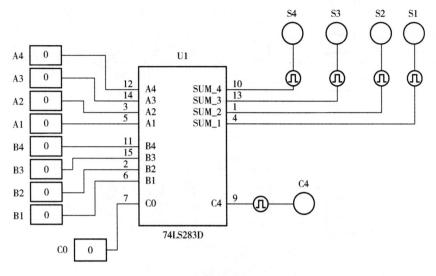

图 7-29 4 位超前进位加法器 74LS283

表 7-24 74LS283 推荐工作条件

符号	参数	最小值	典型值	最大值	单位
V_{CC}	电源电压	4.75	5.0	5.25	V
I_{OH}	输出高电平电流	—	—	−0.4	mA
I_{OL}	输出低电平电流	—	—	8.0	mA
T_A	工作环境温度	0	25	70	℃

如图 7-30（a）所示，输入信号 A4A3A2A1=1001，B4B3B2B1=0010，输入进位 C0=0，则输出为 1001+0010+0=1011（最高位没有进位），即输出信号 S4S3S2S1=1011，输出进位 C4=0。如图 7-30（b）所示，输入信号 A4A3A2A1=1011，B4B3B2B1=0001，输入进位 C0=1，则输出为 1011+0001+1=1101（最高位没有进位），即输出信号 S4S3S2S1=1101，输出进位 C4=0。如图 7-30（c）所示，输入信号 A4A3A2A1=1011，B4B3B2B1=1001，输入进位 C0=1，则输出为 1011+1001+1=10101（最高位有进位），即输出信号 S4S3S2S1=0101，输出进位 C4=1。其他情况同理。

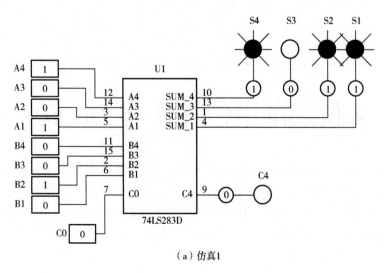

（a）仿真 1

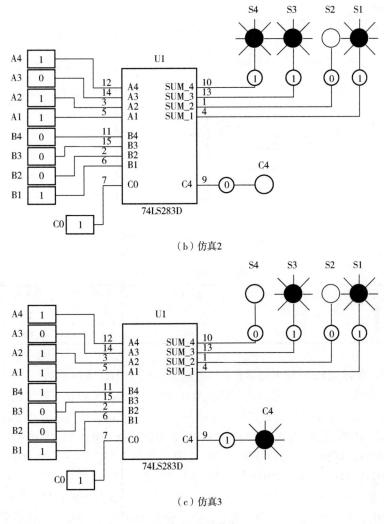

（b）仿真2

（c）仿真3

图 7-30　电路仿真

7.16　4 位数值比较器 4585

在数字电路中，经常需要对两个位数相同的二进制数进行比较，以判断它们的相对大小或者是否相等，用来实现这一功能的逻辑电路就称为数值比较器（图 7-31）。两个 4 位数的比较是从 A 的最高位 A3 和 B 的最高位 B3 开始进行的，如果它们不相等，则该位的比较结果可以作为两数的比较结果。若最高位 A3=B3，则再比较次高位 A2 和 B2，依次类推。显然，如果两数相等，那么，比较步骤必须进行到最低位才能得到结果，输出结果高电平有效。4585的推荐工作条件如表 7-25 所示。

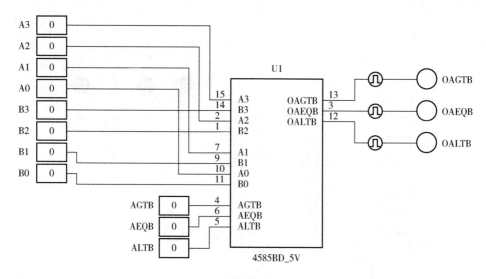

图 7-31 4 位数值比较器 4585

表 7-25 4585 推荐工作条件

符号	参数	最小值	典型值	最大值	单位
V_{CC}	电源电压	3	—	15	V
T_A	工作环境温度	−40	—	85	℃

4 位数值比较器 4585 的输入变量包括 A3 与 B3、A2 与 B2、A1 与 B1、A0 与 B0，以及低位比较结果（引脚 4、6、5）。低位比较结果包括 A>B、A<B 和 A=B 三种情况，设置低位比较结果输入端是为了能与其他数值比较器连接，以便组成位数更多的数值比较器。

如图 7-32（a）所示，输入 A3A2A1A0=1110，B3B2B1B0=1100，经比较：A3=B3，A2=B2，A1>B1，故 A>B，即输出端 OAGTB（表示 A>B）为高电平。如图 7-32（b）所示，输入 A3A2A1A0=0110，B3B2B1B0=1101，经比较：A3<B3，故 A<B，即输出端 OALTB（表示 A<B）为高电平。如图 7-32（c）所示，输入 A3A2A1A0=1111，B3B2B1B0=1111，经比较：A3=B3，A2=B2，A1=B1，A0=B0，需要看低位比较结果，由于 ALTB=1，即低位比较结果为 A<B，则输出端结果也为 A<B，即输出端 OALTB（表示 A<B）为高电平。其他情况同理，4 位数值比较器 4585 输入、输出关系见表 7-26。

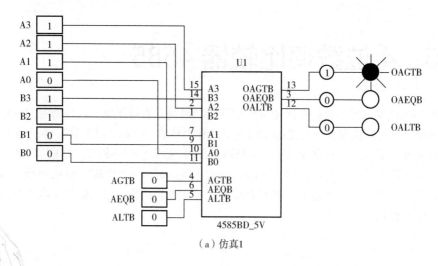

（a）仿真1

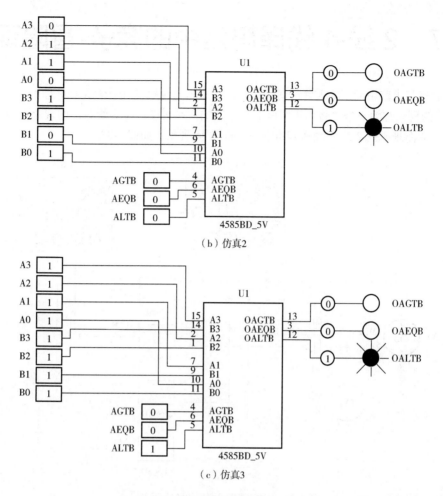

（b）仿真2

（c）仿真3

图 7-32　电路仿真

表 7-26　4 位数值比较器 4585 输入、输出关系

输入							输出		
输入端比较结果				低位比较结果					
A3，B3	A2，B2	A1，B1	A0，B0	A<B	A=B	A>B	A<B	A=B	A>B
A3>B3	×	×	×	×	×	1	0	0	1
A3=B3	A2>B2	×	×	×	×	1	0	0	1
A3=B3	A2=B2	A1>B1	×	×	×	1	0	0	1
A3=B3	A2=B2	A1=B1	A0>B0	×	×	1	0	0	1
A3=B3	A2=B2	A1=B1	A0=B0	0	0	1	0	0	1
A3=B3	A2=B2	A1=B1	A0=B0	0	1	×	0	1	0
A3=B3	A2=B2	A1=B1	A0=B0	1	0	×	1	0	0
A3=B3	A2=B2	A1=B1	A0<B0	×	×	×	1	0	0
A3=B3	A2=B2	A1<B1	×	×	×	×	1	0	0
A3=B3	A2<B2	×	×	×	×	×	1	0	0
A3<B3	×	×	×	×	×	×	1	0	0

7.17　2线-4线译码器中的竞争-冒险现象

我们将门电路中两个输入信号同时向相反的逻辑电平跳变（一个从1变为0，另一个从0变为1）的现象称为竞争。将由于竞争而在电路输出端可能产生尖峰脉冲的现象称为竞争-冒险现象。下面来研究2线-4线译码器中的竞争-冒险现象，如图7-33所示。

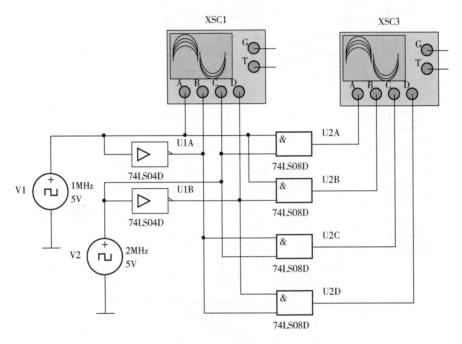

图 7-33　2线-4线译码器中的竞争-冒险现象

两台示波器均按下述调节：X轴扫描为500ns/Div，Y轴幅度均为5V/Div，A通道偏值为1.6；B通道偏值为0.2，C通道偏值为-1.2，D通道偏值为-2.4。打开电源开关，第一台示波器显示四路输入信号，第二台示波器显示四路输出信号，关闭电源开关可清楚地观察到窄脉冲的存在，如图7-34和图7-35所示。

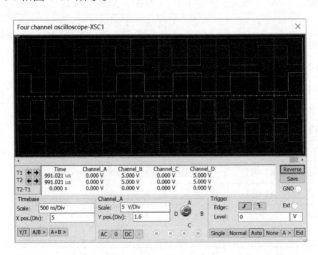

图 7-34　2线-4线译码器中的竞争-冒险现象第一台示波器的显示

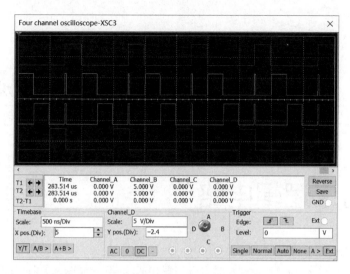

图7-35　2线-4线译码器中的竞争-冒险现象第二台示波器的显示

习题与思考题

1. 三位二进制编码器可以表示多少位信号?
2. 如何用 74LS138 接成 5-32 译码器?
3. 74LS152 数据选择器在生活中有什么应用?
4. 如何理解超前进位加法器?
5. 数值比较器的应用场景是什么?

第 8 章

时序逻辑电路设计

8.1　时序逻辑电路

（1）电路结构介绍

7472 芯片是与输入 J-K 主从触发器（带预置和清除端），如图 8-1 所示的时序逻辑电路，时钟脉冲设置为 100Hz，为 3 个 J-K 主从触发器提供时钟信号，预置和清除端恒为高电平，U1、U2、U3 是三个主从结构的 J-K 触发器，第二个触发器与第三个触发器输出的与非结果作为第一个触发器的输入。

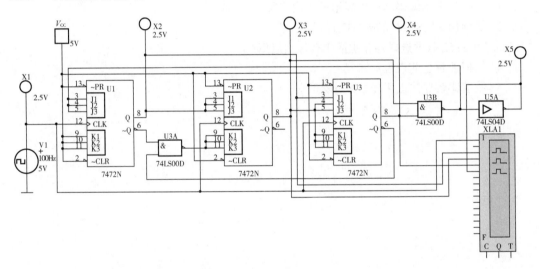

图 8-1　时序逻辑电路图

7472 芯片工作电压最小值为 4.5V，典型值为 5V，最大值为 5.5V。工作时间与工作电压有关，长时间在高电压下运行，器件寿命会减少。输出高电平电流为–0.4mA，输出低电平电流为 16mA。

（2）时序逻辑电路运行原理

分析一个时序逻辑电路，就是要找出给定时序逻辑电路的逻辑功能。具体地说，就是要求找出电路的状态和输出的状态在输入变量和时钟信号作用下的变化规律。

而同步时序电路的所有触发器都是在同一个时钟信号操作下工作的，所以分析方法比较简单。

时序逻辑电路的逻辑功能可以用输入方程、驱动方程和状态方程全面描述。因此，只要写出给定时序逻辑电路的这三个方程，那么它的逻辑功能也就表示清楚了。

分析同步时序逻辑电路时一般按如下步骤进行：

① 从给定的时序逻辑图中写出每个触发器的驱动方程。

② 将得到的这些驱动方程代入相应触发器的特性方程，得到每个触发器的状态方程，从而得到这些状态方程组成的整个时序逻辑电路的状态方程组。

③ 根据时序逻辑图写出电路的输出方程。

如图 8-2 所示，逻辑分析仪的 2 显示时钟脉冲信号，5、7、1、3 分别显示 X2、X3、X4、X5 的信号，单击"开始仿真"按钮，观察 X2、X3、X4、X5 的亮灭规律。

由图 8-1 给定的时序逻辑图可写出电路的驱动方程为：

$$\begin{cases} J_1 = (Q_2Q_3)' & K_1 = 1 \\ J_2 = Q_1 & K_2 = (Q_1'Q_3')' \\ J_3 = Q_1Q_2 & K_3 = Q_2 \end{cases} \tag{8-1}$$

将式（8-1）代入 J-K 主从触发器特性方程 $Q^* = JQ' + K'Q$ 中去，于是得到电路的状态方程：

$$\begin{cases} Q_1^* = (Q_2Q_3)'Q_1' \\ Q_2^* = Q_1Q_2' + Q_1Q_2Q_3' \\ Q_3^* = Q_1Q_2Q_3' + Q_2'Q_3 \end{cases} \tag{8-2}$$

根据时序逻辑图写出输出方程：

$$X5 = Q_2Q_3 \tag{8-3}$$

工作图如图 8-3 所示。

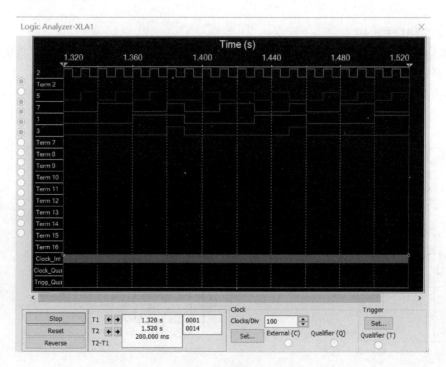

图 8-2　逻辑分析仪显示

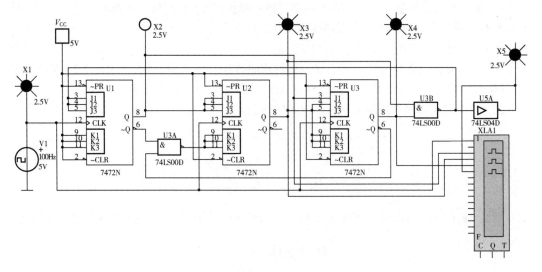

图 8-3　工作图

8.2　用维持阻塞 D 触发器 74LS175 组成的 4 位寄存器

（1）电路结构介绍

74LS175 芯片是用 CMOS 边沿触发器组成的四位寄存器，它的输出端状态仅取决于脉冲信号上升沿到达时刻输入端的状态（图 8-4）。此外，74LS175 还具有异步置 0 的功能，由开关控制的仿真结果可以检验。

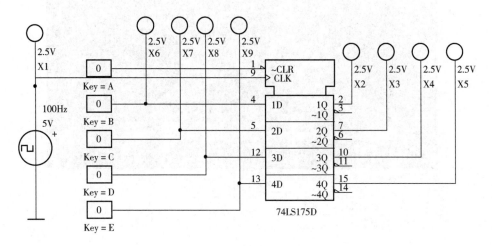

图 8-4　4 位寄存器电路图

74LS175 芯片工作电压最小值为 4.75V，最大值为 5.25V，典型值为 5V。工作时间与工作电压有关，长时间在高电压下运行，器件寿命会减少。输出高电平电流为−0.4mA，输出低电平电流为 8.0mA。

（2）4 位寄存器电路运行原理

74LS175 是用 CMOS 边沿触发器组成的 4 位寄存器，它的逻辑图如图 8-4 所示。根据边沿触发的动作特点可知，触发器输出端的状态仅取决于 CLK 上升沿到达时刻 D 端的状态，其中 KeyA 作为控制端。可见，虽然 74LS175 和 74HC175 都是 4 位寄存器，但由于采用了不同结构类型的触发器，所以动作特点是不同的。

为了增加使用的灵活性，在有些寄存器电路中还附加了一控制电路，使寄存器又增添了异步置 0 输出三态控制和"保持"等功能。这里所说的"保持"，是 CLK 信号到达时触发器不随 D 端的输入信号而改变状态，保持原来的状态不变。

图 8-5（a）～（e）表示寄存器的部分状态。真值表如表 8-1 所示。

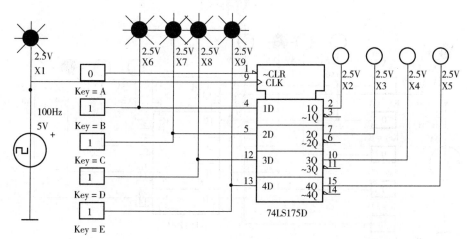

（a）寄存器状态1

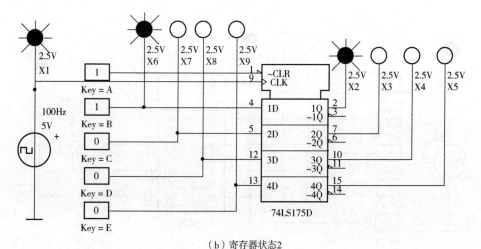

（b）寄存器状态2

图 8-5

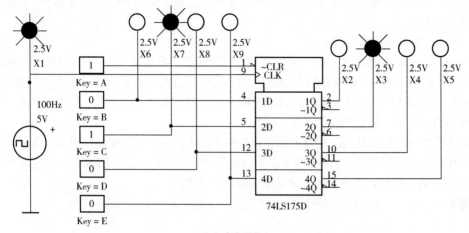

（c）寄存器状态3

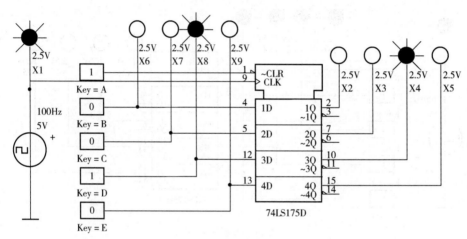

（d）寄存器状态4

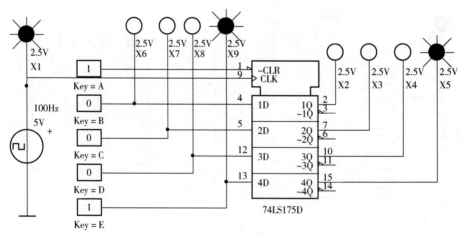

（e）寄存器状态5

图 8-5　电路仿真

表 8-1　真值表

KeyA	KeyB	KeyC	KeyD	KeyE	X2	X3	X4	X5
0	0	0	0	0	0	0	0	0
1	0	0	0	1	0	0	0	1
1	0	0	1	0	0	0	1	0
1	0	0	1	1	0	0	1	1
1	0	1	0	0	0	1	0	0
1	0	1	0	1	0	1	0	1
1	0	1	1	0	0	1	1	0
1	0	1	1	1	0	1	1	1
1	1	0	0	0	1	0	0	1
1	1	0	0	1	1	0	0	1
1	1	0	1	0	1	0	1	0
1	1	0	1	1	1	0	1	1
1	1	1	0	0	1	1	0	0
1	1	1	0	1	1	1	0	1
1	1	1	1	0	1	1	1	0
1	1	1	1	1	1	1	1	1

8.3　用 D 触发器 74LS74 组成的移位寄存器

（1）电路结构介绍

74LS74 芯片是双 D 型正沿触发器（带预置和清除端），移位寄存器是指寄存器中储存的代码能在移位脉冲的作用下依次左移或右移。

如图 8-6 所示的 74LS74 组成的移位寄存器除了具有存储代码的功能以外，还具有移位功能。所谓移位功能，是指寄存器中存储的代码能在移位脉冲的作用下依次左移或右移。因此，移位寄存器不但可以用来寄存代码，还可以用来实现数据的串行-并行转换、数值的运算以及数据处理等。

74LS74 芯片工作电压最小值为 4.75V，最大值为 5.25V。工作时间与工作电压有关，长时间在高电压下运行，器件寿命会减少。输出高电平电流为-0.4mA，输出低电平电流为 8mA。

（2）移位寄存器电路运行原理

因为从脉冲信号上升沿到达开始到输出端新状态的建立需要经历一段传输延迟时间，所以，当脉冲信号的上升沿同时作用于所有触发器时，它们的输入端的状态还没有改变，于是后一个芯片的输出端按照前一个芯片的输出端的状态翻转，同时加到寄存器输入端的代码也存入第一个芯片中，总的效果相当于移位寄存器中的原有代码依次右移了 1 位。

具体过程为当 KeyA 变为高电平时，第一个触发器 U1 的输入端接收输入信号，其余的每个触发器输入端均与前边一个触发器的 Q 端相连。当 CLK 的上升沿同时作用于所有的触发器需要经过一段传输延时，它们输入端（D 端）的状态还没有改变。于是 U2 按 Q1 原来的状态翻转，U3 按 Q2 原来的状态翻转，U4 按 Q3 原来的状态翻转。同时，加到寄存器输入端 D1 的代码存入 U1。总的效果相当于移位寄存器中原有的代码依次右移了 1 位。

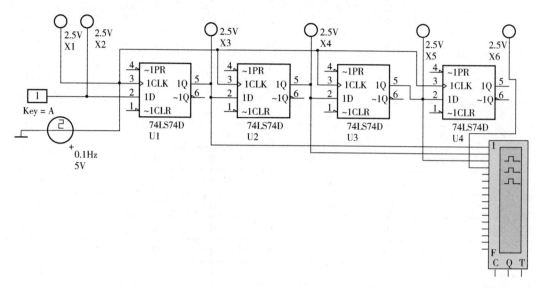

图 8-6　用 D 触发器 74LS74 组成的移位寄存器

例如，在 4 个时钟周期内输入代码依次为 1011，而移位寄存器的初始状态为 Q1Q2Q3Q4=0000，那么在移位脉冲（也就是触发器的时钟脉冲）的作用下，移位寄存器里代码的移动情况如表 8-2 所示。将时钟频率放慢为 0.1Hz，代码 1 的移动过程如图 8-7（a）～（d）所示。

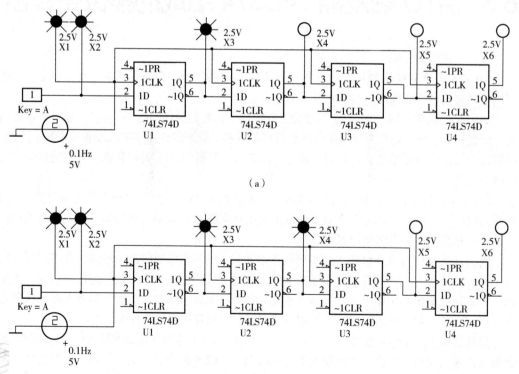

（a）

（b）

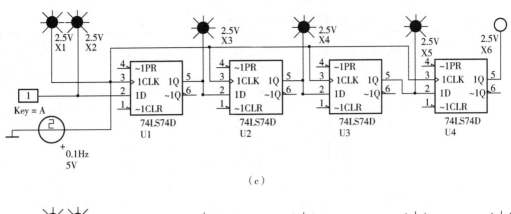

（c）

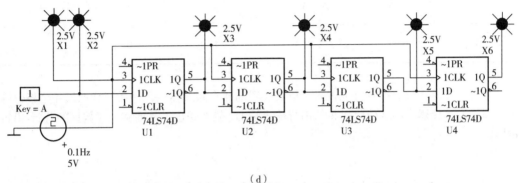

（d）

图 8-7 移位寄存器中代码的移动图

可以看到，经过 4 个 CLK 信号以后，串行输入的 4 位代码全部移入了移位寄存器中，同时在 4 个触发器的输出端得到了并行输出的代码（图 8-8、表 8-2）。因此，利用移位寄存器可以实现代码的串行-并行转换。

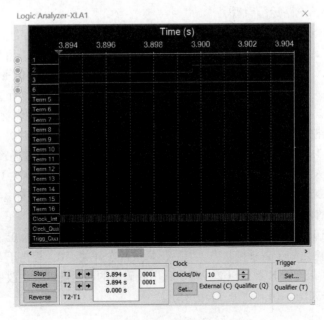

图 8-8 逻辑分析仪显示

表 8-2　移位寄存器中代码的移动情况

CLK 的顺序	输入 D1	Q1	Q2	Q3	Q4
0	0	0	0	0	0
1	1	1	0	0	0
2	0	0	1	0	0
3	1	1	0	1	0
4	1	1	1	0	1

　　如果首先将 4 位数据并行地置入移位寄存器的 4 个触发器中，然后连续加入 4 个移位脉冲，则移位寄存器中的 4 位代码将从串行输出端 D1 依次送出，从而实现了数据的并行-串行转换。

8.4　双向移位寄存器应用电路及功能演示

　　（1）电路结构介绍

　　如图 8-9 所示电路中，左面两片 74LS194 接成一个 8 位右移位寄存器，中间两片 74LS194 接成另一个 8 位右移位寄存器，LED 显示寄存器数据。

　　（2）移位寄存器电路运行原理

　　如图 8-9 所示电路中，左面两片 74LS194 接成一个 8 位右移位寄存器，用开关 J1、J2、J3、J4 作为 4 位二进制数输入控制，用绿色 LED 数码管作为输入显示，用开关 J10 作为移位控制，并用逻辑探针 X1 显示。中间两片 74LS194 接成另一个 8 位右移位寄存器，用开关 J5、J6、J7、J8 作为输入控制，用蓝色 LED 数码管作为输入显示，用开关 J9 作为移位控制，并用逻辑探针 X3 显示。开关 J11、J12 用作寄存器的功能控制，并分别用逻辑探针 X6、X5 显示，开关 J13 用作清零控制，并用逻辑探针 X4 显示。打开电源开关，先按开关 J13 清零，逻辑探针 X4 亮。用开关 J1、J2、J3、J4 输入一数字 M（例如 2，绿色 LED 数码管显示 2），用开关 J5、J6、J7、J8 输入另一数字 N（例如 3，蓝色 LED 数码管显示 3）。开关 J11、J12 都接高电平，逻辑探针 X6、X5 亮，电路处于并行输入状态。开关 J9、J10 也都接高电平，逻辑探针 X3、X1 亮。输出显示的两只红色 LED 数码管皆为零，这是准备工作状态。

　　按两次开关 J10，输出管显示 02，再按两次开关 J9，输出管显示变为 05。按一下开关 J11，逻辑探针 X5 灭，电路处于右移位状态。以后，每按两次开关 J10，相当于 M 数乘以 2 一次；每按两次开关 J9，相当于 N 数乘以 2 一次。输出数码管的显示随即发生改变。

　　部分工作状态如图 8-10（a）～（c）所示。

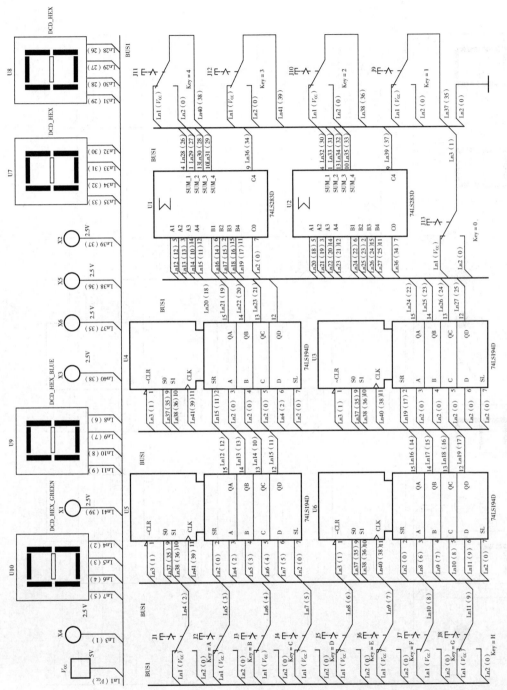

图 8-9 双向移位寄存器应用电路

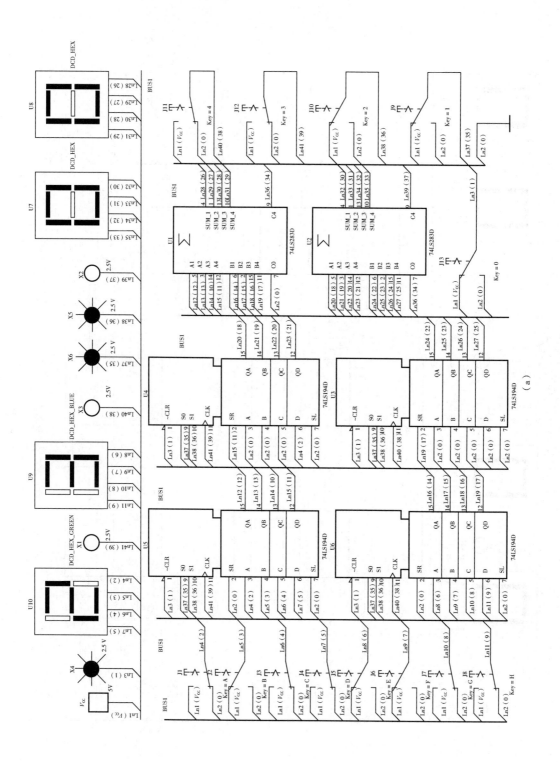

（a）

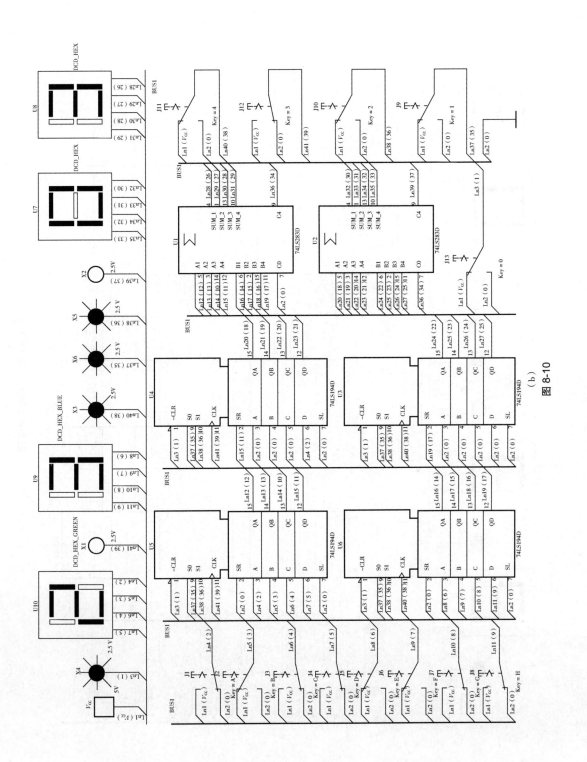

图 8-10 (b)

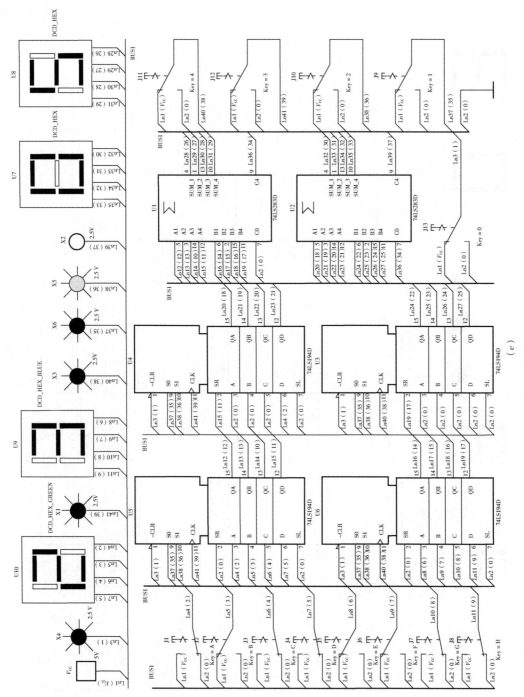

图 8-10　部分工作状态图

（c）

8.5　4 位同步二进制加法计数器 74LS161

（1）原理图

4 位同步二进制加法计数器 74LS161 原理图如图 8-11 所示。

（2）结构及功能介绍

74LS161 芯片为 4 位同步二进制计数器，它具有时钟端 CLK、四个数据输入端 A～B、清零端 CLR、使能端 ENP 和 ENT、置数端 LOAD、数据输出端 QA～QD 以及进位输出端 RCO。74LS161 的功能表如表 8-3 所示。当清零端 CLR＝"0"，计数器输出 QA、QB、QC、QD 立即为全"0"，这个时候为异步清零功能，如图 8-12 所示。当 CLR＝"1"且 LOAD＝"0"时，在 CP 信号上升沿作用后，74LS161 输出端 QD～QA 的状态分别与并行数据输入端 D～A 的状态一样，称为同步置数功能，如图 8-13 所示。而只有当 CLR=LOAD=ENP=ENT="1"、CLK 脉冲上升沿作用后，计数器加 1。74LS161 还有一个进位输出端 RCO，其逻辑关系是 RCO=QA·QB·QC·QD·ENT。

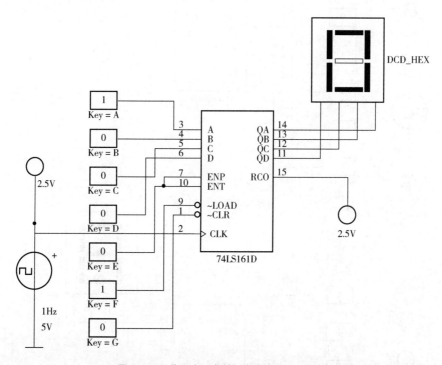

图 8-11　4 位同步二进制加法计数器 74LS161

74LS161 芯片工作电压最小值为 4.75V，最大值为 5.25V，典型值为 5V。工作时间与工作电压有关，长时间在高电压下运行，器件寿命会减少。输出高电平电流为 -0.4mA，输出低电平电流为 8.0mA。

如图 8-14 所示，将时钟脉冲频率设置为 1Hz，令 CLR=LOAD=ENP=ENT="1"，由仿真可以观察到 LED 数码管的数字变化，计数过程从 0 开始，每次加 1，数到 F（十进制的 15）后，回到 0 并重新开始计数。

表 8-3　74LS161 功能表

输入									输出			
CLR	LOAD	ENT	ENP	CLK	A	B	C	D	QA	QB	QC	QD
0	×	×	×	×	×	×	×	×	0	0	0	0
1	0	×	×	↑	d0	d1	d2	d3	d0	d1	d2	d3
1	1	1	1	↑	×	×	×	×	计数			
1	1	0	×	×	×	×	×	×	保持			
1	1	×	0	×	×	×	×	×	保持			

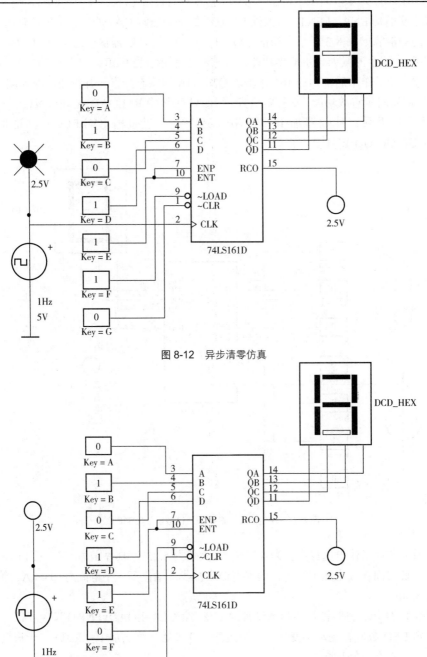

图 8-12　异步清零仿真

图 8-13　同步置数仿真

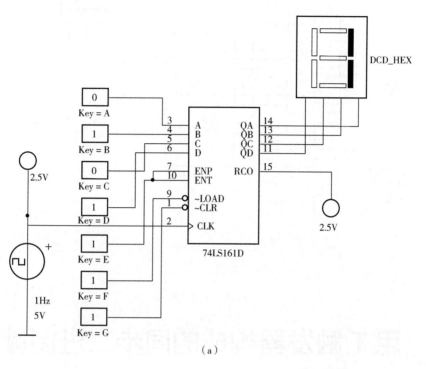

（a）

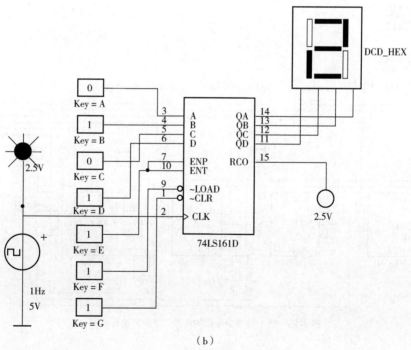

（b）

图 8-14

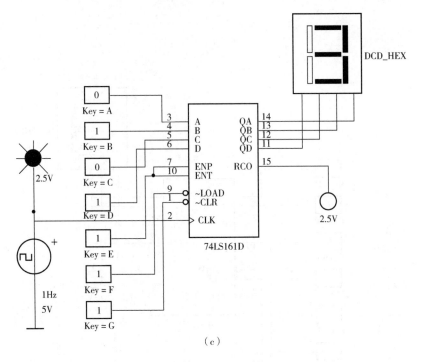

图 8-14　计数仿真

8.6　用 T 触发器构成的同步二进制减法计数器

（1）原理图

用 T 触发器构成的同步二进制减法计数器原理图如图 8-15 所示。

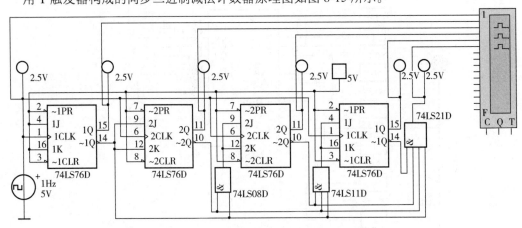

图 8-15　用 T 触发器构成的同步二进制减法计数器

（2）结构及功能介绍

为了提高计数速度，可采用同步计数器，其特点是，计数脉冲同时接于各位触发器的时钟脉冲输入端，当计数脉冲到来时，各触发器同时被触发，应该翻转的触发器是同时翻转的，没有各级延迟时间的积累问题。同步计数器也可称为并行计数器。按二进制数运算规律进行计数的同步计数器称作二进制同步计数器，其中随着计数脉冲的输入作递减计数的计数器称作同步二进制减法计数器。

同步二进制减法计数器的设计思想如下：

① 所有触发器的时钟控制端均由计数脉冲 CLK 输入，CLK 的每一个触发沿都会使所有的触发器状态更新。

② 应控制触发器的输入端，可将触发器接成 T 触发器。

a. 当低位不向高位借位时，令高位触发器的 T=0，触发器状态保持不变；

b. 当低位向高位借位时，令高位触发器的 T=1，触发器翻转，计数减 1。

将时钟脉冲的频率设置为 1Hz，可以清楚地观察到减法计数器的工作规律。将 J、K 引脚连接起来构成 T 触发器，继而连接成如图 8-15 所示的二进制减法计数器。二进制减法计数器的规则：在 n 位二进制减法计数器中，只有当第 i 位以下各位触发器同时为 0 时，再减 1 才能使第 i 位触发器翻转。波形仿真如图 8-16 所示。工作图如图 8-17 所示。

74LS76 芯片工作电压最小值为 4.75V，最大值为 5.25V，典型值为 5V。工作时间与工作电压有关，长时间在高电压下运行，器件寿命会减少。输出高电平电流为−0.4mA，输出低电平电流为 8.0mA。

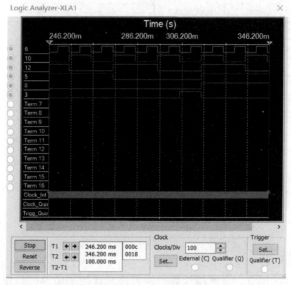

图 8-16　逻辑分析仪显示

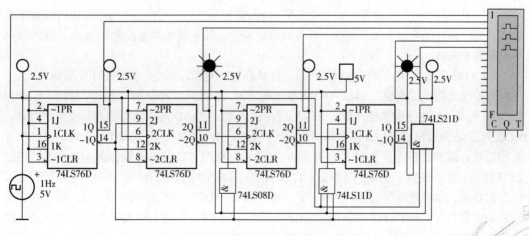

图 8-17　工作图

8.7 单时钟同步二进制可逆计数器 74LS191

(1) 原理图

单时钟同步二进制可逆计数器 74LS191 原理图如图 8-18 所示。

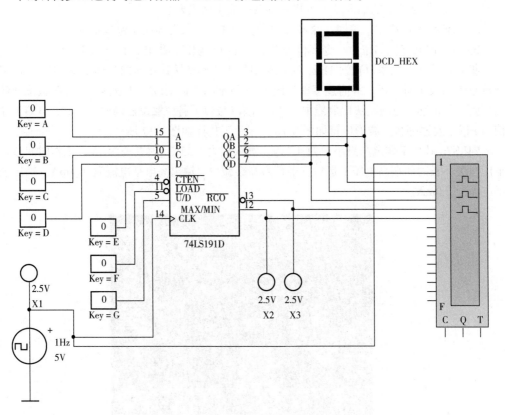

图 8-18 单时钟同步二进制可逆计数器 74LS191

(2) 结构及功能介绍

在加/减控制信号作用下，可递增计数，也可递减计数的电路，称作加/减计数器，又称可逆计数器。

74LS191 芯片工作电压最小值为 4.75V，最大值为 5.25V，典型值为 5V。工作时间与工作电压有关，长时间在高电压下运行，器件寿命会减少。输出高电平电流为−0.4mA，输出低电平电流为 8.0mA。

74LS191 芯片为可预置二进制同步可逆计数器。如图 8-18 所示，74LS191 的引脚中，A ~ D 为数据输入端（置数端），QA ~ QD 为数据输出端；CTEN 为控制端，低电平有效；U/D 为加/减控制端，低电平时加法计数，高电平时减法计数；LOAD 为置数控制端，低电平有效；RCO 为进位/借位输出端；CLK 为脉冲信号输入端（表 8-4）。由逻辑分析仪可以观察其加法计数和减法计数的时序图，如图 8-19 和图 8-20 所示。将时钟脉冲频率设置为 1Hz，可以通过 LED 数码管观察到数字变化：当引脚 CTEN、U/D、LOAD 分别置 0、0、1 时，电路工作在加法计数状态，此时数码管的显示从 0 开始，每次加 1，数到 F（十进制的 15）后，回到 0 并重新开始计数；当引脚 CTEN、U/D、LOAD 分别置 0、1、1 时，电路工作在减法计数状态，此时数码管的显示从 F 开始，每次减 1，数到 0 后，回到 F 并重新开始计数。数码管计数如图 8-

21 和图 8-22 所示。当 LOAD=0 时，输出端 QA～QD 的状态分别与并行数据输入端 A～D 的状态一样，称为同步置数功能，如图 8-23 所示。

表 8-4　74LS191 功能表

CLK	CTEN	U/D	LOAD	工作状态
↑	0	0	1	加法计数
↑	0	1	1	减法计数
×	×	×	0	置数
×	1	×	1	保持

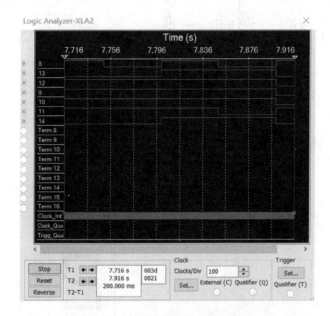

图 8-19　逻辑分析仪显示（加法计数）

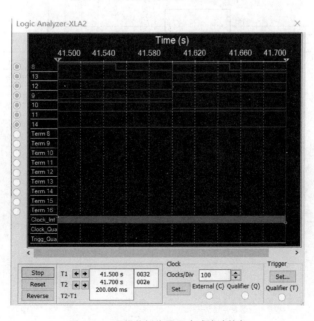

图 8-20　逻辑分析仪显示（减法计数）

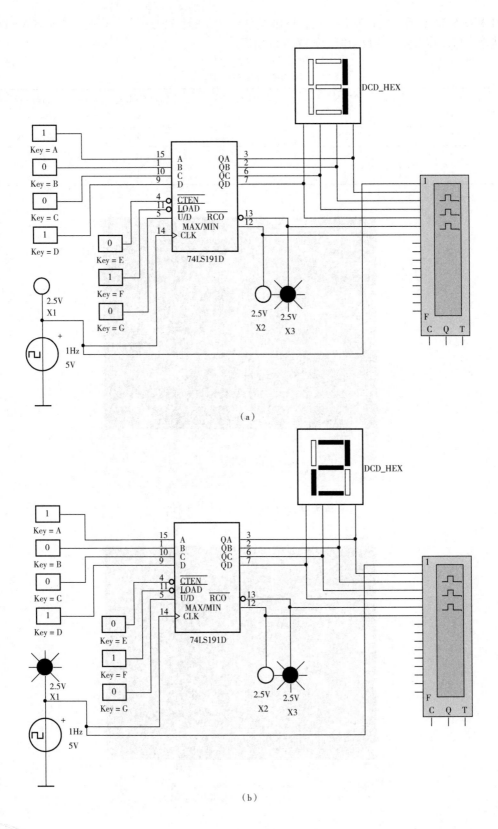

（a）

（b）

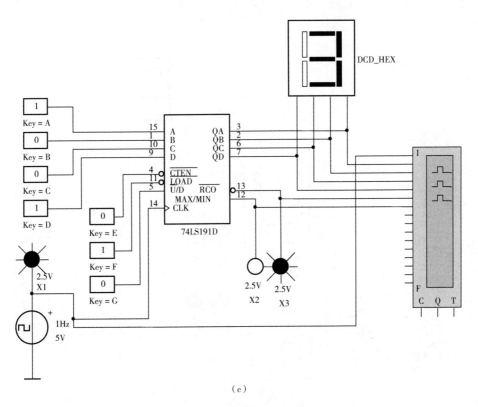

（c）

图 8-21　加法计数仿真

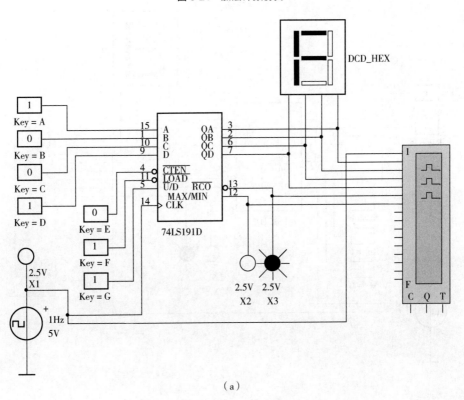

（a）

图 8-22

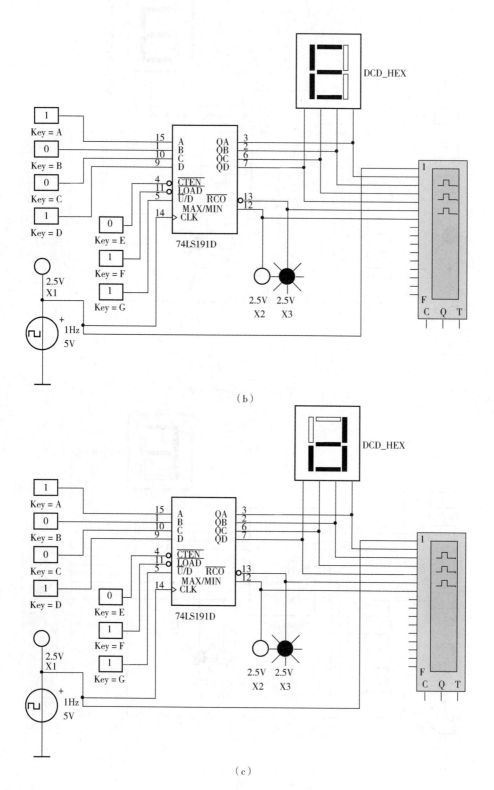

（b）

（c）

图 8-22 减法计数仿真

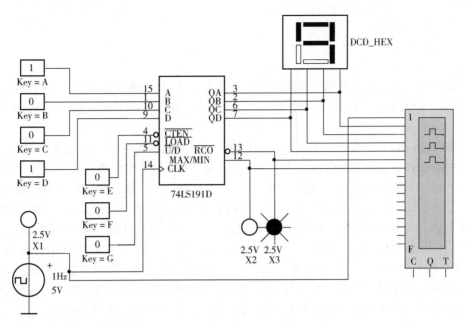

图 8-23　同步置数仿真

8.8　同步十进制加法计数器 74LS160

（1）原理图

同步十进制加法计数器 74LS160 原理如图 8-24 所示。

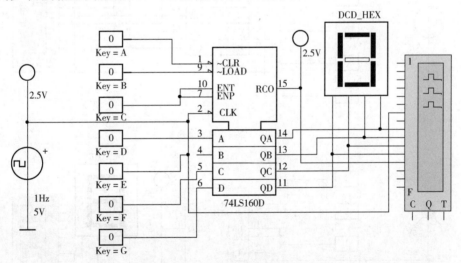

图 8-24　同步十进制加法计数器 74LS160

（2）结构及功能介绍

74LS160 芯片为同步十进制加法计数器，具有以下功能：

① 用于快速计数的内部超前进位；

② 用于 n 位级联的进位输出；

③ 同步可编程序；

④ 有置数控制线；

⑤ 二极管钳位输入；

⑥ 直接清零；

⑦ 同步计数。

74LS160 芯片工作电压最小值为 4.75V，最大值为 5.25V，典型值为 5V。工作时间与工作电压有关，长时间在高电压下运行，器件寿命会减少。输出高电平电流为−0.4mA，输出低电平电流为 8.0mA。

如图 8-24 所示，74LS160 具有时钟端 CLK、四个数据输入端 A~D、清零端 CLR、使能端 ENP 和 ENT、置数端 LOAD、数据输出端 QA~QD 以及进位输出端 RCO。当清零端 CLR="0"，计数器输出 QD、QC、QB、QA 立即全为 "0"，称为异步清零功能，如图 8-25 所示。当 CLR="1" 且 LOAD="0" 时，在 CLK 信号上升沿作用后，74LS160 输出端 QD~QA 的状态分别与并行数据输入端 D~A 的状态一样，称为同步置数功能，如图 8-26 所示。而只有当 CLR=LOAD=ENP=ENT="1"、CLK 脉冲上升沿作用后，计数器加 1，输出从 "0000" 计数到 "1001"（0~9）之后再回到 "0000"。如图 8-27 所示，将时钟脉冲频率设置为 100Hz，令 CLR=LOAD=ENP=ENT="1"，由仿真可以观察到 LED 数码管的数字变化，计数从 0 开始，每次加 1，数到 9 后，回到 0 并重新开始计数。波形仿真如图 8-28 所示。

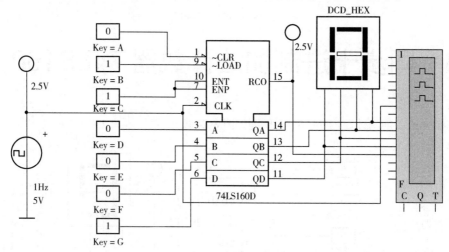

图 8-25　异步清零功能仿真

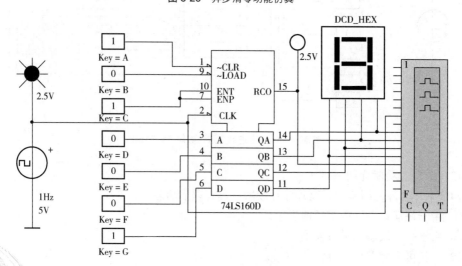

图 8-26　同步置数功能仿真

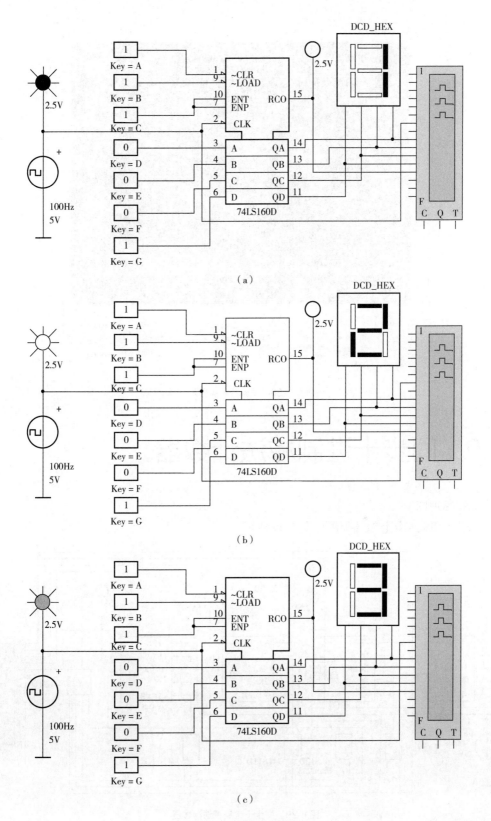

图 8-27 加法计数仿真

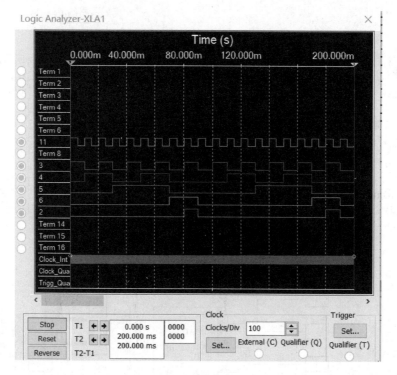

图 8-28　逻辑分析仪显示

8.9　同步十进制减法计数器

（1）原理图

同步十进制减法计数器原理如图 8-29 所示。

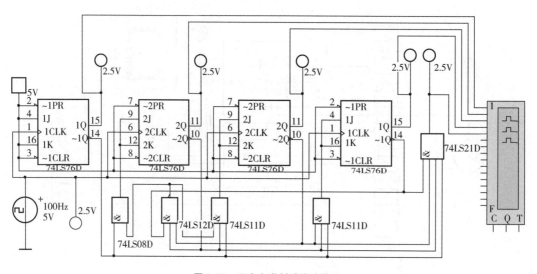

图 8-29　同步十进制减法计数器

（2）结构及功能介绍

74LS76 芯片是双 J-K 主从触发器（带预置和清除端），将 J、K 引脚连接起来构成 T 触发器，继而连接成如图 8-29 所示的同步十进制减法计数器。它是在同步二进制减法计数器电路的基础上略加修改而成的。单击"仿真"按钮，可以观察逻辑探针的亮灭规律。波形仿真如图8-30 所示。

74LS76 芯片工作电压最小值为 4.75V，最大值为 5.25V，典型值为 5V。工作时间与工作电压有关，长时间在高电压下运行，器件寿命会减少。输出高电平电流为 -0.4mA，输出低电平电流为 8.0mA。

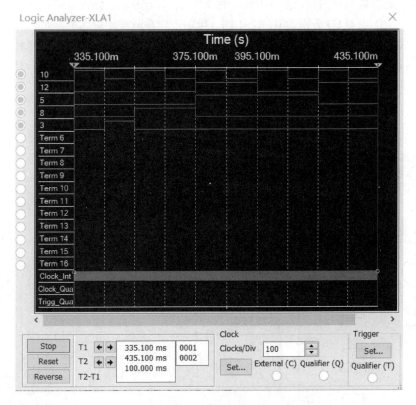

图 8-30　逻辑分析仪显示

8.10　单时钟同步十进制可逆计数器 74LS190

（1）原理图

单时钟同步十进制可逆计数器 74LS190 原理如图 8-31 所示。

（2）结构及功能介绍

在加/减控制信号作用下，可递增计数也可递减计数的电路，称作加/减计数器，又称可逆计数器。

74LS190 芯片工作电压最小值为 4.75V，最大值为 5.25V，典型值为 5V。工作时间与工作电压有关，长时间在高电压下运行，器件寿命会减少。输出高电平电流为−0.4mA，输出低电平电流为 8.0mA。

74LS190 芯片为可预置十进制同步可逆计数器。如图 8-31 所示，74LS190 的引脚中，A ~ D 为数据输入端（置数端），QA ~ QD 为数据输出端；CTEN 为控制端，低电平有效；U/D 为加/减控制端，低电平时加法计数，高电平时减法计数；LOAD 为置数控制端，低电平有效；RCO 为进位/借位输出端；CLK 为脉冲信号输入端（表 8-5）。由逻辑分析仪可以观察其加法计数和减法计数的时序图，如图 8-32 和图 8-33 所示。将时钟脉冲频率设置为 100Hz，可以通过 LED 数码管观察到数字变化：当引脚 CTEN、U/D、LOAD 分别置 0、0、1 时，电路工作在加法计数状态，此时数码管的显示从 0 开始，每次加 1，数到 9 后，回到 0 并重新开始计数；当引脚 CTEN、U/D、LOAD 分别置 0、1、1 时，电路工作在减法计数状态，此时数码管的显示从 9 开始，每次减 1，数到 0 后，回到 9 并重新开始计数。数码管计数如图 8-34 和 8-35 所示。当 LOAD=0 时，输出端 QD ~ QA 的状态分别与并行数据输入端 D ~ A 的状态一样，称为同步置数功能，如图 8-36 所示。

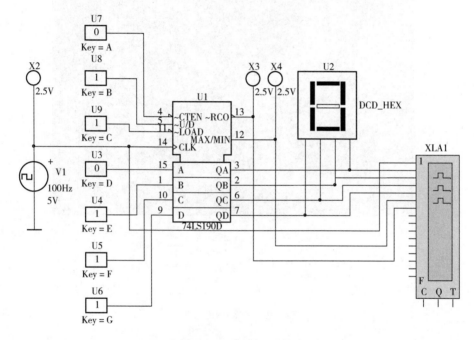

图 8-31　单时钟同步十进制可逆计数器 74LS190

74LS190 芯片工作电压最小值为 4.5V，最大值为 5.5V。工作时间与工作电压有关，长时间在高电压下运行，器件寿命会减少。工作电流为 16mA。

表 8-5　74LS190 功能表

CLK	CTEN	U/D	LOAD	工作状态
↑	0	0	1	加法计数
↑	0	1	1	减法计数
×	×	×	0	置数
×	1	×	1	保持

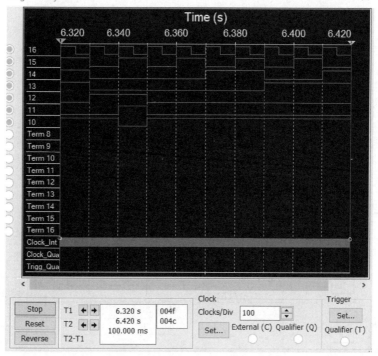

图 8-32　逻辑分析仪显示（加法计数）

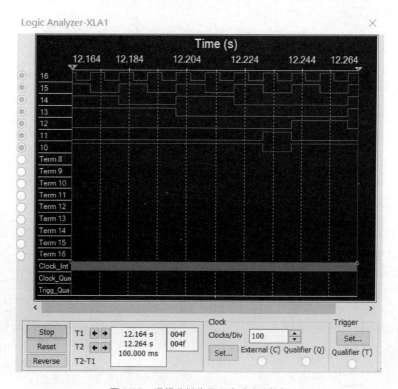

图 8-33　逻辑分析仪显示（减法计数）

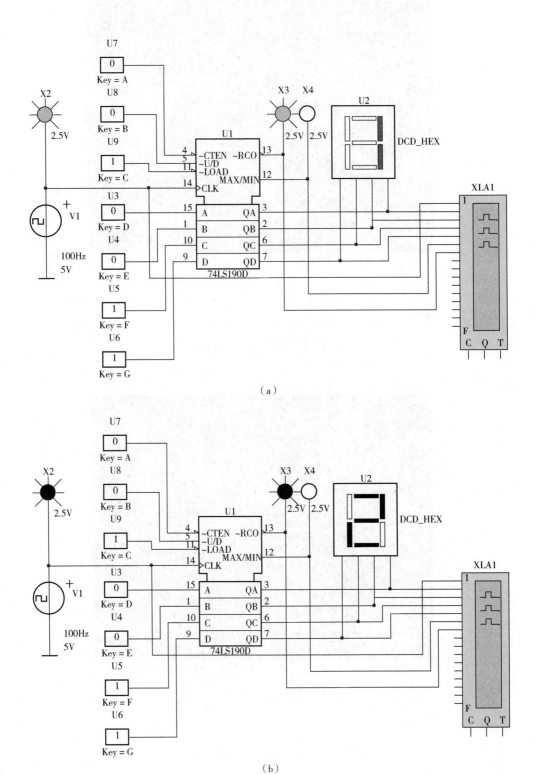

（a）

（b）

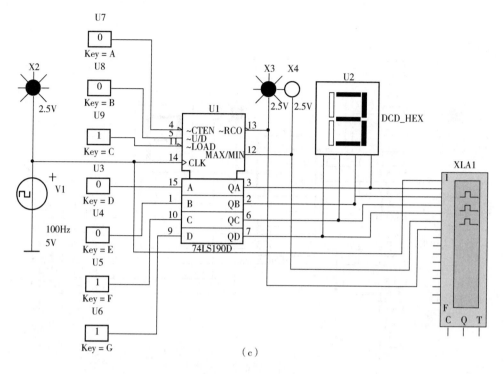

（c）

图 8-34　加法计数仿真

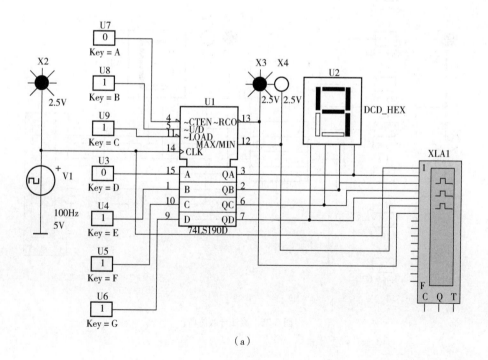

（a）

图 8-35

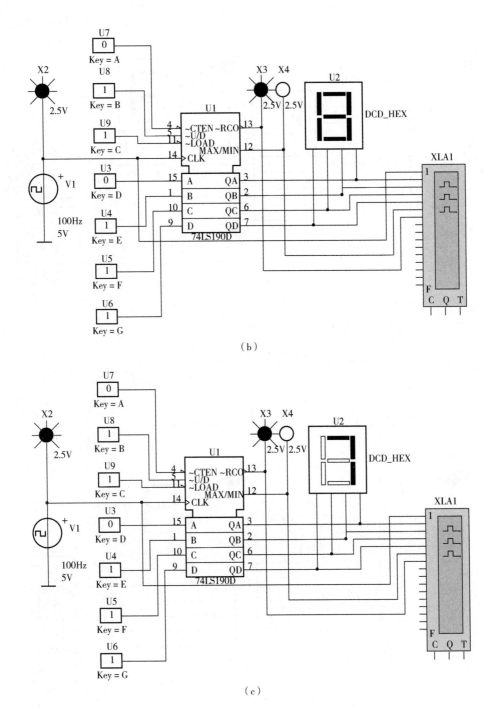

（b）

（c）

图 8-35 减法计数仿真

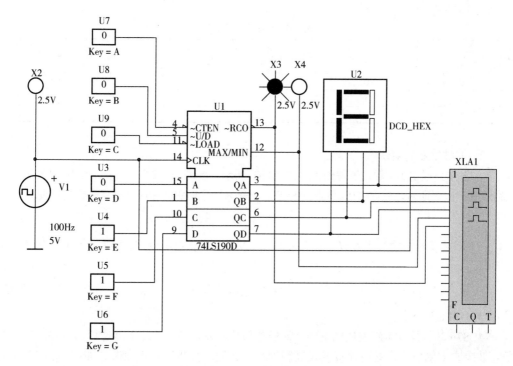

图 8-36　同步置数仿真

8.11　用 T′ 触发器构成的异步二进制加法计数器

异步二进制加法计数器总体电路如图 8-37 所示。

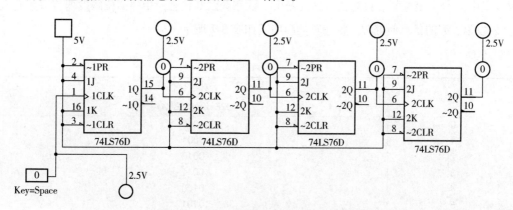

图 8-37　异步二进制加法计数器总体电路图

（1）T′触发器的逻辑描述

　　T 触发器指的是 $T=1$ 时，触发器可以对 CP 计数；$T=0$ 时，保持状态不变。表 8-6 是 T 触发器的真值表。而 T′触发器是 T 触发器恒为 1 的特殊情况，即 T′触发器直接对 CP 计数。

表 8-6   T 触发器真值表

CP	T	Q_n	Q_{n+1}	$\overline{Q_{n+1}}$
有效	0	0	0	1
有效	0	1	1	0
有效	1	0	1	0
有效	1	1	0	1

（2）T′触发器的实现

T 触发器可以由 J-K 触发器得到，如式（8-4）所示，当 $J=K=1$ 时，每来一个时钟脉冲触发器状态改变一次（即为计数状态），而当 $J=K=0$ 时，每来一个时钟脉冲触发器状态保持不变。

$$Q_{n+1} = J\overline{Q_n} + \overline{K}Q_n \tag{8-4}$$

令 J-K 触发器的输入 $J=K=T$，当 $T=1$ 时，触发器计数；当 $T=0$ 时，触发器保持，如式（8-5）所示。

$$Q_{n+1} = T\overline{Q_n} + \overline{T}Q_n = T \oplus Q_n \tag{8-5}$$

（3）74LS76 芯片

74LS76 芯片是双 J-K 主从触发器（带预置和清除端），将 J、K 引脚连接起来并给定一个高电平构成 T′触发器，继而连接成二进制加法计数器。异步计数器在做"加 1"计数时是采用从低位到高位逐位进位的工作方式工作的，因此，其中的各个触发器不是同步翻转的。

74LS76 芯片的电压最低值为 4.75A，最高值为 5.25A，典型值为 5.0A。

（4）功能说明

该电路满足二进制加法原则：逢二进一（$1+1=10$，即 Q 由 1 加 1→0 时有进位）。每当 CP 有效触发沿到来时，触发器翻转一次，即用 T′触发器。控制触发器的 CP 端，只有当低位触发器 Q 由 1→0（下降沿）时，应向高位 CP 端输出一个进位信号（有效触发沿），高位触发器翻转，计数加 1。

异步置 0 端 $\overline{R_D}$ 上加负脉冲，各触发器都为 0 状态，即 U2BU2AU1BU1A=0000 状态。在计数过程中，$\overline{R_D}$ 为高电平。只要低位触发器由 1 状态翻到 0 状态，相邻高位触发器接收到有效 CP 触发沿，T′的状态便翻转。状态转换顺序表如表 8-7 所示。

表 8-7   状态转换顺序表

计数顺序	计数器状态
	U2BU2AU1BU1A
0	0000
1	0001
2	0010
3	0011
4	0100
5	0101
6	0110
7	0111
8	1000
9	1001
10	1010
11	1011
12	1100

计数顺序	计数器状态
	U2BU2AU1BU1A
13	1101
14	1110
15	1111
16	0000

（5）仿真结果

利用 Multisim 软件对电路进行仿真，如图 8-38 所示，从左到右芯片编号为 U1A、U1B、U2A、U2B。单击"仿真"按钮开始仿真，单击按键进行高低电平输入，调整脉冲信号，电路进行二进制加法计数，图 8-38 为加法计数器为 6 时的截图。令时钟信号发生变化，此时的波形通过仪器观测如图 8-39 所示。

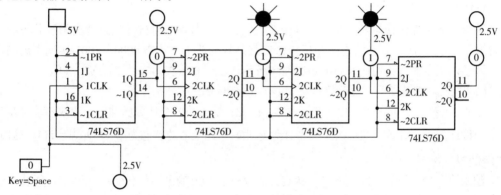

图 8-38　异步二进制加法计数器计数为 6 时的状态

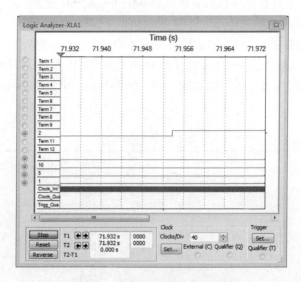

图 8-39　计数器计数为 1 时的波形图

8.12　异步十进制加法计数器

异步十进制加法计数器总体电路原理如图 8-40 所示。

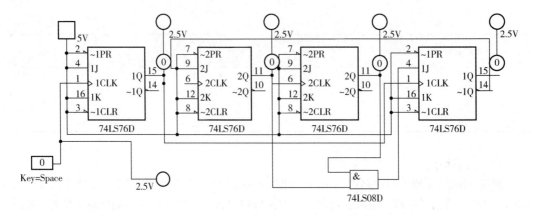

图 8-40　异步十进制加法计数器总体电路原理图

（1）功能说明

异步十进制加法计数器是在 4 位异步二进制加法计数器的基础上经过适当修改获得的。它跳过了 1010～1111 六个状态，利用自然二进制数的前十个状态 0000～1001 实现十进制计数。为了说明方便，我们认为如电路原理图所示从左到右依次为 Q_0、Q_1、Q_2、Q_3。

Q_0 和 Q_2 为 T′触发器。设计数器从 $Q_3Q_2Q_1Q_0$=0000 状态开始计数。

这时 $J_1=\overline{Q_3}$=1，此时 Q_1 也为 T′触发器。因此，输入前 8 个计数脉冲时，计数器按异步二进制加法计数规律计数。在输入第 7 个计数脉冲时，计数器的状态为 $Q_3Q_2Q_1Q_0$=0111，这时，$J_3=Q_2Q_1$=1，K_3=1。

输入第 8 个计数脉冲时，Q_0 由 1 状态翻到 0 状态，Q_0 输出的负跃变，一方面使 Q_3 由 0 状态翻到 1 状态；与此同时，Q_0 输出的负跃变也使 Q_1 由 1 状态翻到 0 状态，Q_2 也随之翻到 0 状态。这时计数器的状态为 $Q_3Q_2Q_1Q_0$=1000，$\overline{Q_3}$=0 使 $J_1=\overline{Q_3}$ =0。因此，在 Q_3=1 时，Q_1 只能保持在 0 状态，不可能再次翻转。

输入第 9 个计数脉冲时，计数器的状态为 $Q_3Q_2Q_1Q_0$= 1001。这时，J_3=0，K_3=1。

输入第 10 个计数脉冲时，计数器从 1001 状态返回到初始的 0000 状态，电路从而跳过了 1010～1111 六个状态，实现了十进制计数，同时 Q_3 端输出一个负跃变的进位信号。状态功能表如表 8-8 所示。

表 8-8　状态功能表

计数顺序	计数器状态
	$Q_3Q_2Q_1Q_0$
0	0000
1	0001
2	0010
3	0011
4	0100
5	0101
6	0110
7	0111
8	1000
9	1001
10	0000

（2）仿真结果

如图 8-41 所示为利用 Multisim 软件实现的仿真结果，从左到右芯片编号为 Q_0、Q_1、Q_2、Q_3，点击仿真按钮开始仿真，按 Key 进行高低电平输入，调整脉冲信号，电路进行二进制减法计数，图 8-41 为十进制加法计数器为 7 时的截图。图 8-42 为计数器计数从 4 到 3 时的状态变化波形图。

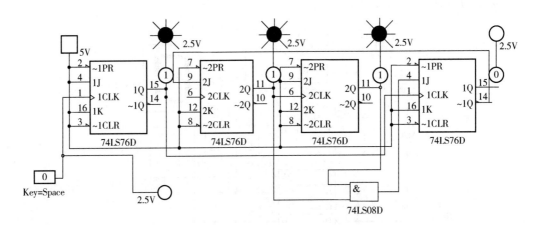

图 8-41　异步十进制加法计数器仿真原理图

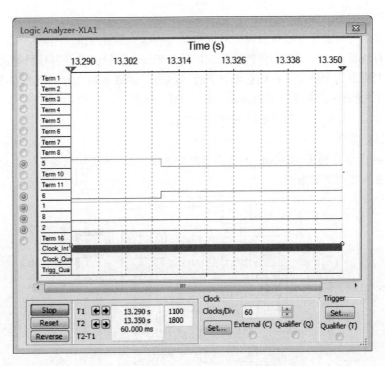

图 8-42　计数器计数从 4 到 3 时的状态变化波形图

8.13 用置零法将 74LS160 接成六进制计数器的改进

该电路原理如图 8-43 所示。

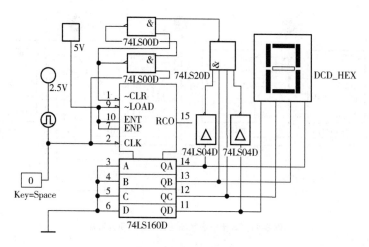

图 8-43　电路原理图

（1）功能说明

由于置零信号随着计数器被置零而立即消失，所以置零信号持续时间极短，如果触发器的复位速度有快有慢，则可能动作慢的触发器还未来得及复位，置零信号已经消失，导致电路误动作。为克服这个缺点，我们对电路进行了改进。如图 8-43 所示，芯片 74LS20 与芯片 74LS04 构成的逻辑状态起译码器的作用，两个 74LS00 芯片（与非门）组成了 SR 锁存器，其中的引脚 6 输出的低电平作为计数器的置零信号。

（2）仿真原理图

如图 8-44 所示为利用 Multisim 的仿真电路原理图，为计数器计数是 3 的时刻，图 8-45 为计数器由 1 变为 2 时的波形图。

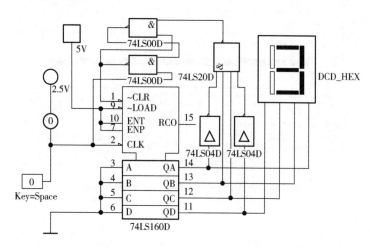

图 8-44　六进制计数器改进仿真原理图

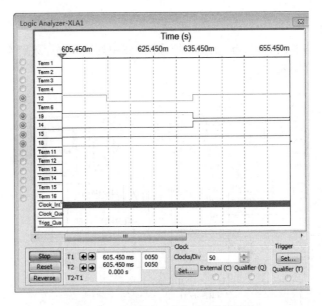

图 8-45 计数器由 1 变为 2 时的波形图

8.14　用置数法将 74LS160 接成六进制计数器

用置数法将 74LS160 接成六进制计数器，如图 8-46 所示。

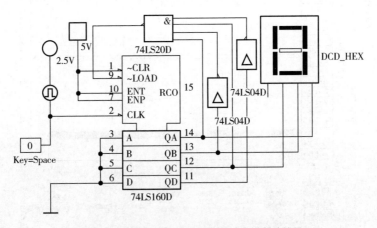

图 8-46　用置数法将 74LS160 接成六进制计数器

（1）功能说明

置数法是通过给计数器重复置入某个数值的方法跳越（N–M）个状态，从而获得 M 进制的计数器。置数操作可以在电路的任何一个状态下进行，这种方法适用于有预置数功能的计数器电路。如图 8-46 所示，将输出端引脚 14 到引脚 11 输出的 1010 状态译码产生引脚 9 的 0

信号，下一个时钟脉冲信号到达时置入 0000 状态，从而跳过 0110～1001 这四个状态，得到六进制计算器。

(2) 仿真说明

如图 8-47 所示为利用 Multisim 的仿真原理图，图中为计数器计数到 4 的时刻。图 8-48 为计数器从 5 变成 6 的波形图。

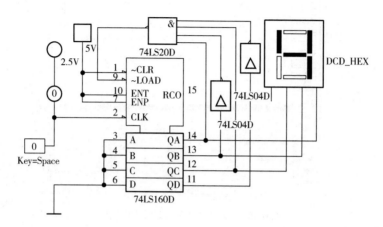

图 8-47　Multisim 仿真原理图

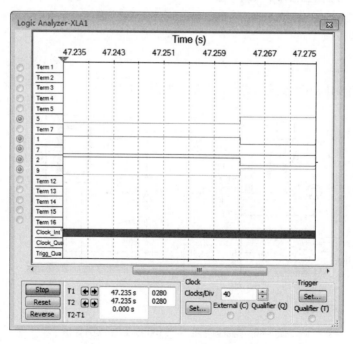

图 8-48　计数器由 5 变成 6 时的波形图

8.15　用两片 74LS160 按并行进位接成 100 进制计数器

（1）功能说明

用两片 74LS160 按并行进位方式连接为 100 进制计数器，以 U2 的进位输出位引脚 15 作为 U1 的引脚 7 和引脚 10 的输入，每当 U2 计成 9（即 1001）时，引脚 15 输出 1，下个时钟脉冲到来时 U1 为计数工作状态，计入 1，而 U2 计成 0（即 0000），它的进位输出位引脚 15 回到低电平。U2 的引脚 7 和引脚 10 恒为 1，始终处在计数工作状态。

（2）仿真原理图

如图 8-49 所示为利用 Multisim 的仿真原理图，图 8-50 所示为计数器计数到 42 的时刻。

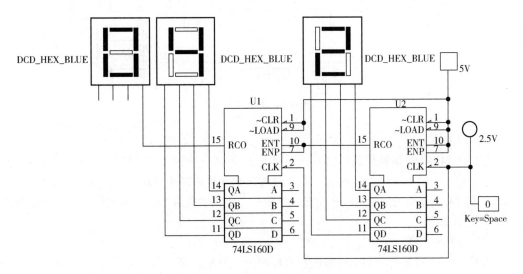

图 8-49　Multisim 仿真原理图

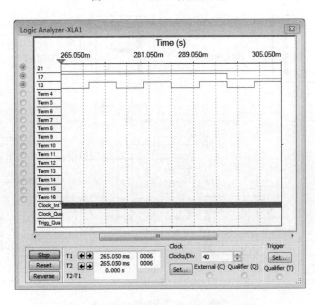

图 8-50　计数器计数到 42 时的波形观测图

8.16 用整体置零法接成 23 进制计数器

用整体置零法接成 23 进制计数器，如图 8-51 所示。

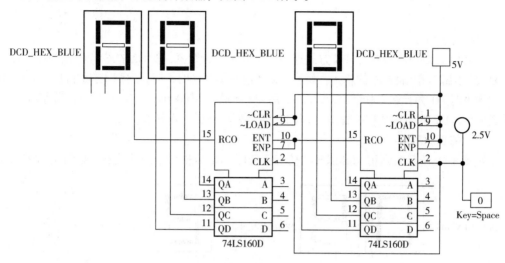

图 8-51　电路原理图

（1）功能说明

将两片 74LS160 用整体置零的方式连接为 23 进制计数器。首先将两片 74LS160 以并行进位方式连成一个 100 进制计数器，当计数器从全 0 状态开始计数，计入 23 个脉冲时，经 74LS11 和 74LS00 构成的门电路产生低电平信号，立刻将两片 74LS160 同时置零，于是就成了 23 进制计数器。

（2）仿真原理图

如图 8-52 所示为利用 Multisim 的仿真原理图，图 8-53 所示为计数器计数到 16 时刻的波形观测图。

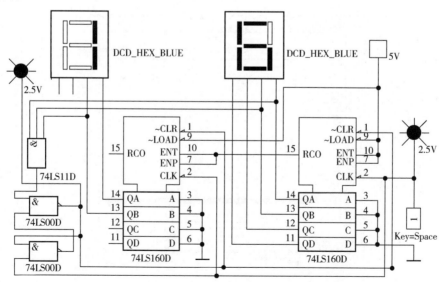

图 8-52　Multisim 仿真原理图

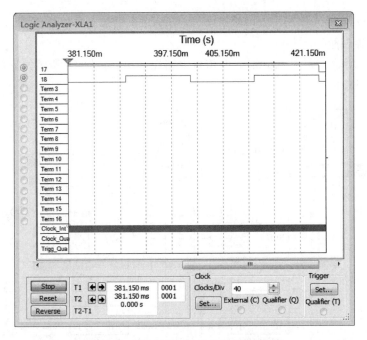

图 8-53　计数器计数到 16 时的波形观测图

8.17　用整体置数法接成 23 进制计数器

用整体置数法接成 23 进制计数器的电路原理如图 8-54 所示。

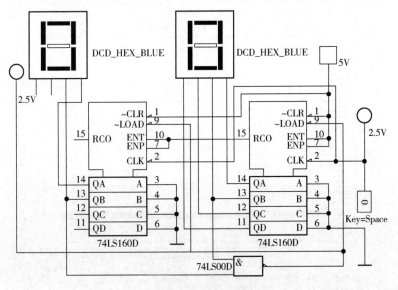

图 8-54　电路原理图

（1）功能说明

将两片 74LS160 用整体置数的方式连接为 23 进制计数器。首先将两片 74LS160 以并行
进位方式连成一个 100 进制计数器，当计数器从全 0 状态开始计数，计入 23 个脉冲时，经

74LS00 芯片产生低电平信号，立刻将两片 74LS160 同时置零，于是就成了 23 进制计数器。

（2）仿真原理图

如图 8-55 所示为利用 Multisim 的仿真电路原理图，图 8-56 所示为计数器计数到 15 时的波形观测图。

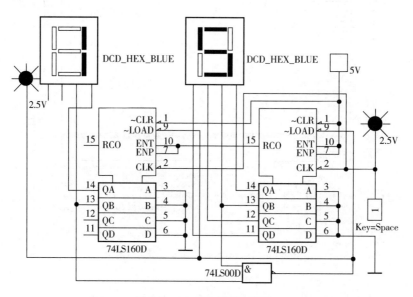

图 8-55 Multisim 仿真原理图

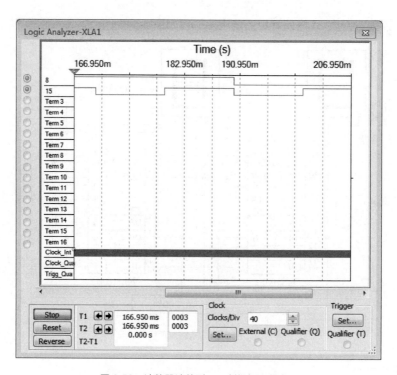

图 8-56 计数器计数到 15 时的波形观测图

8.18 用集成计数器和译码器构成的顺序脉冲发生器

用集成计数器和译码器构成的顺序脉冲发生器的电路原理图如图 8-57 所示。

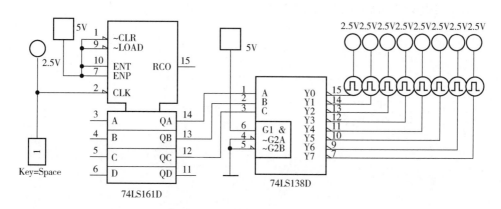

图 8-57 电路原理图

（1）功能说明

74LS161 为二进制计数器，可直接清除，74LS138 为 3 线-4 线译码器（多路转换器），由它们构成了顺序脉冲发生器（图 8-57）。

（2）仿真原理图

如图 8-58 所示为利用 Multisim 的仿真原理图，图中为计数器计数的状态。

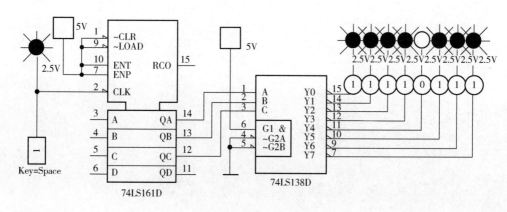

图 8-58 Multisim 仿真原理图

习题与思考题

1. 如何分析一个时序逻辑电路?
2. 异步时序逻辑电路的分析方法和同步时序逻辑电路的分析方法有什么不同?
3. 什么是移位寄存器? 它具有什么作用与应用?
4. 试设计一个 8 位移位寄存器。
5. 并行计数器的优缺点分别是什么?
6. 同步计数器和异步计数器有什么区别?
7. 什么是整体置零法和整体置数法?

第 9 章

LabVIEW 虚拟仪器

Multisim 和 LabVIEW 是 NI 公司的两款具有各自特色的软件。Multisim 软件的主要特点是可对电路进行各种虚拟仿真分析，验证电路设计的合理性；而 LabVIEW 软件的主要特点是用户可基于计算机的资源构建虚拟仪器以代替实际的仪器完成测试和测量任务。自 Multisim 9 版本以来，NI 公司将 LabVIEW 虚拟仪器功能集成到 Multisim 中，可在电路设计分析中调用自定义的 LabVIEW 虚拟仪器以完成数据的获取或分析，交互式仿真功能旨在帮助硬件设计更好地理解电路行为。该功能应用于工程设计，可提高设计效率，减少产品开发时间。

在第 3 章中我们简单介绍了一下 Multisim 中的虚拟仪器，本章为读者介绍 LabVIEW 软件及其简单使用后，将详细说明向 Multisim 软件中导入已设计好的 LabVIEW 虚拟仪器的方法，最后还将介绍虚拟仪器设计中数据采集的相关知识。

9.1 LabVIEW 软件介绍

9.1.1 LabVIEW 软件的特点与功能

LabVIEW（Laboratory Virtual Instrument Engineer Workbench，实验室虚拟仪器工作平台）是美国 NI 公司推出的一种基于 G 语言（Graphics Language，图形化编程语言）的具有革命性的图形化虚拟仪器开发环境，是业界领先的测试、测量和控制系统的开发工具。

虚拟仪器（Virtual Instrument，VI）是基于计算机的仪器，是将仪器装入计算机，以通用的计算机硬件及操作系统为依托，实现各种仪器功能。

虚拟仪器没有常规仪器的控制面板，而是利用计算机强大的图形环境，采用可视化的图形编程语言和平台，以在计算机屏幕上建立图形化的软面板来替代常规的传统仪器面板。软面板上具有与实际仪器相似的旋钮、开关、指示灯及其他控制部件。在操作时，用户通过鼠标或键盘操作软面板，来检验仪器的通信和操作。

虚拟仪器实际上是一个按照仪器需求组织的数据采集系统。虚拟仪器的研究中涉及的基础理论主要有计算机数据采集和数字信号处理。目前在这一领域内，使用较为广泛的计算机语言是美国 NI 公司的 LabVIEW。作为虚拟仪器的开发软件，LabVIEW 与传统仪器编程工具 VisualBasic、Visual C++相比，虚拟仪器还有如下几个方面的优势。

① 用户可以根据自己的需要灵活地定义虚拟仪器的功能，通过不同功能模块的组合可构成多种仪器，而不必受限于仪器厂商提供的特定功能。

② 虚拟仪器将所有的仪器控制信息均集中在软件模块中，可以采用多种方式显示采集的数据、分析的结果和控制过程。这种对关键部分的转移进一步增加了虚拟仪器的灵活性。

③ 由于虚拟仪器关键在于软件，硬件的局限性较小，因此与其他仪器设备连接比较容易

实现。而且虚拟仪器可以方便地与网络、外设及其他应用连接，还可利用网络进行多用户数据共享。

④ 虚拟仪器可实时、直接地对数据进行编辑，也可通过计算机总线将数据传输到存储器或打印机。这样做一方面解决了数据的传输问题，一方面充分利用了计算机的存储能力，从而使虚拟仪器具有几乎无限的数据记录容量。

⑤ 虚拟仪器利用计算机强大的图形用户界面（GUI），用计算机直接读数。根据工程的实际需要，使用人员可以通过软件编程或采用现有分析软件，实时、直接地对测试数据进行各种分析与处理。

⑥ 虚拟仪器价格低，而且其基于软件的体系结构还大大节省了开发和维护费用。

在测试和测量方面，LabVIEW 已经变成了一种工业的标准开发工具；在过程控制和工厂自动化应用方面，LabVIEW 软件非常适用于过程监测和控制；而在研究和分析方面，LabVIEW 软件有力的软件分析库提供了几乎所有经典的信号处理函数和大量现代的高级信号的分析。它具有信号采集、测量分析与数据显示功能，集开发、调试、运行于一体，而且 LabVIEW 虚拟仪器程序可以非常容易地与各种数据采集硬件、以太网系统无缝集成，与各种主流的现场总线通信以及与大多数通用数据库链接。"软件就是仪器"反映了其虚拟仪器技术的本质特征。用 LabVIEW 设计的虚拟仪器可脱离 LabVIEW 开发环境，用户最终看见的是和实际硬件仪器相似的操作界面。如今虚拟仪器已是现代检测系统中非常重要的一部分。

9.1.2　LabVIEW 虚拟仪器的介绍

LabVIEW 与虚拟仪器有着紧密联系，在 LabVIEW 中开发的程序都被称为 VI（虚拟仪器），其扩展名默认为 vi。所有的 VI 都包括前面板（Front panel）、程序框图（Block diagram）以及图标/连接器窗格（Icon and connector pane）三部分。

LabVIEW 程序设计在前面板开发窗口和程序框图编辑窗口完成。虚拟仪器的交互式用户接口被称为前面板，因为它模仿了实际仪器的面板。前面板包含旋钮、按钮、图形和其他的控制与显示对象。通过鼠标和键盘输入数据、控制按钮，可在计算机屏幕上观看结果，它主要完成显示和控制。程序框图编辑窗口主要完成图形化编程（用 G 语言创建），即选用工具模板中相应的工具去取用功能模板上的有关图标来设计制作虚拟仪器程序框图（程序框图是图形化的源代码），以完成虚拟仪器的设计工作。

一个虚拟仪器的图标和连接就像一个图形（表示某一虚拟仪器）的参数列表。这样，其他的虚拟仪器才能将数据传输给子仪器。图标和连接允许将此仪器作为最高级的程序，也可以作为其他程序或子程序中的子程序（子仪器）。

LabVIEW 提供了三个模板来编辑虚拟仪器：工具模板（Tools palettes）、控制模板（Controls palettes）、功能模板（Functions palettes）。工具模板提供用于图形操作的各种工具，诸如移动，选取，设置卷标、断点，文字输入等。控制模板则提供所有用于前面板编辑的控制和显示对象的图标以及一些特殊的图形。功能模板包含一些基本的功能函数，也包含一些已做好的子仪器。这些子仪器能实现一些基本的信号处理功能，具有普遍性。其中控制、功能模板都有预留端，用户可将自己制作的子仪器图标放入其中，便于日后调用。

具体创建一个 VI 的步骤如下：

① 从开始菜单中运行已安装的"National Instruments Labview 2015"，在计算机屏幕上将出现启动窗口。

② 选择菜单栏的"文件"选项，选择新建 VI，或者使用快捷键 Ctrl+N 就会出现一个前

面板和后面板（程序框图），分别如图 9-1（a）和（b）所示。用户可以使用快捷键 Ctrl+E 来快速地在前面板和程序框图之间进行切换。

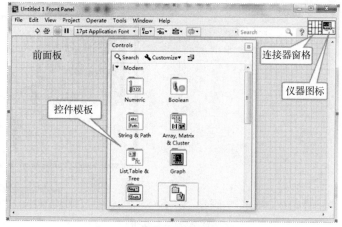

（a）前面板及控件模板

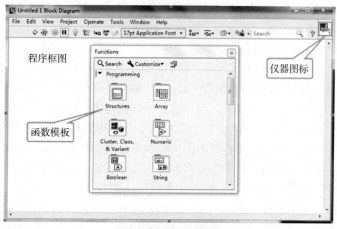

（b）程序框图及函数模板

图 9-1　前面板和程序框图

③ 前面板用于设置输入数值和观察输出量，用于模拟真实仪表的前面板。在前面板上，输入量被称为 Control（控制器），输出量被称为 Indicator（指示器）。控制和显示是以各种图表形式出现在前面板上，Control 包括开关、旋钮、按钮和其他各种输入设备；Indicator 包括图形（Graph 和 Chart）、LED 和其他显示输出对象，这使得前面板直观易懂。

④ 后面板用于放置编程需要的功能函数模块，并根据编程要求连接前面板控件、指示器等，并标识相应图标和功能函数模块图标。后面板在 VI 编程中的主要工作就是从前面板上的输入控件获得用户输入信息，然后进行计算和处理，最后在输出控件中把处理结果显示在前面板上。后面板上的编程元素除了前面板上的 Control 和 Indicator 对应的连线端子（Terminal）外，还有函数、子 VI、常量、结构和连线等。

⑤ 当后面板程序编译通过后，可以在前面板调节各控件与指示器位置，并利用控制模板下 Modern/Decorations 子模板使界面美化，同时也可单击右键打开前面板各模块的属性，修改颜色及其他设置。

如需修改所建 VI 的显示图标，则可双击右上角的仪器图标，出现图 9-2 所示的编辑窗口进行修改。

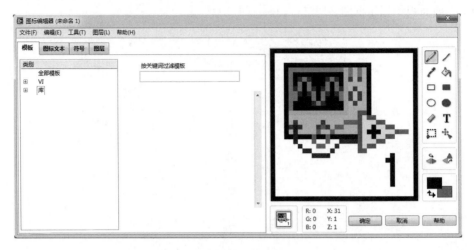

图 9-2　图标编辑

⑥ 定义图标与连接器。完成子程序程序框图的编程后，需要定义连接器，以便在子 VI 调用时方便连接端口。图标和连接器指定了数据流入/流出 VI 的路径。VI 是分层次和模块化的，可将其作为顶层程序，也可将其作为其他程序的子程序。图标是子 VI 在程序框图上的图形化表示，而连接器定义了子 VI 和主调程序之间的参数形式和接口。

在第一次打开一个 VI 连接器窗格时，LabVIEW 将自动根据当前前面板上控制器和指示器的个数选择一个合适的连接器模式，自动选择的连接器模式中表示连接端子的格子数目不小于控制器和指示器的总数目。当然，也可以根据 LabVIEW 自带的一些模型（Patterns）手动增加连接的端子，在前面板右上角右键单击连接器窗格，在弹出的窗口中即可选择模型。

接下来是建立前面板上的控件和连接器窗口的端子关联。若把鼠标指针放在连接器的某个未连接的端子（白色）上，则鼠标指针自动变换为连接工具样式。单击选中端子，端子变为黑色。然后单击前面板的控件，控件周围出现的虚线框表示控件处于选中状态，同时连接器端子变为选中数据类型对应的颜色，表示关联过程完成。如果白色连接器的端子没有变为所关联控件数据类型对应的颜色，则表明关联失败，可重复以上过程，直至关联成功。如果关联了错误的控件，可以在连接器端子上单击鼠标右键，选择断开连接，然后重新指定。一般习惯把控制器连接到连接器窗口左边的端子上，把指示器连接到连接器窗口右边的端子上。

完成上述工作后，可以将设计好的 VI 保存。

9.2　Multisim 和 LabVIEW 的联合仿真软件要求

因为 Multisim 自带联合的仿真接口有从 LabVIEW 9.2.1 到 LabVIEW 2015 版本接口，因此在开始 LabVIEW 和 Multisim 的联合仿真之前，需要安装 LabVIEW 9.2.1 以上版本的软件，本次实验安装了 LabVIEW 2015。在安装 Multisim 的过程中选择安装 NI LabVIEW Multisim Co-simulation 插件，如图 9-3（a）和（b）所示。且所安装的 Multisim 软件中必须包括 LabVIEW

Run-Time Engine 模块，要使这个模块的版本与所创建导入 Multisim 中的 VI 所使用的 LabVIEW 开发系统版本一致。

同时，要想在 LabVIEW 和 Multisim 之间传输数据，首先需要使用 LabVIEW 中的控制与仿真循环（Control & Simulation Loop）。这里需要注意的是，Multisim 安装包中没有这个模块，需要从相关网站上下载，然后安装在 Multisim 的安装路径下。

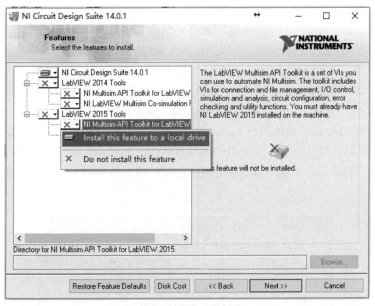

（a）

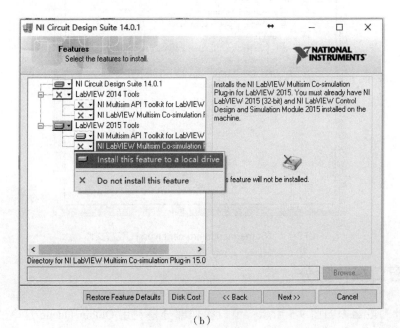

（b）

图 9-3 安装联合仿真插件

9.3 创建 LabVIEW 输入仪器的虚拟模板介绍

LabVIEW 中设计 Multisim 软件所需仪器基本组件是 VI 模板，这个 VI 模板是作为虚拟仪器的虚拟模板，用来负责与 Multisim 进行数据通信。LabVIEW 有输入和输出两个接口模板。导入 Multisim 中的 LabVIEW 仪器，可以拥有输入引脚或输出引脚，但是不能两者兼有，否则视为无效的仪器。这里只介绍输入模板，输出模板类似。可以在 Multisim 安装目录下的"Samples"/"LabVIEW Instruments"/"Templates"/"Input"中获得输入模板信息文件。

在 LabVIEW 中打开"Input"/"StarterInputInstrument.lvproj"工程文件，如图 9-4 所示，在工程树中找到"My Computer"/"Instrument Template"/"Starter Input Instrument.vit"，双击将其打开，可以看到前面板，按 Ctrl+E，或者选择"Window"/"Show Block Diagram"可以打开输入接口模块的后面板，该面板分两大部分：窗口操作部分和数据传输部分，下面进行详细的说明。

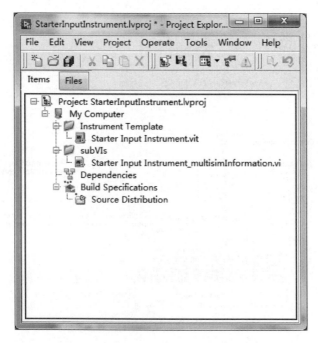

图 9-4 "StarterInputInstrument.lvproj"工程文件

9.3.1 窗口操作部分

该部分的电路图如图 9-5 所示，窗口操作部分是利用 Obtain Queue 这个节点来获取 Multisim Callback Queue 中关于 Multisim 对 LabVIEW 的操作信息（包含关掉界面、停止运行、启动运行、暂停等）和设备在 Multisim 中的 ID 号，并且将所获得的数据送入 While 循环中进行处理。

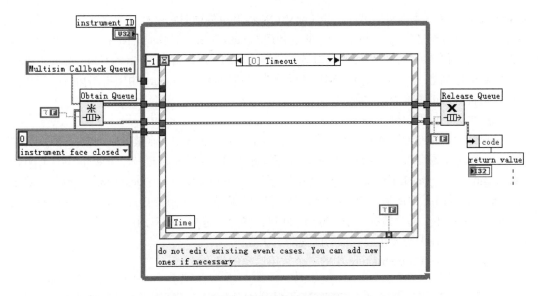

图 9-5　窗口操作部分电路

9.3.2　数据传输部分

数据传输可分为三个部分：通知和队列的获取部分、数据的处理部分、通知和队列的销毁部分，下面对这三部分进行说明。

（1）通知和队列的获取部分

该部分的电路图如图 9-6 所示。由图可知当 LabVIEW 被 Multisim 调用时，Call Chain 会获取 Multisim 调用 LabVIEW 的路径，经过 Index Array 对数组进行索引后，把信号送到 Open VI Reference 中。Open VI Reference 节点的功能是打开并返回一个运行在指定的 VI 应用程序的 Reference，所以到这里前面这一系列的工作的主要目的是把 Multisim 调用 LabVIEW 的路径的 Reference 找到，为的是在后面正确地把 Multisim 中的数据传输给 LabVIEW。instrument

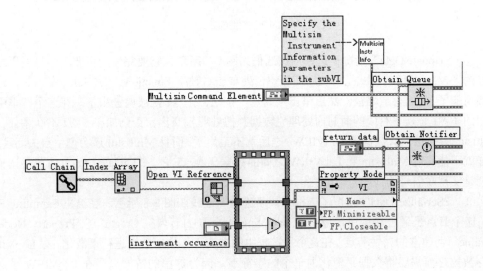

图 9-6　获取通知和队列

occurence 是一个产生通告的节点，当 LabVIEW 被调用的同时它就产生一个通告，后面的等待通告的节点接到通告后就开始工作。此后利用 Obtain Queue 和 Obtain Notifier 这两个节点获取指定的队列和通告后，把相应的数据送入数据处理部分。这时在 Multism Command Element 节点中获得的信息（包括控制 LabVIEW 运行的控制代码和 Multisim 中的电路运行时产生的数据）也将被送进数据处理部分。

（2）数据的处理部分

该部分的电路图如图 9-7 所示，该部分在一个 While 循环中实现其全部的数据处理功能。在 While 循环中嵌套着一个 Case Structure 选框。这个选框中的子选框有："Default" "Update Data Begin" "Update Data" "Destroy Instance" "Serialize Data" "Deserialize Data"。这个情况选框中所拥有的所有功能的执行与执行顺序都是由 Control Code 节点来控制的。当 Control Code 选中了哪个情况的子选框后，才执行哪个子选框中相应的内容。子选框执行的先后顺序也由该控制节点发出控制信号的先后来决定。

这里只介绍在 Case Structure 中的三个常用选框的用途。

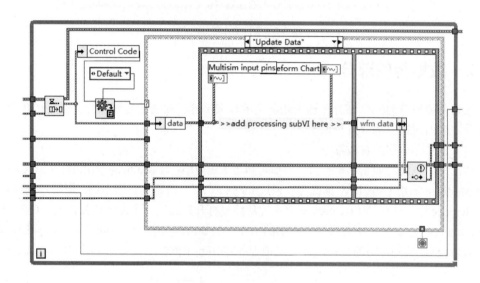

图 9-7　数据的处理

① "Update Data" 情况子选框　该选框如图 9-7 所示，它要完成的主要工作是调用已经做好的子 VI，调用的方式是：在后面板空白处单击右键/ "Functions" / "Select a VI"，选择要调用的子 VI 的存放路径，然后单击 "确定" 按钮，子 VI 就被调进来了。在这个选框中所调用的子 VI 必须在有限的时间内处理完数据并把处理权交出，否则如果子 VI 不断循环，则 Multisim 只会送一次数据给 LabVIEW，之后就不工作了，而且 Multisim 还会产生自关闭现象。这样就不能实现 Multisim 和 LabVIEW 之间的数据交换。总之，"Update Data" 情况子选框的功能是实现对信号的处理与输出。

② "Serialize Data" 情况子选框　该子选框的连线如图 9-8 所示。在这里 Sampling Rate [Hz]这个节点是通过右键单击原有的 Sampling Rate [Hz]节点/ "Create" / "Property Node" / "Value" 而建立的属性节点。在这个子选框中的主要工作是对数据进行平滑化。在 LabVIEW 保存数据之前需要将数据平滑化为单个的字符串。因为这里的数据只是在 LabVIEW 中保存的，所以只用 Flatten to String 节点就可以实现平滑数据了。

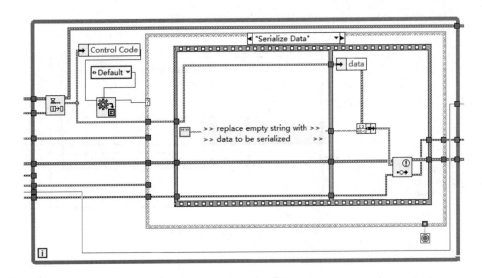

图 9-8　"Serialize Data" 情况选框

③ "Deserialize Data" 情况选框　该选框的连线如图 9-9 所示，它的功能是将数据反平滑化，使数据便于读取。

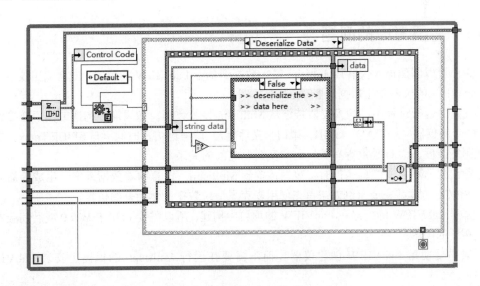

图 9-9　"Deserialize Data" 情况选框

(3) 通知和队列的销毁部分

该电路的电路图如图 9-10 所示。因为队列和通知是在每一次调用时动态产生的，每一次产生的都不一样，所以每一次产生的队列和通知在用完之后必须销毁。因为 Reference 也是动态产生的，所以也要把它销毁。

综合上面的三个部分，可得到数据传输部分的整体电路，如图 9-11 所示。这部分的整体电路协调起来一起完成 Multisim 和 LabVIEW 之间的数据

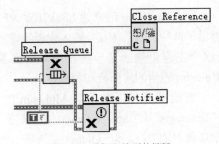

图 9-10　通知和队列的销毁

交换与处理。

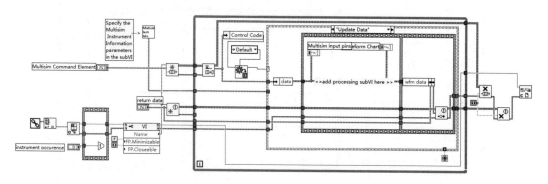

图 9-11　数据传输部分的整体电路

9.4　Multisim 中导入 LabVIEW 虚拟仪器的方法

9.4.1　需要考虑的问题

用户可以创建输入仪器（Multisim 输入数据到基于 LabVIEW 的仪器）或者输出仪器（基于 LabVIEW 的仪器输出数据到 Multisim）。

在仿真运行过程中，输入仪器持续从 Multisim 接收数据。如果需要构建或使用连接到实际 I/O 上的仪器（如 DAQ、GPIB、串口、文件等），请考虑仿真时间（与 SPICE Tmax、电路原理图复杂度、CPU 速度等有关）与"实时"之间的关系。

输出仪器不能在仿真运行时将数据传输到 Multisim。这意味着数据采集、生成等需要在开始 SPICE 仿真前完成（例如，首先使用麦克风记录数据，然后开始仿真）。

基于 LabVIEW 的仪器在 LabVIEW 的项目中构建，所以需要 LabVIEW 9.0 或后续版本来创建新型的仪器。

只需要使用 LabVIEW 创建仪器。而不需要在运行 Multisim 的机器上安装 LabVIEW 软件。

9.4.2　创建 LabVIEW 输入仪器

导入 Multisim 的原始 LabVIEW VI 是一种标准的与 Multisim 交换数据的模板。Multisim 提供了两种形式的模板：输入模板和输出模板。这些标准原始模板包含了一个 LabVIEW 工程（这个工程里包含了一些在编译时必需的设置）和一个 VI 模块（这个 VI 模块包含了与 Multisim 通信的前面板和后面板）。

原始模板可以在安装 Multisim 的根目录下的"Samples"/"LabVIEW Instruments"/"Templates"/"Input（Output）"中获得。Input 这个模块用于创建从 Multisim 中接收数据并分析这些数据的 VI 仪器。Output 模块用于创建一个产生数据并传输给 Multisim 进行处理的仪器。在原始模板中的原始 LabVIEW 工程 StarterInputInstrument.lvproj 和 StarterOutputInstrument.

lvproj 中，都包含两个文件 Source Distribution 和 Build Specifications。创建输入或输出仪器几乎是同样的流程，下面将以输入（Input）仪器为例来详细地介绍创建新型仪器的方法。

注意：不要删除前面板上的控件或程序框图代码。模板中的一切内容都是在 Multisim 和基于 LabVIEW 仪器间进行通信所需要的。

（1）复制并重新命名模板项目

① 将"Samples"/"LabVIEW Instruments"/"Templates"/"Input"文件夹复制到新的目录中。

② 将"Input"文件夹重新命名为"In Range"。

③ 将"In Range"文件夹内的"StarterInputInstrument.lvproj"文件重新命名为"In Range.lvproj"。

④ 在 LabVIEW 中，双击"In Range"/"In Range.lvproj"项目文件将其打开。

⑤ 在"Starter Input Instrument.vit"上单击右键，并选择"Rename"。在弹出的如图 9-12 所示对话框中，将模板重新命名为"In Range.vit"。

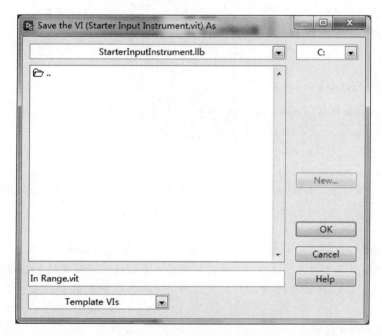

图 9-12 "模板重命名"对话框

⑥ 重复相同的过程将"Starter Input Instrument_multisimInformation.vi"重新命名为"In Range_multisimInformation.vi"（注意：不管为子 VI 选择什么样的名称，都必须保持"_multisimInformation.vi"的扩展名，使得 Multisim 能够加载仪器）。

⑦ 保存项目。

（2）指定界面信息

① 在"In Range_multisimInformation.vi"上双击将其打开。

② 切换到 VI 的程序框图中（按 Ctrl+E，或者选择"Window"/"Show Block Diagram"）。

③ 如图 9-13 所示，输入下列信息：

instrument ID ="In Range"（用于在 Multisim 和 LabVIEW 间进行通信）；

display name ="In Range"（显示在 Multisim 仪器工具列表中的名字）；

number of input pins ="1"（设定仪器输入引脚的数目）；

input pin names = "In" （使用在 SPICE netlist 或 netlist report 中的引脚名称）。

④ 保存（"File" / "Save"）VI 文件并关闭程序框图和前面板。

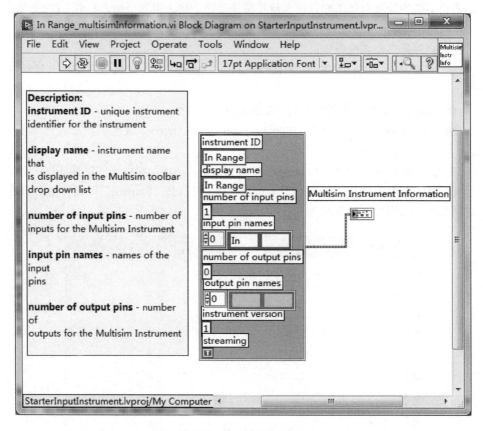

图 9-13　输入引脚设置窗口

注意：有效的仪器可以拥有输入引脚或输出引脚，但是不能两者兼有。如果将输入引脚和输出引脚的数目都设定为大于 0，那么该仪器不会被认为是有效的 LabVIEW/Multisim 仪器。创建输出设备时，要将输入引脚数设为 0，输出引脚数目和输出引脚名称填写合适的值。

（3）创建个性化仪器

In Range.vit 中 VI 的前面板是 Multisim 用户看到并进行操作的仪器界面，在程序框图中可以为仪器添加图形化代码，实现特定的功能。

构建仪器前面板的步骤：

① 在 "In Range Instrument.vit" 上双击将其打开。

② 选择前面板，并将其更改为下面的图形。

a. 移动　（不是删除）所有用户不该看到的控件。

b. 在前面板上单击右键，从数值控件中添加一个水平指针条。

c. 将控件重新命名为 "上限"。

d. 在指针条上单击最大值/最小值，将数据范围改为-10 ~ 10，并将其默认值设定为 5。

e. 重复上述步骤，创建名为 "下限" 的指针条，并将其默认值设定为-5。

f. 从 Boolean 选板中选择一个方形 LED，并将其重新命名为 "In Range"。

创建好的仪器前面板如图 9-14 所示。

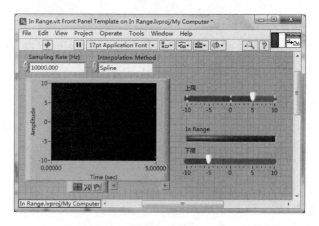

图 9-14　仪器前面板

注意：前面板中还有一个名为"Sampling Rate [Hz]"的控件，其默认值为 10kHz。该控件决定了数据从仿真传输到基于 LabVIEW 仪器的速率。如果需要更改该参数，可以通过更改默认值或通过在仪器界面上访问该控件来实现。

完成仪器的程序框图步骤：切换到程序框图（按 Ctrl+E），并将下列图形化代码添加到 While Loop 的"Updata data"Case 结构中。

a. 扩大 Case 结构的空间（按住 Ctrl 键，使用鼠标左键画一个方框）。

b. 从数组选板中选择一个"Index array"和一个"Numeric Constant"。

c. 从波形选板中选择 "Get waveform components"的 VI，从连线中提取 Y 轴数据。

d. 在比较选板中选择"In Range and Coerce"的 VI，并将前面板的控件连接到上限和下限的终端上。

e. 从数组选板中选择一个"Index array" 的 VI，并将输入连接到"In Range and Coerce"函数的"In Range"终端上。将输出标量连接到前面板的方形 LED"In Range"上。

f. 保存 VI，并且关闭前面板和程序框图。

创建好的程序框图面板如图 9-15 所示。

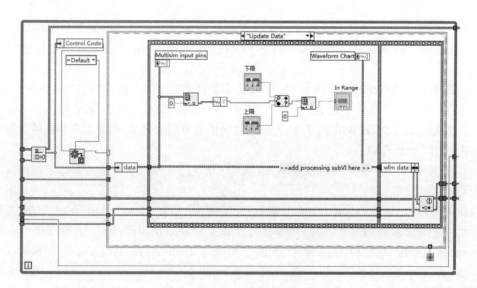

图 9-15　程序框图面板

注意：创建输出仪器的过程非常相似，只需要将所有需要发送到 Multisim 的数据连接到 Update Initial Output Data 的条件结构分支中被命名为"Multisim 输出引脚"的控件上即可。

如果需要保存电路的仪器数据（设置、控件值等），则应当在"Serialize Data"和"Deserialize Data"结构中加入适当的代码。

（4）完成创建仪器

① 展开"Build Specifications"，并在"Source Distribution"上右键选择"Properties"。

② 选择"Destinations"，将"Distribution Directory"路径改为"In Range"/"Build"/"In Range.llb"。

③ 单击"Build"按钮。

④ 在构建过程完成后，单击"Done"。

⑤ 保存项目（"File"/"Save Project"），并关闭 LabVIEW。

（5）安装并使用 LabVIEW 仪器

在 Multisim 内使用的 LabVIEW 仪器所需要的文件都在 Multisim 安装包中提供。如果需要与同事或其他 Multisim 用户共享新型仪器，只需要将项目 Build 目录下的*.llb 文件发送给他们即可。具体步骤为：

① 转到项目的 Build 文件夹"In Range"/"Build"，并将新型的仪器 In Range.llb 复制到 Multisim 安装目录"Circuit Design Suite 14.0"/"lvinstruments"文件夹中。

② 重新启动 Multisim，从 LabVIEW 仪器工具栏或者从"Simulate"菜单（"Simulate"/"Instruments"/"LabVIEW Instruments"/"In Range"），访问新型的 In Range 仪器。

9.4.3　正确创建 LabVIEW 仪器的要点

为 Multisim 创建一个 LabVIEW 虚拟仪器时，必须遵守下面的几个要点。

① 不管所创建的新 VI 的模板是来自原始模板文件还是来自范例中的模板文件，这个模板文件必须包含前面板、后面板和使仪器正常工作的一些必要设置。

② 不要删除或修改在原始模板中的所有器件。可以增加新的控制、显示和额外的处理事件，但是不要删除或修改原有的东西。

③ 可以在原始模块的后面板中规定的有注释的位置增加需要的处理功能模块。如在"Update Data"选项中调用测量频率的子 VI，在"Serialize Data"选项中对数据进行平滑化等。

④ 所有导入 Multisim 中的 LabVIEW 仪器都必须有唯一的名称。特别是包含主 VI 模板的 VI 库、主 VI 和支持程序正确运行的目录文件等，必须都有自己唯一的名称。

⑤ 所有用在 LabVIEW 中的子 VI 必须有且只能有唯一的名称，除非用户想在多个不同的仪器中使用同一个子 VI。

⑥ 所有用在 LabVIEW 中的仪器库只能有唯一的名称，除非用户想在多个不同的仪器中使用同一个仪器库。

⑦ 在 LabVIEW 工程中的"Build Specifications"子目录"Source Distribution"必须设置成永远包含所有项目的形式。具体步骤为：在"Source Distribution"上右键单击，选择"Properties"，在其出现的目录中选择"Source Distribution Properties"/"Source File Settings"/"Dependencies"/"Set destination for all contained items"，即可把"Source Distribution"设置成永远包含所有项目的形式，如图 9-16 所示。这一项工作在每个原始 VI 模板中都已经设置。

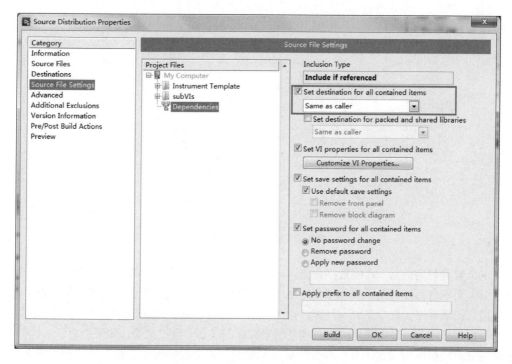

图 9-16 "Source Distribution"设置

⑧ 最后要考虑的一个问题是，用户所设计的子 VI 是否设置为可重入执行形式。如果用户的子 VI 中用到了特殊的执行结构，如移位寄存器、首次调用模块、特殊功能模块等，那么用户必须把子 VI 设置成可重入执行形式。在子 VI 中的菜单"File"/"VI Properties"/"Execution"可以把子 VI 设置为可重入执行形式。这个设置对于仪器的正常工作起到了非常重要的作用。

9.5 数据采集与虚拟仪器

9.5.1 数据采集基础

（1）数据采样原理

当虚拟仪器的实际输入是由硬件电路输出的模拟或数字信号，我们需要用数据采集卡进行信号的获取，对于某些信号，还需在 LabVIEW 中编程实现信号的滤波、去噪等处理，下面将逐步介绍这些内容。

假设现在对一个模拟信号 $x(t)$ 每隔 Δt 时间采样一次。时间间隔 Δt 称为采样间隔或者采样周期。它的倒数 $1/\Delta t$ 称为采样频率，单位是采样数/s。$t=0$, Δt, $2\Delta t$, $3\Delta t$, $\cdots$, $x(t)$ 的数值就称为采样值。所有 $x(0)$, $x(\Delta t)$, $x(2\Delta t)$, $\cdots$ 都是采样值。这样信号 $x(t)$ 可以用一组分散的采样值来表示。图 9-17 显示了一个模拟信号和它采样后的采样值。采样间隔是 Δt，注意，采样点在时域上是分散的。

如果对信号 $x(t)$ 采集 N 个采样点，那么 $x(t)$ 就可以用下面这个数列表示：

$$X = \{x(0), x(1), x(2), \cdots, x(N-1)\}$$

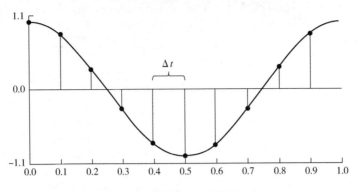

图 9-17　模拟信号和采样显示

这个数列称为信号 $x(t)$ 的数字化显示或者采样显示。注意这个数列中仅仅用下标变量编制索引，而不含有任何关于采样率（或 Δt）的信息。所以如果只知道该信号的采样值，并不能知道它的采样率，缺少了时间尺度，也不可能知道信号 $x(t)$ 的频率。

根据采样定理，最低采样频率必须是信号频率的 2 倍。反过来说，如果给定了采样频率，那么能够正确显示信号而不发生畸变的最大频率叫作奈奎斯特频率，它是采样频率的一半。如果信号中包含频率高于奈奎斯特频率的成分，信号将在直流和奈奎斯特频率之间畸变。图 9-18 显示了一个信号分别用合适的采样率和过低的采样率进行采样的结果。

采样率过低的结果是还原的信号的频率看上去与原始信号不同。这种信号畸变叫作混叠（Alias）。出现的混频偏差（Alias frequency）是输入信号的频率和最靠近的采样频率整数倍的差的绝对值。

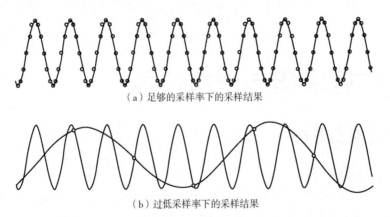

（a）足够的采样率下的采样结果

（b）过低采样率下的采样结果

图 9-18　采样结果

图 9-19 给出了一个例子。假设采样频率 f_s 是 100Hz，信号中含有 25Hz、70Hz、160Hz 和 510Hz 的成分。

采样的结果是低于奈奎斯特频率（$f_s/2=50$Hz）的信号可以被正确采样。而频率高于 50Hz 的信号成分采样时会发生畸变，分别产生了 30Hz、40Hz 和 10Hz 的畸变频率 F2、F3 和 F4。计算混频偏差的公式是：

$$混频偏差 = ABS（采样频率的最近整数倍 - 输入频率）$$

其中 ABS 表示"绝对值"，例如：

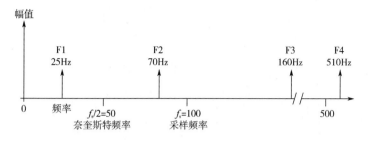

图 9-19　说明混叠的例子

混频偏差 F2 = |100 − 70| = 30（Hz）

混频偏差 F3 = |2×100 − 160| = 40（Hz）

混频偏差 F4 = |5×100 − 510| = 10（Hz）

为了避免这种情况的发生，通常在信号被采集（A/D）之前，经过一个低通滤波器，将信号中高于奈奎斯特频率的信号成分滤去。在图 9-19 所示的例子中，这个低通滤波器的截止频率自然是 25Hz。这个低通滤波器称为抗混叠滤波器。

采样频率应当怎样设置呢？也许你会首先考虑用采集卡支持的最大频率。但是，较长时间使用很高的采样频率可能会导致没有足够的内存，或者硬盘存储数据太慢。理论上设置采样频率为被采集信号最高频率成分的 2 倍就够了，实际上工程中选用 5 ~ 15 倍，有时为了较好地还原波形，甚至更高一些。

通常，信号采集后都要去做适当的信号处理，例如 FFT 等。这里对样本数又有一个要求，一般不能只提供一个信号周期的数据样本，希望有 5 ~ 10 个周期，甚至更多的样本。并且希望所提供的样本总数是整周期个数的倍数。这里又遇到一个困难，有时我们并不知道，或不确切知道被采信号的频率，因此不但采样率不一定是信号频率的整倍数，也不能保证提供整周期数的样本。我们所知道的仅仅是一个时间序列的离散的函数 $x(n)$ 和采样频率。这是我们测量与分析的唯一依据。

（2）采集卡基础

图 9-20 表示了数据采集卡的结构。在数据采集之前，程序将对采集板卡初始化，板卡上和内存中的 Buffer 是数据采集存储的中间环节。数据采集卡采集到的信号在 PC 中用 LabVIEW、Measurement Studio、VI Logger，还有其他的 ADE 软件做各种处理，以实现设计功能。NI 6013/6014 是实验中常用的一种数据采集卡，下面将结合 NI PCI 6013/6014 采集卡讲述采集卡的一些基本知识。

NI PCI 6013/6014 器件是 PCI 的高性能、多功能模拟、数字及定时 I/O 器件。NI 6014 有 16 个 16 位模拟输入通道（AI）、2 个 16 位模拟输出通道（AO）和 8 个数字 I/O（DIO）口。NI 6013 与 NI 6014 基本一样，但 NI 6013 没有模拟输出通道。NI 6013/6014 使用 NI 数据采集系统定时控制器（DAQ-STC）满足与时间相关的函数的要求。DAQ-STC 包含 3 个定时组，用以控制 AI、AO 和多态计数器/定时器函数。这些组总计包含 7 个 24 位、3 个 16 位的计数器和一个最大时间分辨率为 50ns 的定时器。DAQ-STC 使得诸如缓冲脉冲发生器、等时采样和无缝隙采样率转换的应用成为可能。

在 NI 应用开发环境（ADE）或其他应用开发环境中，都使用 NI-DAQ。工作于 NI 6013/6014 的 NI-DAQ 有一个丰富的函数库，此函数库可从 ADE 调用。这些函数允许使用 NI 6013/6014 的所用特性。

NI-DAQ 可实现许多复杂的交互操作，诸如计算机和 DAQ 硬件之间的设计中断。NI-DAQ 在不同版本的软件界面保持一致，这使得当改变版本时，对其进行最少的改动，即可使用。

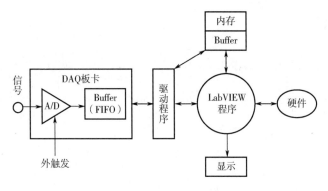

图 9-20　数据采集卡的结构

9.5.2　模拟输入信号源类型

当进行信号连接时，设计者必须首先确定信号源是浮动信号源还是接地信号源。接下来将对这两种信号源进行描述。

（1）浮动信号源

浮动信号源不以任何形式与建筑物地相连接，但是，它有一个孤立的地参考点。浮动信号源常见的例子有变压器的输出、热电偶的输出、电池器件的输出、光隔离器的输出及隔离放大器的输出等。

有孤立输出端的设备或器件就可认为是浮动信号源。设计者必须将输出端的参考地与 NI 6013/6014 模拟地端相连接，用以为信号建立局部或电路板的参考地。否则，测量的输入信号将随着电源的浮动而漂移出正常模式下的输入范围。

（2）接地信号源

接地信号源即电源以某种方式连接到建筑物地，非孤立输出端的设备或器件（已连接到电源系统）就可认为是接地信号源。连接到同一个接地系统的两个设备之间的地电势通常在 1 ~ 100 mV，但是，如果电源分配电路未恰当连接，则这一地电势的值会更大。如果接地信号源被错误测量，这一差值会作为测量误差出现。接地信号源的连接说明，用以消除来自测量信号的地电势的差值。

9.5.3　模拟输入/输出信号的连接

（1）模拟输入信号的连接

接下来的部分将对信号单端测量、差分测量的使用进行阐述，并对浮动信号源的测量和接地信号源的测量给出如下建议。表 9-1 总结了两种信号源类型的推荐输入连接方式。图中 AIGND 为模拟接地端，AISENSE 为模拟输入参考端。

表 9-1　信号的连接方式

输入	输入	
	浮动信号源（不连接到建筑物地）	接地信号源
输入	例子： ① 未接地的热电偶 ② 孤立输入的信号 ③ 电池器件	例子： 非独立输出的插拔设备

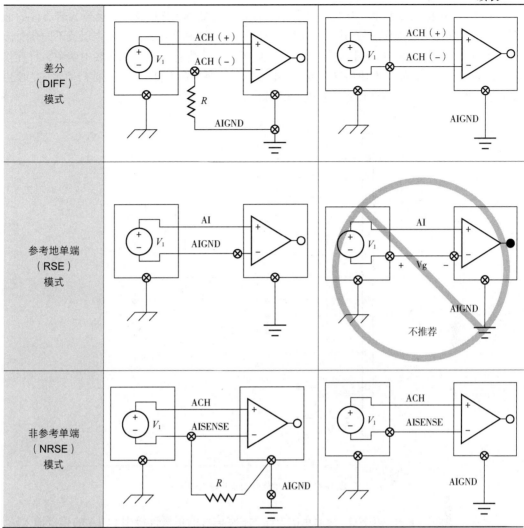

注：1. NI 6013/6014 只有 DIFF 和 NRSE 两种模拟输入模式。可依据对 NI 6013/6014 的不同配置模式，如 NRSE 或 DIFF 模式，用不同的方式使用 NI 6013/6014 内部放大器。

2. 在单端模式下，AIGND 不连接到 PGIA（Programmable Gain Instrumentation Amplifier）的负的输入端，除非有外部接线将其连接到 AISENSE 端。

① 差分连接　所谓差分连接，即信号有自己的参考信号或信号返回路径。在 DIFF 模式下，AI 通道是成对的，即 ACH<i> 作为信号输入端，而 ACH<$i+8$> 作为信号参考端。例如，ACH0 与 ACH8 为一对差分信号，ACH1 与 ACH9 为一对差分信号，依次类推。输入信号连接到表 9-1 中仪用放大器的正极，参考信号或回路信号连接到仪用放大器的负极。

当配置某一通道为 DIFF 模式后，每一个信号使用多路复用器的两个输入端，一端接信号，另一端接参考信号。因此，当每一个通道配置为差分模式，则有 8 路 AI 通道是可用的。差分信号连接降低了噪声的影响，增加了共模抑制比。在以下情形下，应使用 DIFF 输入连接模式：

a. 输入信号为低电平（小于 1V）。

b. 将信号连接到器件的导线长度大于 3m（10ft）。

c. 输入信号要求使用独立的参考地或独立的返回信号。

d. 信号导线处于有噪声的环境。

图 9-21 与图 9-22 所示为如何将各种信号连接到配置为 DIFF 输入连接模式的器件的通道上。在图 9-21 所示的连接方式下，采集卡内 PGIA 可抑制信号的共模噪声以及不同信号源和器件地之间的地电势，如图中所示的 V_{cm}。图 9-22 所示为浮动信号源导线中两个平行连接到电路的偏差电阻。如果不使用这一电阻，电源不可能保持在 PGIA 的共模信号范围内，仪用放大器逐渐趋于饱和，从而产生不正确的输出结果。

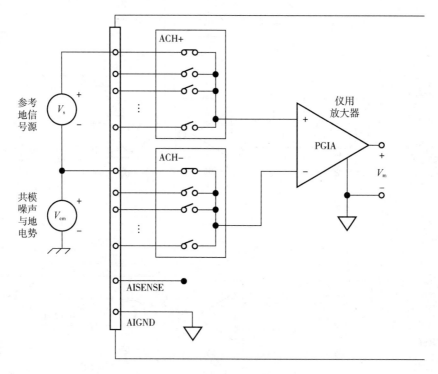

图 9-21   参考地信号的差分输入连接

接入电源必须参考 AIGND。最简单的方法为：将信号的正极连接到 PGIA 的正极输入端，将信号的负极连接到 AIGND，同时连接到 PGIA 的负极输入端，而无须增加任何电阻。这种连接方式适用于低电源阻抗（小于 100Ω）的 DC-耦合电源。

然而，对于较大电源阻抗的状况，这种连接方式使得差分信号路径出现明显的不平衡。正极线上的静电噪声与负极线上的静电噪声不发生耦合，因为它们都被连接到地。因此，噪声是以差分模式出现的，而不是以共模方式出现，并且 PGIA 不对其进行抑制。在这种状况下，不直接连接负极线到 AIGND，而是通过电阻（大约为电源阻抗的 100 倍）连接到 AIGND。这一电阻使得信号通路基本平衡，因此，当同样大小的噪声连接到线路中时，将会有更好的抗静电耦合噪声作用。同时，这一结构不会使电源负载过大（除了会引起 PGIA 的高输入阻抗）。

通过在正极输入端和 AIGND 之间连接相同阻值的电阻，可使得信号通路完全平衡，如图 9-22 所示。这种完全的平衡结构提供较好的抗噪声性能，但是，由于两个电阻的串联，增加了电源负载。例如，电源阻抗为 2 kΩ，则两个电阻阻值都为 100 kΩ，则电阻使电源的负载增加 200 kΩ，并产生 -1% 增益误差。

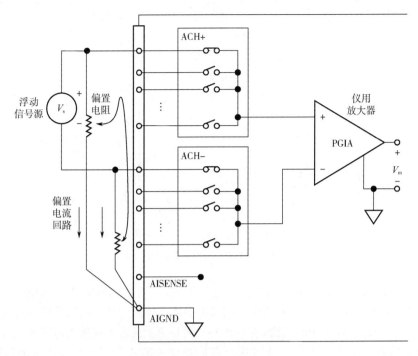

图 9-22　浮动信号的差分输入连接

PGIA 的两个输入端要求与地之间有一条 DC 通道，用以使 PGIA 正常工作。如果电源为 AC coupled（电容耦合），则 PGIA 需要在正极输入端和 AIGND 之间连接一个电阻。如果电源为低阻抗型，则需选择一个电阻，此电阻不能太大，以免增加电源负荷，同时也不能太小，以免产生明显的输入偏移电压，从而导致产生输入偏差电流（通常为 $100k\Omega \sim 1M\Omega$）。在这样的状况下，可直接将负极输入端与 AIGND 连接起来。如果电源具有高输出阻抗特性，则应该按照以前的方法，在正极输入端和负极输入端使用阻值相同的电阻来平衡信号通路。同时应该意识到存在来自电源负载的增益误差。

② 单端连接　单端连接即采集卡的模拟输入信号参考公共地（与其他输入信号共享一个地），单端又可分为 RSE 和 NRSE 两种模式。输入信号连接到放大器的正极，公共地使用 AISENSE 连接到放大器的负极。当每一通道都被配置为单端输入模式，则共有 16 路通道可用。符合以下情形的信号，可使用单端输入连接方式：

a. 输入为高电平（高于 1V）。

b. 连接信号到器件的导线长度小于 3m（10ft）。

c. 输入信号可与其他信号共享一个公共参考地。

NRSE 模式是 NI 6013/6014 器件支持的唯一的一种信号单端连接模式。对于浮动信号源和接地信号源，AISENSE 的连接方式不同。对于浮动信号源，AISENSE 直接连接到 AIGND，并且 NI 6013/6014 为外部信号提供参考接地点。对于接地信号源，AISENSE 被连接到外部信号参考接地点，用于预防电流回流和测量误差。

在单端结构下，信号接线当中存在比差分结构中更多的静电耦合噪声和磁耦合噪声。耦合是由信号通路中的差值引起。磁耦合噪声与两个信号导线间的距离成比例。静电耦合噪声是两导线之间电位差的函数。

图 9-23 所示为如何连接一个浮动信号源到采集卡，通道配置为 NRSE 输入模式的情况。

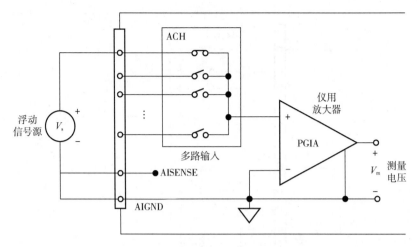

图 9-23 非参考或浮动信号的单端连接

当测量一个单端结构的接地信号源时，必须将采集卡配置为 NRSE 输入模式。然后将信号连接到放大器的正极输入端，并将信号的局部参考地连接到放大器的负极输入端。因此，信号接地点应连接到 AISENSE 引脚。器件地与信号地之间的容差在放大器正极输入端和负极输入端以共模信号的形式出现，并且这一差值被放大器所抑制。如果在这种情形下，将 AISENSE 连接到 AIGND，则地电势的容差在标准电压中以误差形式出现。

图 9-24 所示为如何连接一个接地信号源到 NI 6013/6014 上，通道配置为 NRSE 模式的情况。

图 9-21 和图 9-24 所示为与 NI 6013/6014 参考同一个接地点的信号源的连接。在这些情形下，PGIA 可抑制任何由信号源和器件之间接地容差引起的电压。此外，在差分输入连接方式下，PGIA 可抑制由连接信号源和器件之间的导线引起的共模噪声。PGIA 也可抑制 Vin+ 和 Vin−（输入信号）与 AIGND 之间的压差在 ±11V 内的共模信号。

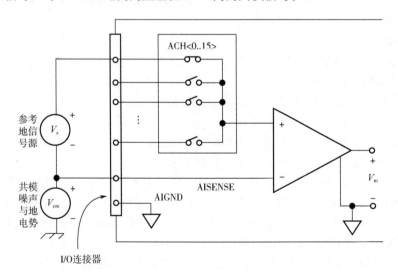

图 9-24 参考地信号的单端连接

（2）模拟输出信号的连接

NI 6014 有模拟信号输出端。图 9-25 所示为如何连接 AO 信号到 NI 6014。图中 DAC0OUT

是 AO channel 0 的电压输出信号端。DAC1OUT 是 AO channel 1 的电压输出信号端。AOGND 是 AO 两个通道及外部参考信号的接地参考端。

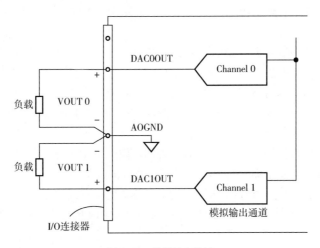

图 9-25　模拟输出连接

9.5.4　数字输入/输出信号的连接

DIO<0..7>组成了 DIO 端口，DGND 为 DIO 端口的接地参考信号。可对所有的数字信号线进行独立编程，确定其输入和输出属性。图 9-26 所示为将 DIO<0..3>配置为数字输入端口，将 DIO<4..7>配置为数字输出端口的示例。数字输入的应用包括接收 TTL 信号和检测外部器件的状态，诸如图 9-26 所示的开关的状态。数字输出的应用包括发送 TTL 信号和驱动外部器件，诸如图 9-26 所示的驱动 LED。

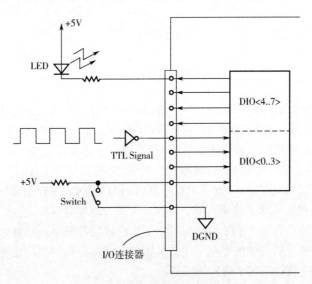

图 9-26　DIO 信号的连接应用

（1）电源连接

I/O 连接器上的两个引脚使用自设置熔丝从计算机电源提供+5V 电压。在过电流状况结束后，熔丝自动在几秒内进行自设置。这些引脚以 DGND 为参考接地点，并可为外部数字电路提供电源。电源的额定功率为 T +4.65 ~ +5.25VDC、1A。

注意：勿直接将+5V 电源引脚直接连接到模拟地或数字地，或 NI 6013/6014 上的其他电压源，或任何其他器件。如果进行了上述操作，则会损坏 NI 6013/6014 和计算机。

（2）定时信号连接

器件的所有外部控制定时都通过标号为 PFI<0..9>的 10 个 PFI 实现。这些信号在可编程功能输入连接部分有详细的说明。这些 PFI 具有双向性，作为输出时，它们是不可编程的，并且反映许多 DAQ、波形发生器和多功能定时信号的状态。有 5 个专门为除时间信号的其他信号提供的输出端。作为输入，PFI 信号是可编程的，可控制任何 DAQ、波形发生器和多功能定时信号。

在 DAQ 定时连接部分对 DAQ 信号做出说明。波形发生定时连接部分对波形发生信号有说明，多功能定时信号连接部分对多功能定时信号做出说明。

连接到器件的所有数字信号以 DGND 为参考地。连接方式如图 9-27 所示，图中为连接一个外部 TRIG1 源和一个外部 CONVERT*源到 NI 6013/6014 的两个 PFI 引脚上的例子。

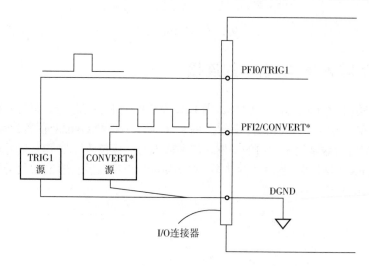

图 9-27　定时信号的连接

① 可编程功能输入连接　器件有 13 个外部时间信号，其可以通过 PFI 引脚对其进行控制。当想要对其控制时，这些信号的源可通过软件选择任意一个 PFI 引脚。这一灵活的连接方式，使得当在不同的应用时，无须改变器件 I/O 连接器上的实际连线。

可以独立使用任意一个 PFI 引脚输出一个指定的内部时间信号。例如，如果需要 CONVERT* 信号作为输出信号，则可用软件开启 PFI2/CONVERT*引脚的输出启动器。

注意：当某个 PFI 被设置为输出时，勿在其上加外部驱动信号。

作为输入，可独立为每个 PFI 引脚配置触发边沿或触发电平及极性。可对任意一个时间信号选择极性，但触发边沿或触发电平的选择则须依据被控制的时间信号而定。每个时间信号的触发要求都被列在讨论各个信号的部分。

在边沿触发模式下，最小脉冲时间宽度要求为 10ns。这一要求对于上升沿极性配置和下降沿极性配置都适用。在边沿触发模式中，没有要求最大脉冲时间宽度。在电平触发模式下，虽然 PFI 没有要求最小、最大脉冲时间宽度，但是，被控制的特定时间信号对其有限制。相关的限制将在本章的最后部分列出。

② DAQ 定时连接　DAQ 定时信号包括 TRIG1、TRIG2、STARTSCAN、CONVERT*、

AIGATE、SISOURCE、SCANCLK 和 EXTSTROBE*。

　　pretriggered 数据采集方式允许触发之后，触发信号及采集信号到来之前查看所采集的信号。图 9-28 出示了一个典型的 pretriggered DAQ 序列。图中所提到的信号的描述将在下文列出。

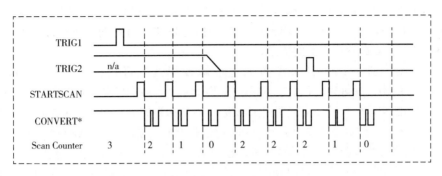

图 9-28　典型的 pretriggered DAQ 时序图

　　a. TRIG1 Signal　任何一个 PFI 引脚可外部输入 TRIG1 信号，而在 PFI0/TRIG1 引脚为一个输出端时，这一信号才是有用的。查阅图 9-29，可得出 TRIG1 与 DAQ 序列之间的关系。

　　作为输入，TRIG1 被配置为边沿触发模式。可选择任意一个 PFI 引脚作 TRIG1 的源，并可为上升沿或下降沿选择极性。为 TRIG1 所选择的边沿方式是作为 posttriggered 和 pretriggered 两种方式数据采集的启动信号。作为输出，即使数据采集是由另外的 PFI 通过外部触发进行的，TRIG1 也可反映启动某一次 DAQ 序列的行为。其输出为高电平，脉宽为 50～100ns。这一输出端在启动时被设置为高阻抗方式。图 9-29 和图 9-30 出示了 TRIG1 的输入、输出时间要求。

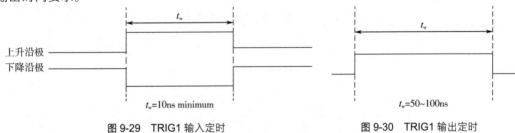

图 9-29　TRIG1 输入定时　　　　　　　　图 9-30　TRIG1 输出定时

　　器件也可使用 TRIG1 启动 pretriggered DAQ 操作。在绝大多数 pretriggered 应用中，TRIG1 由软件触发生成。关于在 pretriggered DAQ 操作中使用 TRIG1 和 TRIG2 的详细描述，请查阅 "TRIG2 Signal"。

　　b. TRIG2 Signal　任何一个 PFI 引脚可外部输入 TRIG2 信号，在 PFI1/TRIG2 引脚为一个输出端时，这一信号是非常有用的。查阅图 9-28，可得出 TRIG2 与 DAQ 序列之间的关系。

　　作为输入，TRIG2 被配置为边沿触发模式。可选择任意一个 PFI 引脚作 TRIG2 的源，并可为上升沿或下降沿选择极性。为 TRIG2 所选择的边沿方式是作为 pretriggered 方式数据采集序列的 posttriggered 相位的启动信号。在 pretriggered 模式下，TRIG1 信号启动数据采集。Scan Counter（SC）显示了 TRIG2 被识别出之前的最小扫描数。当 SC 降为 0 后，若数据采集连续进行，则加载 posttriggered 扫描数，用以采集。如果 TRIG2 先于 SC 降为 0，则器件忽略 TRIG2。当 TRIG2 所选择的边沿被检测到后，器件获取固定的扫描数，采集结束。这一方式在接收到 TRIG2 的前后采集数据。

作为输出，即使数据采集是由另外的 PFI 通过外部触发进行的，TRIG2 也可反映 pretriggered DAQ 序列中的 posttriggered。TRIG2 在 posttriggered 数据采集中不使用。其输出为高电平，脉宽为 50 ~ 100ns。这一输出端在启动时被设置为高阻抗方式。TRIG2 的输入、输出时间要求与 TRIG1 类似。

　　c. STARTSCAN Signal　任何一个 PFI 引脚可作为 STARTSCAN 信号的输入端，在 PFI7/STARTSCAN 引脚为一个输出端时，这一信号是非常有用的。查阅图 9-31，可得出 STARTSCAN 与 DAQ 序列之间的关系。

　　作为输入，STARTSCAN 被配置为边沿触发模式。可选择任意一个 PFI 引脚作 STARTSCAN 的源，并可为上升沿或下降沿选择极性。为 STARTSCAN 所选择的边沿方式是作为某次扫描的启动信号。如果选择内部触发 CONVERT*方式，则启动采样间隔计数器。

　　作为输出，即使数据采集是由另外的 PFI 通过外部触发进行的，STARTSCAN 也可反映启动某次扫描的实际触发脉冲。可选择两种输出方式。一个为高电平脉冲，脉宽为 50 ~ 100ns，可反映扫描的启动。另外一个也为高电平脉冲，它是在扫描中的最后一次转换的起始终止，可反映扫描的全过程。STARTSCAN 在扫描启动后的最后一次转换后得到 t_{off}。这一输出端在启动时被设置为高阻抗方式。

　　图 9-31 和图 9-32 所示为 STARTSCAN 信号的输入、输出时间要求。

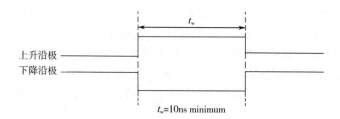

图 9-31　STARTSCAN 信号的输入定时

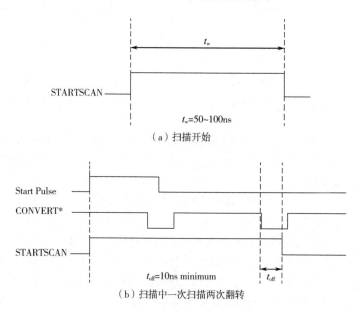

图 9-32　STARTSCAN 输出信号定时

CONVERT*脉冲信号一直保持为 0，直至器件产生 STARTSCAN 信号才跳变为 1。如果选择使用内部信号产生转换，则当面板上的采样转换信号（SI2）降低为 0 时，才出现第一个 CONVERT*信号。如果选择外部 CONVERT*，则当 STARTSCAN 发生转换，出现一个外部脉冲信号。STARTSCAN 脉冲信号应至少间隔一个扫描周期。

NI 6013/6014 的计数器是在内部生成 STARTSCAN 信号，但也可选择外部信号源生成 STARTSCAN 信号。这一计数器由 TRIG1 信号进行启动，由软件或采样计数器终止。

由内部或外部 STARTSCAN 信号生成的扫描信号是被抑制的，除非是在 DAQ 序列中生成。发生在 DAQ 序列中的扫描信号由硬件信号（AIGATE）或软件命令寄存器门限限制。

d. CONVERT* Signal　任何一个 PFI 引脚可作为 CONVERT*信号的输入端，在 PFI2/CONVERT*引脚为一个输出端时，这一信号是非常有用的。查阅图 9-33，可得出 CONVERT*与 DAQ 序列之间的关系。

作为输入，CONVERT*被配置为边沿触发模式。可选择任意一个 PFI 引脚作 CONVERT* 的源，并可为上升沿或下降沿选择极性。为 CONVERT*所选择的边沿方式是作为 A/D 转换的启动信号。

ADC 在所选择的边沿的 60ns 切换到保持状态。这一保持状态的延迟时间是关于温度的函数，并且从一次转换到下一次转换不发生改变。CONVERT* 脉冲应至少间隔 5（在 200 kHz 采样频率下）。

作为输出，即使转换是由另外的 PFI 通过外部触发进行的，CONVERT*也可反映连接到 ADC 的实际转换脉冲。其输出为低电平，脉宽为 50～150ns。这一输出端在启动时被设置为高阻抗方式。图 9-33 和图 9-34 所示为 CONVERT*信号的输入、输出时间要求。

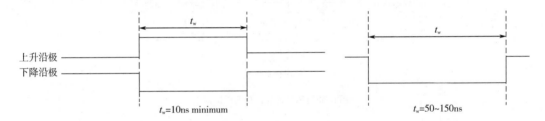

图 9-33　CONVERT*输入信号定时　　　　图 9-34　CONVERT*输出信号定时

不选择外部信号源时，NI 6013/6014 上的 SI2 计数器通常用以产生 CONVERT*信号。这一计数器由 STARTSCAN 信号启动，并进行下计数，直至扫描结束后，对其进行再装载。再装载的目的为当下一个 STARTSCAN 脉冲到达后，进行下一次计数。

由内部或外部 CONVERT*信号生成 A/D 转换，除非这一事件发生在 DAQ 序列中。发生在 DAQ 序列中的扫描信号由硬件信号（AIGATE）或软件命令寄存器门限限制。

e. AIGATE Signal　任何一个 PFI 引脚都可作为 AIGATE 信号的输入端，在 I/O 连接器为一个输出端时，这一信号是没有意义的。在某一 DAQ 序列中，AIGATE 信号可终止扫描。在电平检测模式中，可选择任意 PFI 引脚作为 AIGATE 信号的信号源。同时可为高电平有效 PFI 引脚或低电平 PFI 引脚配置极性。在电平检测模式下，如果 AIGATE 有效，则 STARTSCAN 信号无效，即没有扫描发生。

AIGATE 不能在转换过程中终止扫描，终止扫描后也不能继续被 AIGATE 扫描。换句话说，一旦扫描被启动，则 AIGATE 不能终止转换，直至下次扫描开始，相反，如果扫描被 AIGATE 信号终止，AIGATE 信号也不能继续本次扫描，需等待下一次扫描启动。

f. SISOURCE Signal　任何一个 PFI 引脚都可作为 SISOURCE 信号的输入端，在 I/O 连接器为输出端时，这一引脚是没有意义的。器件上的扫描间隔计数器使用 SISOURCE 作为时钟，

对 STARTSCAN 信号的生成进行计时。在电平检测模式中，可选择任意 PFI 引脚作为
SISOURCE 信号的信号源。同时可为高电平有效 PFI 引脚或低电平 PFI 引脚配置极性。

它的最大允许频率为 20MHz，高电平或低电平的最小脉冲时间为 23ns。其没有最小频率
限制。

在没有外部输入源时，由 20MHz 或 100kHz 内部时钟生成 SISOURCE 信号。图 9-35 所示
为 SISOURCE 信号的时间要求。

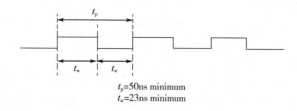

图 9-35　SISOURCE 信号的定时

g. SCANCLK Signal　SCANCLK 是一个输出信号，它在一次 A/D 转换开始后，产生一个
脉宽为 50～100ns 引起边沿触发的脉冲。这一输出的极性是由软件设定的，但是常被特别设
定，因此，它的上升沿可告知 AI 多路复用器何时输入信号可采样，何时可去除输入。这一信
号的脉宽为 400～500ns，并且可用软件激活。图 9-36 出示了 SCANCLK 信号的时间要求。

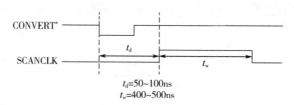

图 9-36　SCANCLK 信号的时序

注意：当使用 NI-DAQ、SCANCLK 时，极性为从低到高，且不能通过编程对其进行修改。

h. EXTSTROBE* Signal　EXTSTROBE*是一个输出信号，在 hardware-strobe 模式下，生
成一个单脉冲或 8 脉冲的序列。外部器件可使用这一信号锁存信号或触发事件。在单脉冲模
式下，使用软件控制 EXTSTROBE*的电平。在 hardware-strobe 模式下，10μs 和 1.2μs 的时钟
对于生成一个 8 脉冲序列是有用的。图 9-37 所示为 hardware-strobe 模式下，EXTSTROBE* 信
号的时间要求。

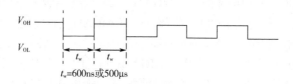

图 9-37　EXTSTROBE*信号的定时

注意：EXTSTROBE*不可被 NI-DAQ 激活。

③ 波形发生定时连接　由 WFTRIG、UPDATE*和 UISOURCE 信号控制器件的模拟输入
输出组。

a. WFTRIG Signal　任何一个 PFI 引脚都可作为 WFTRIG 信号的输入端口，在 PFI6/

WFTRIG 引脚为输出时，才是有用的。

作为输入，WFTRIG 被配置为边沿触发模式。可选择任意一个 PFI 引脚作 WFTRIG 的信号源，并可为上升沿或下降沿选择极性。为 WFTRIG 所选择的边沿方式是作为 DAC 波形发生的启动信号。如果选择内部生成 UPDATE*信号，则会启动更新间隔（UI）计数器。

作为输出，即使波形发生是由另外的 PFI 通过外部触发进行的，WFTRIG 也可反映出启动波形发生的触发脉冲。其输出为高电平有效，脉宽为 50～100ns。这一输出端在启动时被设置为高阻抗方式。图 9-38 和图 9-39 所示为 WFTRIG 信号的输入、输出的时间要求。

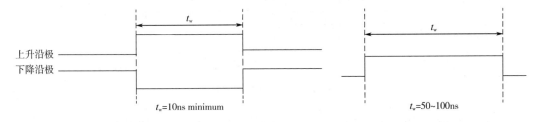

图 9-38　WFTRIG 输入信号定时　　　　　图 9-39　WFTRIG 输出信号定时

b. UPDATE* Signal　任何一个 PFI 引脚都可作为 UPDATE*信号的输入端口，在 PFI5/UPDATE*引脚为输出时，才是有用的。

作为输入，UPDATE*被配置为边沿触发模式。可选择任意一个 PFI 引脚作 UPDATE*的信号源，并可为上升沿或下降沿选择极性。为 UPDATE*所选择的边沿方式是作为 DAC 输出的更新信号。为了使用 UPDATE*信号，需设置 DAC 为 posted-update 模式。

作为输出，即使更新是由另外的 PFI 通过外部触发进行的，UPDATE*也可反映出连接到 DAC 的实际更新脉冲。其输出为低电平有效，脉宽为 300～350ns。这一输出端在启动时被设置为高阻抗方式。图 9-40 和图 9-41 所示为 UPDATE*信号的输入、输出的时间要求。

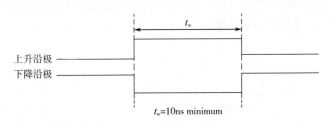

图 9-40　UPDATE*信号的输入定时

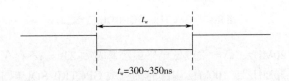

图 9-41　UPDATE*信号的输出定时

DAC 是在引导边沿（Leading edge）的 100ns 内被更新的，使 UPDATE*脉冲之间有足够的间隔，则有新的数据可写入 DAC 锁存器。

在没有外部信号时，UI（更新间隔）计数器用以生成 UPDATE*信号。UI 计数器由 WFTRIG 信号启动，由软件或内部缓存计数器（BC）终止。

当被软件命令寄存器门限限制时，由内部或外部 UPDATE*信号启动的 D/A 转换不会发生。

c. UISOURCE Signal　任何一个 PFI 引脚都可作为 UISOURCE 信号的输入端口，在 I/O 连接器为输出时，这一引脚是没用的。

UI 计数器使用 UISOURCE 信号作为时钟，记录 UPDATE*信号的生成时间。在电平触发模式，必须配置所选择的 PFI 引脚作为 UISOURCE 信号的信号源，同时为高电平有效 PFI 引脚或低电平 PFI 引脚配置极性。图 9-42 出示了 UISOURCE 信号的时间要求。

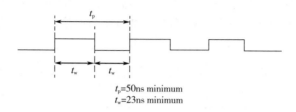

t_p=50ns minimum
t_w=23ns minimum

图 9-42　UISOURCE 信号定时

最大允许频率为 20MHz，高电平或低电平最小脉宽为 23ns。不存在最小脉宽限制。在没有外部输入源时，由 20MHz 或 100kHz 内部时钟生成 UISOURCE 信号。

④ 多功能定时信号连接　多功能定时信号包括 GPCTR0_SOURCE、GPCTR0_GATE、GPCTR0_OUT、GPCTR0_UP_DOWN、GPCTR1_SOURCE、GPCTR1_GATE、GPCTR1_OUT、GPCTR1_UP_DOWN 和 FREQ_OUT。

a. GPCTR0_SOURCE Signal　任何一个 PFI 引脚都可作为 GPCTR0_SOURCE 信号的输入端口，在 PFI8/GPCTR0_ SOURCE 引脚为输出端时，才是有用的。

作为输入，GPCTR0_SOURCE 信号可被配置为边沿触发模式。可选择任意一个 PFI 引脚作 GPCTR0_SOURCE 的信号源，并可为上升沿或下降沿选择极性。

作为输出，即使是由另外的 PFI 通过外部提供时钟信号的，GPCTR0_SOURCE 也可反映出连接到多功能计数器 0 的实际时钟。这一输出端在启动时被设置为高阻抗方式。图 9-43 所示为 GPCTR0_SOURCE 信号的时间要求。

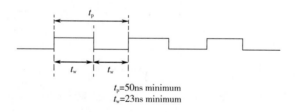

t_p=50ns minimum
t_w=23ns minimum

图 9-43　GPCTR0_SOURCE 信号定时

最大允许频率为 20MHz，高电平或低电平最小脉宽为 23ns。不存在最小脉宽限制。在没有外部输入源时，由 20MHz 或 100kHz 内部时钟生成 GPCTR0_SOURCE 信号。

b. GPCTR0_GATE Signal　任何一个 PFI 引脚都可作为 GPCTR0_GATE 信号的输入端口，在 PFI9/GPCTR0_GATE 引脚为输出端时，这一信号才是有用的。

作为输入，GPCTR0_GATE 信号可被配置为边沿触发模式。可选择任意一个 PFI 引脚作 GPCTR0_GATE 的信号源，并可为上升沿或下降沿选择极性。在各种不同的应用中，可使用门信号执行诸如启动和终止计数器、产生中断、保存计数结果等操作。

作为输出，即使是由另外的 PFI 通过外部提供门限信号的，GPCTR0_GATE 也可反映出连接到多功能计数器 0 的实际门限信号。这一输出端在启动时被设置为高阻抗方式。图 9-44

所示为 GPCTR0_GATE 信号的时间要求。

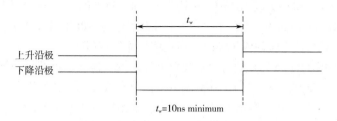

图 9-44　在边沿检测模式下的 GPCTR0_GATE 信号定时

c. GPCTR0_OUT Signal　这一信号只有 GPCTR0_OUT 引脚作为输出时才有效。GPCTR0_OUT 反映多功能计数器 0 终止计数（TC）。设计者有两种可选择的软件输出方式——Pulse on TC 和 Toggle Output polarity on TC。两个选项的输出极性具有软件可选择性。这一输出端在启动时被设置为高阻抗方式。

图 9-45 出示了 GPCTR0_OUT 信号的时间要求。

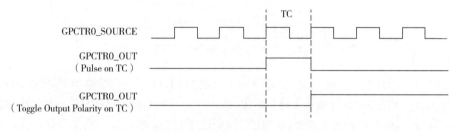

图 9-45　GPCTR0_OUT 信号定时

注意：当互相关 DIO 使用外部时钟模式时，这一引脚用作外部时钟的输入端。

d. GPCTR0_UP_DOWN Signal　这一信号可使用 DIO6 引脚，通过外部输入方式对其赋值，但当其作为 I/O 连接器的输出端时，这一信号则没有意义。当这一引脚的值为逻辑低时，多功能计数器 0 下计数；当这一引脚的值为逻辑高时，多功能计数器 0 上计数。也可使这一输入无效，以便软件控制其上、下计数，而释放 DIO6 引脚作为普通引脚使用。

e. GPCTR1_SOURCE Signal　任何一个 PFI 引脚都可作为 GPCTR1_SOURCE 信号的输入端口，在 PFI3/GPCTR1_ SOURCE 引脚为输出端时，这一信号才是有用的。

作为输入，GPCTR1_SOURCE 信号可被配置为边沿触发模式。可选择任意一个 PFI 引脚作 GPCTR1_SOURCE 的信号源，并可为上升沿或下降沿选择极性。

作为输出，即使是由另外的 PFI 通过外部提供时钟信号的，GPCTR1_SOURCE 也可反映出连接到多功能计数器 1 的实际时钟。这一输出端在启动时被设置为高阻抗方式。

图 9-46 出示了 GPCTR1_SOURCE 信号的时间要求。

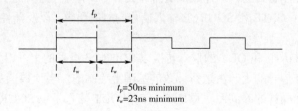

图 9-46　GPCTR1_SOURCE 信号定时

最大允许频率为 20MHz，高电平或低电平最小脉宽为 23ns。不存在最小脉宽限制。在没有外部输入源时，由 20MHz 或 100kHz 内部时钟生成 GPCTR1_SOURCE 信号。

f. GPCTR1_GATE Signal　任何一个 PFI 引脚都可作为 GPCTR1_GATE 信号的输入端口，在 PFI9/GPCTR0_GATE 引脚为输出端时，这一信号才是有用的。

作为输入，GPCTR1_GATE 信号可被配置为边沿触发模式。可选择任意一个 PFI 引脚作 GPCTR1_GATE 的信号源，并可为上升沿或下降沿选择极性。在各种不同的应用中，可使用门信号执行诸如启动和终止计数器、产生中断、保存计数结果等操作。

作为输出，即使是由另外的 PFI 通过外部提供门限信号的，GPCTR1_GATE 也可反映出连接到多功能计数器 1 的实际门限信号。这一输出端在启动时被设置为高阻抗方式。

图 9-47 出示了 GPCTR1_GATE 信号的时间要求。

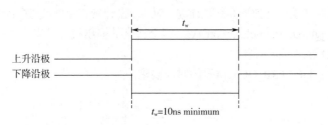

图 9-47　在边沿检测模式下 GPCTR1_GATE 信号的定时

g. GPCTR1_OUT Signal　这一信号只有 GPCTR1_OUT 引脚作为输出时才有效。GPCTR1_OUT 反映多功能计数器 1 终止计数（TC）。设计者有两种可选择的软件输出方式——Pulse on TC 和 Toggle Output Polarity on TC。两个选项的输出极性具有软件可选择性。这一输出端在启动时被设置为高阻抗方式。

图 9-48 所示为 GPCTR1_OUT 信号的时间要求。

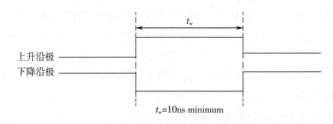

图 9-48　GPCTR1_OUT 信号的定时

h. GPCTR1_UP_DOWN Signal　这一信号可使用 DIO7 引脚，通过外部输入方式对其赋值，但当其作为 I/O 连接器的输出端时，这一信号则没有意义。当这一引脚的值为逻辑低时，多功能计数器 1 下计数；当这一引脚的值为逻辑高时，多功能计数器 1 上计数。也可使这一输入无效，以便软件控制其上、下计数，从而释放 DIO6 引脚作为普通引脚使用。

图 9-49 显示出了 GATE 和 SOURCE 输入信号的时间要求，以及器件的 OUT 输出信号的时间说明。

图 9-49 所示的 GATE 和 OUT 的信号转换以 SOURCE 信号的上升沿为参考。此图是在假定图中的计数器是在信号的上升沿进行计数的基础上绘制的。当计数器被设置为下降沿开始计数时，也可绘制出同样的时间图，只是 GATE 和 OUT 信号是以 SOURCE 信号的下降沿为参考，并进行反转。

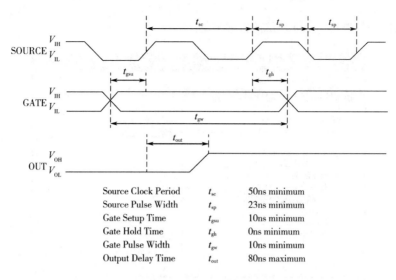

Source Clock Period	t_{sc}	50ns minimum
Source Pulse Width	t_{sp}	23ns minimum
Gate Setup Time	t_{gsu}	10ns minimum
Gate Hold Time	t_{gh}	0ns minimum
Gate Pulse Width	t_{gw}	10ns minimum
Output Delay Time	t_{out}	80ns maximum

图 9-49　GPCTR 时序总结

GATE 输入时间参数可作为 SOURCE 输入信号或 NI 6013/6014 器件生成的信号的参考指标。图 9-49 出示了参考 SOURCE 信号的上升沿的 GATE 信号。GATE 应至少在 SOURCE 信号的上升沿或下降沿到达的前 10ns 有效（GATE 既可为高电平，也可为低电平），以便 GATE 在 SOURCE 的边沿有效，如图 9-49 中 t_{gsu} 和 t_{gh} 参数。在 SOURCE 信号的有效边沿到达之后，不需要保持 GATE 信号。

如果使用内部时钟信号，则门信号与时钟信号不同步。在这种情形下，门信号被屏蔽，时钟信号源在这一边沿或下一边沿起作用。此时，不同步的门信号源会引起一个不确定的源时钟周期。

OUT 输出时间参数可作为 SOURCE 输入信号或 NI 6013/6014 器件生成的信号的参考指标。图 9-49 出示了参考 SOURCE 信号的上升沿的 OUT 信号。SOURCE 信号的上升沿或下降沿到达后的 80ns 内，任何一个 OUT 信号的状态会发生改变。

i. FREQ_OUT Signal　这一信号只有在 FREQ_OUT 引脚被配置为输出时才有效。器件的频率发生器经由 FREQ_OUT 引脚输出信号。这里的频率发生器为一个 4-bit 计数器，可对输入时钟进行 1 ~ 16 分频。频率发生器的输入时钟可进行软件选择，可选择器件的内部时钟频率为 10MHz 和 100kHz。其输出极性也可进行软件选择。这一输出端口在启动时被设置为高阻状态。

9.5.5　数据采集卡的应用

待硬件安装完毕后，要安装数据采集卡的软件驱动以及资源管理程序。采集卡使用之前，应在资源管理程序"Measurement&Automation Explorer"中进行测试和必要的设置。数据采集系统进行调试之前和运行中发生异常时，也需要首先对数据采集设备进行测试，以排除硬件故障。

"Measurement&Automation Explorer"是访问计算机当中 NI 的各种软硬件资源的一个接口，图 9-50 所示是程序的窗口，在树形结构下，我们看到有本机系统和远程系统两大项，本书没用到远程采集，所以对远程系统不做介绍。本机系统下有"Data Neighborhood"和"Devices and Interfaces"子树，在硬件与接口子树下可以看到数据采集卡 PCI-6014 已经安装好，且知

PCI-6014 只限于传统 NI-DAQ 系统的数据采集。

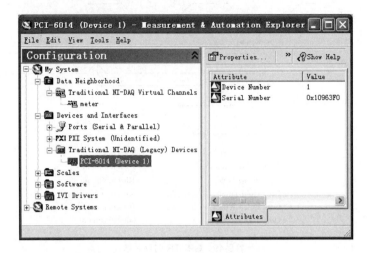

图 9-50 "Measurement&Automation Explorer"窗口

在本机系统"My System"项下可以完成以下任务：

① 创建新的虚拟通道、任务和标度等。在传统 DAQ 系统中可以使用物理通道定址，也可以使用虚拟通道定址。物理通道定址不需要在"Measurement&Automation Explorer"中进行通道设置，只要在程序中数据采集函数的通道参数中写入实实在在的通道号就能访问指定通道采集数据；可通过右键单击"Data Neighborhood"来新建一个传统 DAQ 虚拟通道，如图 9-50 中的"meter"，选择新建通道后，在创建虚拟通道向导的引导下一步步选择通道类型、通道名、传感器类型、信号单位、标度、可使用的数据采集设备等。

② 查看连接到系统的设备和仪器。

③ 对 NI 硬件进行安装和设置，图 9-50 中右边框内是关于数据采集卡的属性配置文件。在 PCI-6014 上单击右键选"Properties"可对设备进行设置，如图 9-51 所示。在这个对话框中各标签下的内容如下：

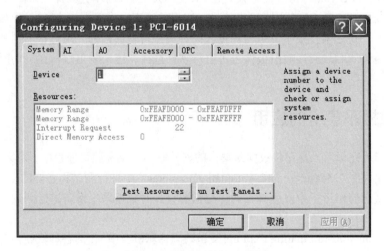

图 9-51 "设备属性"对话框

"System"：包括设备的编号和 Windows 给卡分配的系统资源，在这个标签下单击"Test Resources"按钮，弹出一个对话框，说明资源已通过测试。

"AI"：包括设备默认的采样范围和信号的连接方式（PCI-6014 可选差分或非参考单端方式）。

"AO"：显示系统默认的模拟输出极性"Bipolar"，双极性表示模拟输出既包含正值也包含负值。

"Accessory"：数据采集卡的附件（I/O 接线板），选 CB-68LP。

"OPC"：使用 OPC 服务器时设备的重校准周期。

"Remote Access"：设置远端客户对此设备访问的口令。

单击"System"下的"Test Panels"选项可对设备进行详细测试，开始测试前按参考单端方式将 CB-68LP 接线端子的 68 针与 22 针、67 针与 55 针分别连接起来，这样使数据采集卡的模拟输出 0 通道为模拟输入 0 通道提供信号。模拟输出测试如图 9-52 所示，选择 0 通道，可选择输出直流电压或正弦波，并可调节幅度。选"Analog Input"页可进行模拟输入测试，如图 9-53 所示，产生的正弦波是由模拟输出通道 0 提供的，回到"Analog Input"页下可选择输出直流电压，拖动幅值滑块选择一个电压值，单击"Update Channel"按钮，再回到模拟输入测试，观察直流电压输入情况。但测试结束后需要回到模拟输出测试面板把电压值拖回 0，然后单击"Update Channel"，否则输出电压值会一直保持到关机。

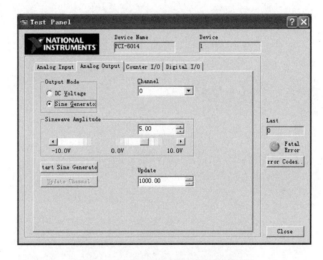

图 9-52　传统 DAQ 模拟输出测试面板

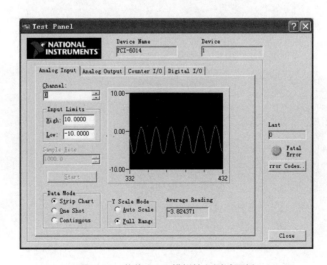

图 9-53　传统 DAQ 模拟输入测试面板

其他测试由于本书中没有用到，所以不作说明。设备通过测试后，就可通过数据采集卡把数据采集到计算机中进行处理。数据处理可在 LabVIEW 中实现，LabVIEW 含有信号处理模块和输入/输出模块，可编程实现所要求的功能，完成虚拟仪器设计。

习题与思考题

1. 在 Multisim 软件中导入 LabVIEW 虚拟仪器，对软件系统有什么要求？

2. 什么是数据采样原理？

3. 模拟输入信号源包括哪几种？它们有什么区别？

4. 假设采样频率 f_s 是 150Hz，信号中含有 50Hz、70Hz、160Hz 和 510Hz 的成分，将产生畸变的频率成分是哪些？新产生的畸变频率为多少？

第 10 章

综合设计实例——小型称重系统设计

10.1　设计任务

本例是利用金属箔式应变片设计一个小型称重装置。硬件部分包括应变片模型和测量电路（是在 Multisim 中仿真设计的），软件显示与分析部分由 LabVIEW 虚拟仪器完成。整个测量系统的仿真全部在软件环境中完成，最终测量系统可直接显示称重值。本设计完成过程中需要掌握以下几点。

① 掌握金属箔式应变片的应变效应，单臂、全桥电桥工作原理和性能。
② 学会利用应变片原理建立仿真模型。
③ 比较单臂与全桥电桥的不同性能，了解其特点。
④ 学会使用全桥电路。
⑤ 会使用图形化语言编程实现虚拟仪器的功能。

10.2　测量电路原理与设计

10.2.1　传感器模型的建立

电阻应变片的工作原理是基于电阻应变效应，即在导体产生机械变形时，它的电阻值相应发生变化。应变片是由金属导体或半导体制成的电阻体，其阻值将随着压力所产生的变化而变化。对于金属导体，电阻变化率的表达式为

$$\frac{\Delta R}{R} \approx (1+2\mu)\varepsilon \tag{10-1}$$

式中，μ 为材料的泊松系数；ε 为应变量。

通常把单位应变所引起的电阻相对变化称作电阻丝的灵敏系数，对于金属导体，其表达式为

$$k_0 = \frac{\Delta R / R}{\varepsilon} = 1+2\mu \tag{10-2}$$

所以

$$\frac{\Delta R}{R} = k_0\varepsilon \tag{10-3}$$

在外力作用下，应变片产生变化，同时应变片电阻也发生相应变化。当测得阻值变化为

ΔR 时，可得到应变值 ε，根据应力与应变关系，得到应力值为

$$\sigma = E\varepsilon \tag{10-4}$$

式中，σ 为应力；ε 为应变量（为轴向应变）；E 为材料的弹性模量，kgf/mm²。

重力 G 与应力 σ 的关系为

$$G = mg = \sigma S \tag{10-5}$$

式中，G 为重力；S 为应变片截面积。

根据以上各式可得到

$$\frac{\Delta R}{R} = \frac{k_0}{ES}mg \tag{10-6}$$

由此便得出了应变片电阻变化与重物质量的关系，即

$$\Delta R = \frac{k_0}{ES}gRm \tag{10-7}$$

根据应变片常用的材料（如康铜）取

$$k_0 = 2; \quad E = 16300\text{kgf/mm}^2; \quad S = 1\text{cm}^2 = 100\text{mm}^2; \quad R = 348\ \Omega; \quad g = 9.8\text{m/s}^2$$

$$\Delta R = [(2 \times 9.8 \times 348)/(16300 \times 100)]m = 0.004185m$$

所以，在 Multisim 中可以建立如图 10-1 所示模型来代替应变片进行仿真。

在图 10-1 中，R_1 模拟的是不受压力时的电阻值 R_0，压控电阻用来模拟电阻值的变化 ΔR，V 可理解为重物的质量 m（kg）。当 V 反接时，表示受力相反。

10.2.2 桥路部分电路原理

电阻应变计把机械应变转换成 $\Delta R/R$ 后，应变电阻变化一般很微小，这样小的电阻变化既难以直接精确测量，又不便直接处理。因此，必须采用转换电路，把应变计的 $\Delta R/R$ 变化转换成电压或电流变化。通常采用惠斯登电桥电路实现这种转换。

图 10-2 所示的是直流电桥。对于单臂电桥，当电桥平衡时 $U_\text{o}=0$，相对的两臂电阻乘积相等，即

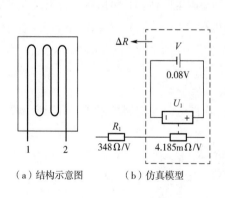

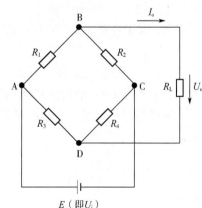

（a）结构示意图　（b）仿真模型

图 10-1　金属丝式应变片模型

图 10-2　直流电桥

$$R_1R_4 = R_2R_3 \tag{10-8}$$

$$U_o = \frac{(R_4 / R_3)(\Delta R_1 / R_1)}{(1 + \Delta R_1 / R_1 + R_2 / R_1)(1 + R_4 / R_3)} U_i \quad (10\text{-}9)$$

设桥臂比 $n = R_2/R_1 = R_4/R_3$，由于 $\Delta R_1 \ll R_1$，分母中 $\Delta R_1/R_1$ 可忽略，于是

$$U_o \approx U_i \frac{n}{(1+n)^2} \times \frac{\Delta R_1}{R_1} \quad (10\text{-}10)$$

电桥电压灵敏度定义为

$$S_v = \frac{U_o}{\Delta R_1 / R_1} = U_i \frac{n}{(1+n)^2} \quad (10\text{-}11)$$

从上式分析可以发现：

① 电桥电压灵敏度正比于电桥供电电压，供电电压越高，电桥电压灵敏度越高。但是，供电电压的提高受到应变片的允许功耗的限制，所以一般供电电压应适当选择。

② 电桥电压灵敏度是桥臂比 n 的函数，因此必须恰当地选择桥臂比 n 的值，保证电桥具有较高的电压灵敏度。

由 $\frac{\partial S_v}{\partial n} = 0$ 求 S_v 的最大值，由此得

$$\frac{\partial S_v}{\partial n} = \frac{1 - n^2}{(1+n)^4} = 0 \quad (10\text{-}12)$$

求得 $n = 1$ 时，S_v 最大。也就是供电电压确定后，当 $R_1 = R_2$，$R_3 = R_4$ 时，电桥的电压灵敏度最高，此时可得到

$$U_o \approx \frac{1}{4} U_i \frac{\Delta R_1}{R_1} \quad (10\text{-}13)$$

$$S_v = \frac{1}{4} U_i \quad (10\text{-}14)$$

由上式可知，当电源电压 U_i 和电阻相对变化 $\Delta R_1/R_1$ 一定时，电桥的输出电压及其灵敏度也是定值，且与各桥臂阻值大小无关。

由于上面的分析中忽略了 $\Delta R_1/R_1$，所以存在非线性误差，解决的办法有如下两种。

① 提高桥臂比：提高了桥臂比，非线性误差可以减小，但从电压灵敏度 $S_v \approx \frac{1}{n} U_i$ 考虑，灵敏度将降低，这是一种矛盾。因此，采用这种方法的时候应该适当提高供桥电压 U_i。

② 采用差动电桥：根据被测试件的受力情况，若使一个应变片受拉，另一个受压，则应变符号相反；测试时，将两个应变片接入电桥的相邻臂上，成为半桥差动电路，则电桥输出电压为

$$U_o = U_i \left(\frac{R_1 + \Delta R_1}{R_1 + \Delta R_1 + R_2 - \Delta R_2} - \frac{R_3}{R_3 + R_4} \right) \quad (10\text{-}15)$$

若 $\Delta R_1 = \Delta R_2$，$R_1 = R_2$，$R_3 = R_4$，则有

$$U_o = \frac{1}{2} U_i \frac{\Delta R_1}{R_1} \quad (10\text{-}16)$$

由此可知，U_o 和 $\Delta R_1/R_1$ 呈线性关系，差动电桥无非线性误差，而且电压灵敏度为 $S_v = \frac{1}{2} U_i$，比使用一个应变片提高了一倍，同时可以起到温度补偿的作用。

若将电桥四臂接入 4 个应变片，即 2 个受拉、2 个受压，将 2 个应变符号相同的接入相对臂上，则构成全桥差动电路，若满足 $\Delta R_1=\Delta R_2=\Delta R_3=\Delta R_4$，则输出电压为

$$U_o = U_i \frac{\Delta R}{R} \tag{10-17}$$

$$S_v = U_i \tag{10-18}$$

由此可知，差动桥路的输出电压 U_o 和电压灵敏度是用单片时的 4 倍，是半桥差动电路的 2 倍。

因为采用的是金属应变片，所以本设计采用全桥电路，能够有比较好的灵敏度，并且不存在非线性误差。

10.2.3 放大电路原理

主要放大电路采用如图 10-3 所示的仪用放大电路。

该放大电路具有很强的共模抑制比。它由两级放大器组成，第一级由集成运放 A1、A2 组成，由于采用同一型号的运放，所以可进一步降低漂移。电阻 R_1、R_2 和 R_3 组成同相输入式并联差分放大器，具有非常高的输入阻抗。第二级是由 A3 和 4 个电阻 R_4、R_5、R_6 和 R_7 组成的反相比例放大器，它将双端输入变成单端输出。阻值：$R_1=R_3$，$R_4=R_5$，$R_6=R_7$。

根据运算电路基本分析方法，可得到输出电压

$$U_o = -\frac{R_6}{R_4}(1+2\frac{R_1}{R_2})(U_{I1}-U_{I2}) \tag{10-19}$$

为了方便调节，再加一级比例放大器，同时将仪用放大电路输出的信号反相，如图 10-4 所示。R_w 为调零电阻。

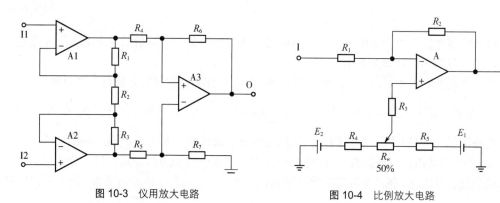

图 10-3 仪用放大电路　　　　　图 10-4 比例放大电路

10.2.4 综合电路设计

至此，基于金属电阻应变片的压力测量电路设计完成，如图 10-5 所示，图中 U_1、U_2、U_3、U_4 指的是同一电压 U（因考虑电路绘制的方便及电路元件的符号不能重复，所以分开标号），它用来模拟物体质量 m。由以上分析可知采用全桥电路能够有比较好的灵敏度，并且不存在非线性误差，所以以 4 个应变片中 2 个受拉、2 个受压，可组成全桥电路，应变片的受拉受压情况如图中标注。

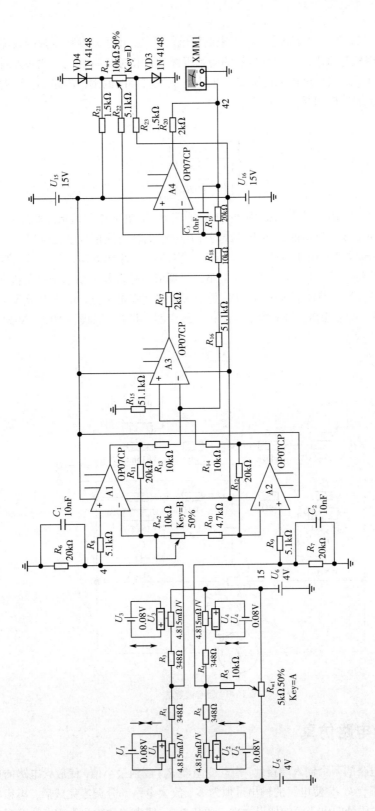

图 10-5 基于金属电阻应变片的单臂桥测量电路

在图 10-5 中，R_{w1} 为一调零电位器，用来调节电桥平衡。由于被测应变片的性能差异及引线的分布电容的容抗等原因，会影响电桥的初始平衡条件和输出特性，因此必须对电桥预调平衡，图中用了电阻并联法进行电桥调零。电阻 R_5 决定可调的范围，R_5 越小，可调的范围越大，但测量误差也大。R_5 可按下式确定：

$$R_5 = \left[\frac{R_2}{\left| \dfrac{\Delta r_1}{R_2} \right| + \left| \dfrac{\Delta r_2}{R_3} \right|} \right]_{\max} \tag{10-20}$$

式中，Δr_1 为 R_2 与 R_4 的偏差；Δr_2 为 R_1 与 R_3 的偏差。此处的电阻值指应变片的初始阻值。

此外，当采用交流电供电时，由于导线间存在分布电容，这相当于在应变片上并联了一个电容，为消除分布电容对输出的影响，可采用电容调零。图 10-6 所示为采用阻容调零法的电桥电路，该电桥接入了"T"形 RC 阻容电路，可调节电位器使电桥达到平衡状态。

图 10-5 中，R_{w2} 为增益调节电位器；R_{w4} 是放大电路调零电位器。电路中所选用的放大器是 OP07CP，它是一种低噪声、低偏置电压的运算放大器。此外，二极管 VD3、VD4 可对电路起到保护作用。

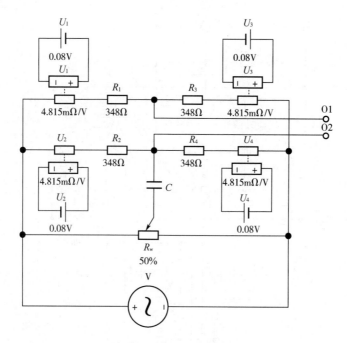

图 10-6　阻容调零法

10.2.5　综合电路仿真

将仪用放大电路的两个输入端接地，滑动变阻器 R_{w2} 调到最小值，使放大电路的放大倍数调到最大，然后调节 R_{w4}，使电路的输出近似为零。放大电路部分调零完成后，再和电桥电路相连，将模拟物体质量的电压源的值设为零，调节 R_{w1}，使电路的输出为零，从而完成电桥调零。电路参数调好以后，即可对电路进行仿真。

① 直流工作点分析　当将电路中模拟物体质量的电压源的值设为零，选择菜单栏"Simulate"/"Analyses"下的直流工作点分析，观察此时综合电路中输出端 42 和仪用放大电

路两输入端 4 和 5 的直流电压值，如图 10-7 所示。电路调零后，当重物的质量为 0 时，电路的输出节点 42 处的电压近似为零。

② 直流扫描分析　再来分析当质量逐渐增加时，输出电压与质量的关系。对于本设计也就是当模拟质量 m 的电压源的值 U 变化时，观察电路输出电压的变化情况。首先在电路中把 $U_1 \sim U_4$ 用一个直流源 U 代替，打开菜单栏 "Simulate" / "Analyses" 下的直流扫描分析，弹出 "直流扫描设置" 对话框，如图 10-8 所示，在图中选择要扫描的直流源 "VCC" 并设置扫描起始值和扫描间隔，输出节点选择 "42"。参数设置好后，单击 "仿真" 按钮，可得图 10-9 所示的直流传输特性，即质量变化时输出电压的变化曲线。由图可知，输出电压的线性度较好。

图 10-7　综合电路直流工作点分析结果

图 10-8　"直流扫描设置" 对话框

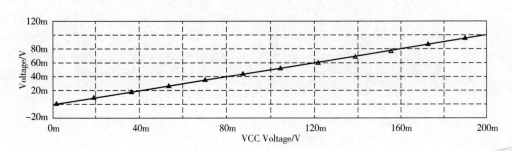

图 10-9　质量变化时输出电压的变化曲线

③ 交流扫描分析 将仪用放大电路的输入端改接交流源，电路的输出节点仍然选择节点42，观察电路的交流特性，如图 10-10 所示，可以看到放大电路的通带放大倍数约为 100 倍，在输入信号的频率大于约 10kHz 时，放大倍数有所下降。

④ 傅里叶分析 设放大电路的输入端接的信号源为 50Hz、100mV 的交流源，对放大电路进行傅里叶分析，傅里叶分析的设置如图 10-11 所示，输出节点仍然选择节点 42，仿真结果如图 10-12 所示，电路的总谐波失真 THD 很小，各次谐波的幅值都很小。

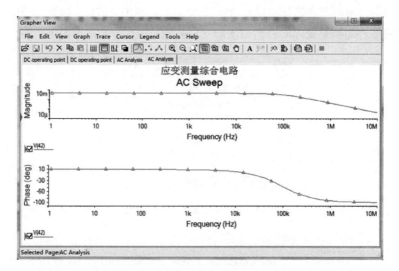

图 10-10 放大电路交流扫描分析结果

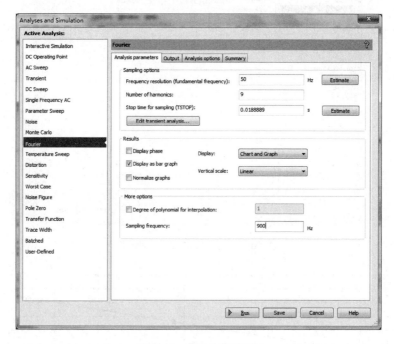

图 10-11 傅里叶分析设置

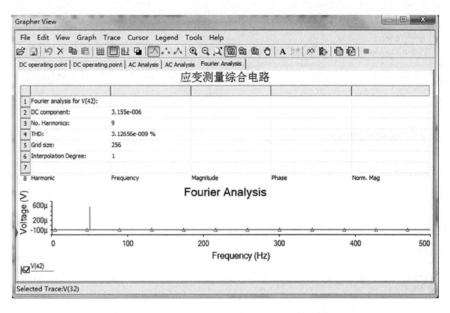

图 10-12　100mV 交流源的傅里叶仿真结果

当交流源的幅值改为 1V 以后，再对电路进行傅里叶分析，结果如图 10-13 所示。当交流源幅值增加后，各谐波的幅值明显增加，电路总谐波失真也明显增加。

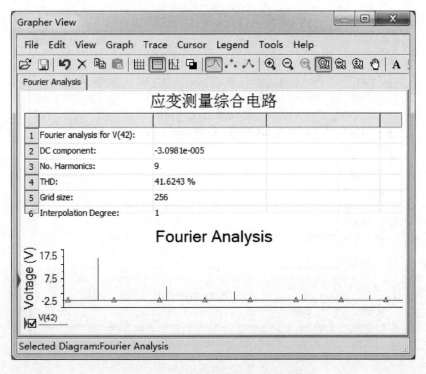

图 10-13　1V 交流源的傅里叶分析结果

⑤ 噪声分析　设放大电路的输入端接 100mV、50Hz 的交流源，对电路进行噪声分析，其设置如图 10-14 所示，输入噪声参考源为接入的交流源，参考节点为接地端，观察输入和输出的噪声谱密度曲线，如图 10-15 所示。

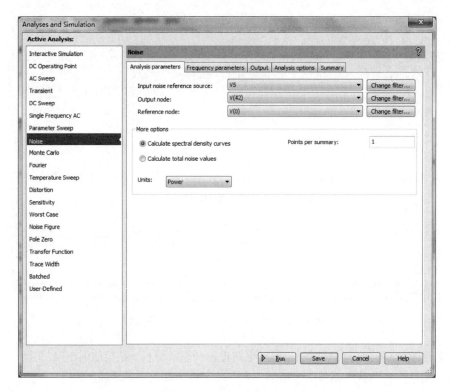

图 10-14　噪声分析设置

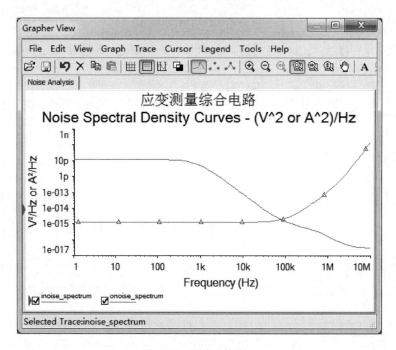

图 10-15　噪声分析结果

⑥ 参数扫描分析　对电路进行参数扫描，分析电阻 R_{10} 的变化对放大电路放大倍数的影响。参数扫描的设置如图 10-16 所示。输出变量选择输出节点电压与放大电路两输出节点电压之差的比值，即为该放大电路的放大倍数，仿真结果如图 10-17 所示，可见差分运算放大器中间电阻的阻值越大，放大倍数越小。

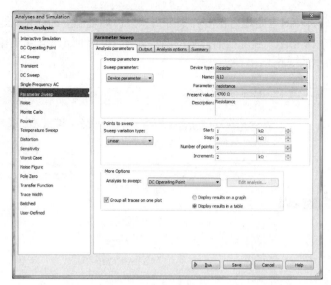

（a）分析参数设置

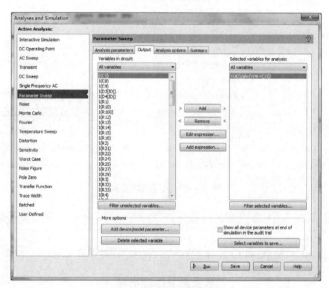

（b）输出变量设置

图 10-16　参数扫描设置

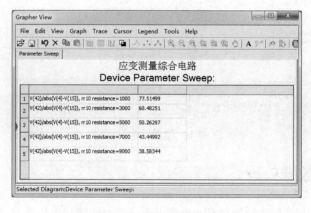

图 10-17　参数扫描仿真结果

⑦ 温度扫描分析　对电路进行温度扫描分析，分析环境温度的变化对电路的影响。温度扫描的设置如图 10-18 所示，温度扫描分析的结果如图 10-19 所示，可见当温度变化时，电路的输出电压也有微小的变化。

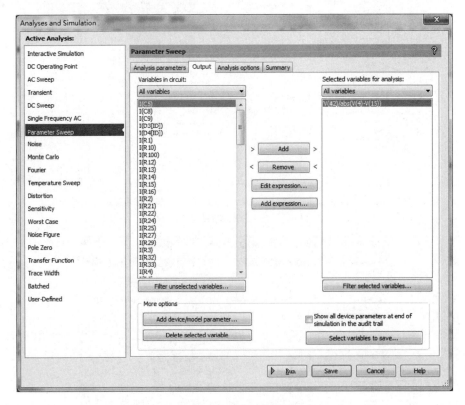

图 10-18　温度扫描设置

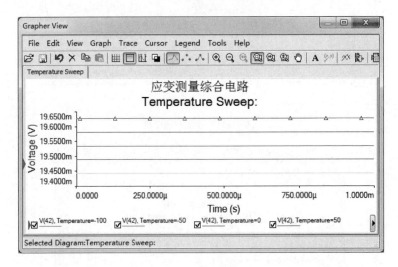

图 10-19　温度扫描分析结果

10.2.6　实验数据处理

表 10-1 为由仿真实验而得的数据，包括电阻变化量和输出电压值。

表 10-1　实验结果

$m\,/\,\mathrm{kg}$	$\Delta R = 0.004185m$	$U_{\mathrm{o}}\,/\,\mathrm{V}$
0.02	0.0000837	10.913×10^{-3}
0.04	0.0001674	110.825×10^{-3}
0.06	0.0002511	210.738×10^{-3}
0.08	0.0003348	310.651×10^{-3}
0.10	0.0004185	410.564×10^{-3}
0.12	0.0005022	510.577×10^{-3}
0.14	0.0005859	610.39×10^{-3}
0.16	0.0006696	710.303×10^{-3}
0.18	0.0007533	810.216×10^{-3}
0.20	0.000837	910.129×10^{-3}

使用最小二乘法对以上数据进行拟合，设拟合直线方程式为

$$y = Kx + b \tag{10-21}$$

式中，y 表示输出电压 U_{o}；x 表示电阻变化 ΔR。

实际校准测试点有 11 个，第 i 个校准数据 y_i 与拟合直线上相应值之间的残差为

$$\Delta i = y_i - (Kx_i + b) \tag{10-22}$$

最小二乘法拟合直线原理是使 $\sum_{i=1}^{n}\Delta i^2$ 为最小值，也就是使 $\sum_{i=1}^{n}\Delta i^2$ 对 K 和 b 的一阶偏导数等于零，即

$$\frac{\partial}{\partial K}\sum\Delta i^2 = 2\sum(y_i - Kx_i - b)(-x_i) = 0 \tag{10-23}$$

$$\frac{\partial}{\partial b}\sum\Delta i^2 = 2\sum(y_i - Kx_i - b)(-1) = 0 \tag{10-24}$$

从而得到

$$K = \frac{n\sum x_i y_i - \sum x_i \sum y_i}{n\sum x_i^2 - \left(\sum x_i\right)^2} \tag{10-25}$$

$$b = \frac{\sum x_i^2 \sum y_i - \sum x_i \sum x_i y_i}{n\sum x_i^2 - \left(\sum x_i\right)^2} \tag{10-26}$$

代入数据，近似求得

$$K = 118.4, \quad b = 0$$

即 $y = 118.4x$。换为电压 U_{o} 和电阻变化 ΔR 的关系为

$$U_{\mathrm{o}} = 118.4\Delta R \tag{10-27}$$

再根据电阻变化与压力的关系

$$\frac{\Delta R}{R} = \frac{k_0}{ES}mg \tag{10-28}$$

便可以得出电阻变化与压力关系，即

$$\Delta R = \frac{k_0 R}{ES} mg \tag{10-29}$$

把式（10-29）代入式（10-27）中可得输出电压变化与压力之间的关系为

$$U_o = \frac{k_0 RK}{ES} mg \tag{10-30}$$

将 $E=16300$，$S=100$，$R=348$，$k_0=2$，$K=118.4$ 等常数代入，得到

$$\Delta R = \frac{68208}{16300000} m \tag{10-31}$$

$$U_o = \frac{118.4 \times 68208}{16300000} m = \frac{8075827.2}{16300000} m \tag{10-32}$$

10.3 LabVIEW 虚拟仪器设计

根据设计的要求，在显示模块中需要显示电子电路的输出电压 U_o，应变片受压后电阻变化的绝对值 ΔR（受拉为 $+\Delta R$，受压为 $-\Delta R$）和最终度量的量——重物的质量 m。此外，在显示模块中，又加入一些参数的显示，如灵敏系数 k_0、弹性模量 E、应变片截面积 S 和电阻值 R_0。

由上面的分析可知

$$\Delta R = \frac{U_o}{118.4} \tag{10-33}$$

$$m = \frac{ES}{R_0 k_0 g} \Delta R \tag{10-34}$$

根据以上两个式子，可建立一个子 VI，具体步骤如下：

① 从开始菜单中运行"National Instruments LabVIEW 2015"，在启动窗口左边的"Files"控件里，选择"New VI"或使用快捷键 Ctrl+N 建立一个新程序。

② 框图程序的绘制。

如图 10-20 所示，U_o 是 Multisim 中所设计的电路图的输出电压。添加方法为在前面板中单击鼠标右键打开控制模板，如图 10-21 所示，选树形结构下的数字控制元件，修改名称为 U_o，它在框图面板下以图标形式显示。从节省空间方面考虑，在图标上单击鼠标右键，取消选择"View As Icon"，则显示形式如图 10-20 所示。以下框图都采用非图标显示形式。

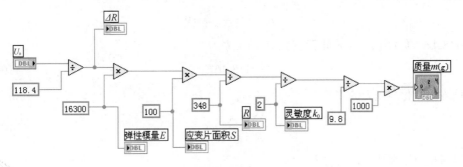

图 10-20 子 VI 设计

常量 9.8 是重力加速度 g（单位 m/s²），程序中除以 9.8 后输出为质量，单位是 kg，再乘以 1000 后，输出单位为 g。

其他各常量如图 10-20 所示，在各常量上单击鼠标右键选择创建指示器，并相应改变名称，如弹性模量 E、应变片面积 S 等。运算函数可在功能面板中选择，如乘除运算等，如图 10-21 所示。放置好元件后，根据功能完成连线，在前面板中可将最后输出端接图 10-22 中所示的 Meter 指示器，作为质量的显示仪表。以上各模块均为橘黄色，表示数据类型为双精度类型。

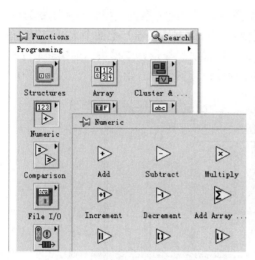

图 10-21　运算函数

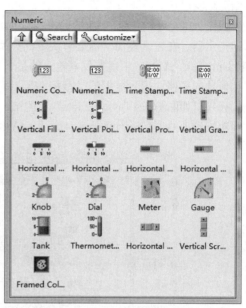

图 10-22　控制模板 Numeric 子模板

③ 定义图标与连接器：双击右上角图标进行编辑。用鼠标右键单击前面板窗口中的连接器窗格，在 Pattern 中选择六输入六输出的模式并建立前面板上的控件和连接器窗口的端子关联，左边窗格与 U_o 关联，右边窗格与质量 m、灵敏度 k_0、弹性模量 E、R、ΔR、应变片面积 S 相关联。完成上述工作后，将设计好的子 VI 保存。

下次调用该 VI 时，图标与端口如图 10-23 所示。

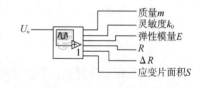

图 10-23　子 VI 图标与端口

10.4　将 LabVIEW 虚拟仪器导入到 Multisim

10.4.1　虚拟仪器的设计

关于虚拟仪器的研究及 LabVIEW 仪器向 Multisim 的导入的原理请参照第 9 章的内容。本设计中虚拟仪器的设计与导入分以下几个步骤。

① 把 Multisim 安装目录下"Samples"/"LabVIEW Instruments"/"Templates"/"Input"文件夹复制到另外一个地方。

② 在 LabVIEW 中将步骤①中所复制的"StarterInputInstrument .lvproj"工程重新命名为
"proj1. lvproj"。

③ 打开"proj1. lvproj"工程后，将"StarterInputInstrument.vit"重新命名为"proj1.vit"，
将"Starter InputInstrument_multisimInformation.vi"重新命名为"proj1_multisimInformation.vi"。

④ 双击打开"proj1.vit"，在程序框图面板上完成对框图的设计。在数据处理部分，选择
CASE 结构下拉菜单中的"Update DATA"选项进行修改，在结构框中右键单击选择"Select a
VI"，把在 LabVIEW 完成的子 VI 添加在"Update DATA"选项中，此时只是添加，不可修改
框图面板的原状。

由图 10-24 可知，在子 VI 的输出端有 6 个输出端口，在每个端口处用鼠标右键单击选择
创建指示器。在输入端口，需要解决数据类型的匹配问题。由于系统原始的接口的设置，从
Multisim 向 LabVIEW 中虚拟仪器输入的是一个多维数组（它的数据类型是不能改变的），为
了和设计的子模块输入数据的类型相匹配，需要加一些数据转换器，把两个数据端口正确地
连接起来，如图 10-24 所示，"data"后的第一个程序模块是波形建立模块，选择提取 Y 值。
实现数据类型的匹配还有另外两种方法，这将在后续设计实例中介绍。

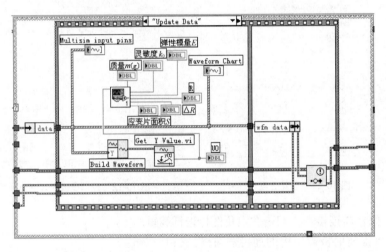

图 10-24　显示仪板的程序框图

程序框图设计好后，要进行前面板的设计，除了要实现功能外，还要兼顾美观。设计好的
前面板如图 10-25 所示。完成修改后单击"保存"。

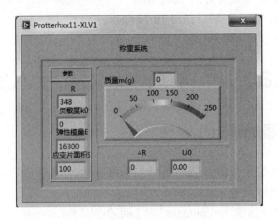

图 10-25　前面板设计

⑤ 打开"proj1_multisimInformation.vi",注意前半部分的名字和接口程序部分的命名必须一致。

在程序框图面板中将仪器 ID 和显示名称填入唯一的标志,如分别设为"Plotterhxx11""Protterhxx11"。同时把输入端口数设为"1",因为只有一个电压输入;把输出端口设为"0",此模块不需要输出,修改后的程序框图面板如图 10-26 所示。设置完后单击"保存"。

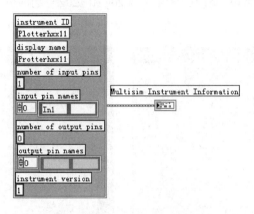

图 10-26　虚拟仪器的设置

⑥ 展开"Build Specifications",用鼠标右键单击"Source Distribution",选择属性设置,在保存目录和支持目录中,都将编译完成后要生成的库文件重命名,如"proj1(.lib)"。同时在原文件设置中选择"Set destination for all contained items",如图 10-27 所示。属性设置完成单击"Build",在弹出的菜单中选择"Done"即可。

⑦ 仪器创建完成后,在 Input 文件夹下生成一个 Build 文件夹,打开后把里面的文件复制到"National Instruments"/"Circuit Design Suite 14.0"/"lvinstruments"文件夹中,这样就完成了虚拟仪器的导入,当再打开 Multisim 时,在 LabVIEW 仪器下拉菜单下就会显示所设计的模块(Plotterhxx11)。

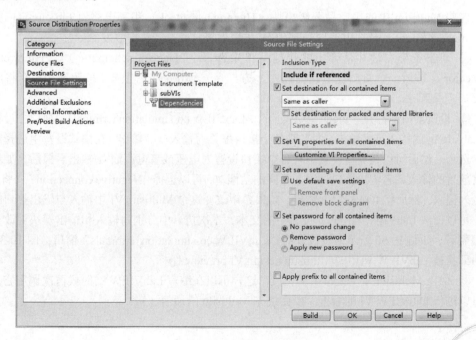

图 10-27　编译属性设置

10.4.2　测试仪器功能

打开 Multisim，把设计好的电路和显示模块连接，电路调零后，进行仿真，验证电路设计及显示模块的设计是否合理。图 10-28 所示为 20g 和 120g 重物的仿真，可以看出设计基本符合要求。

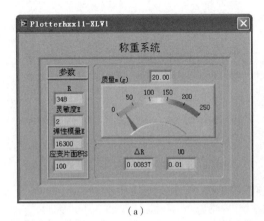
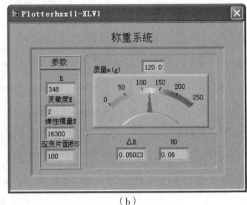

（a）　　　　　　　　　　　　　　　　　　（b）

图 10-28　设计结果

10.5　将 Multisim 导入 LabVIEW

10.5.1　在 Multisim 中添加 LabVIEW 交互接口

这些 Multisim 中的接口是分级模块（Hierarchical block）和子电路（Sub-circuit）接口（Hierarchical connector），用来与 LabVIEW 仿真引擎之间进行数据收发。

① 单击鼠标右键并从弹出的快捷菜单中选择"Place on schematic"/"Hierarchical connector"。放置一个接口在电路图的左上方，另一个放置在右上方。按照图 10-29 将电路与接口连接起来。

② 设置接口：打开"View"菜单下的"LabVIEW co-simulation terminals"窗口，设置针对 LabVIEW 的输入或者输出。为了将各个接口配置为输入或者输出，在模式设置中选择所需要的选项，然后可以在类型设置中将各个接口设置为电压或者电流输入/输出。最后，如果你想将放置的输入或者输出接口设置为不同的功能对，可以选择"Negative connection"。将 IO1 配置为输入，然后将 IO2 配置为输出。如果希望改变这个 Multisim VI 中输入与输出接口的名字，可以修改 LabVIEW terminal 设置中的文本，本次仿真中分别为输入和输出模块更改为质量和显示。如图 10-30 所示为设置好的"LabVIEW co-simulation terminals"窗口，图 10-31 所示为即将被 LabVIEW 调用的 Multisim design VI preview 图标。

③ 保存 Multisim 于一个常用的位置，这样可以在编写 LabVIEW 的时候再次调用它。现在可以进行 LabVIEW VI 的编程，以完成与 Multisim 的通信。

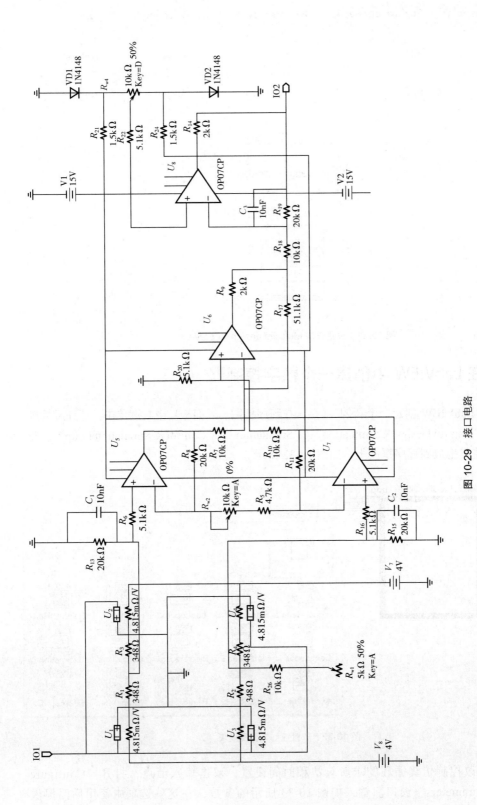

图 10-29 接口电路

LabVIEW terminal	Positive connection	Negative connection	Direction	Type
Input				
质量	IO1	0	Input	Voltage
Output				
显示	IO2	0	Output	Voltage
Unused				

图 10-30　设置接口

图 10-31　设置好的 Multisim design VI preview

10.5.2　在 LabVIEW 中创建一个数字控制器

① 打开 LabVIEW 创建一个新的 VI 后,在程序框图(后面板)中右键单击,打开函数选板,浏览到 "Control Design & Simulation" / "Simulation" / "Control & Simulation Loop"。左键单击,并将其拖放到程序框图上,如图 10-32 所示。

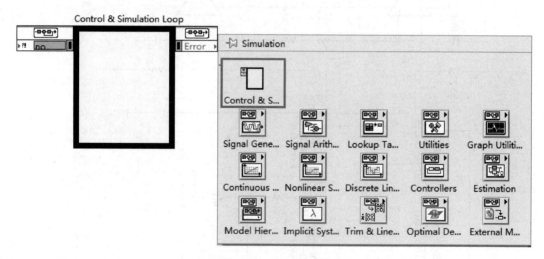

图 10-32　放置控制与仿真模块

② 要修改控制仿真循环的求解算法和时间设置,双击输入节点,打开 "Configure Simulation Parameters" 窗口。输入如图 10-33 所示的参数;在这些选项中使用后面提供的参数,可以有效地在 LabVIEW 的波形图表中显示数据。也可以根据自己的需求进行设置。

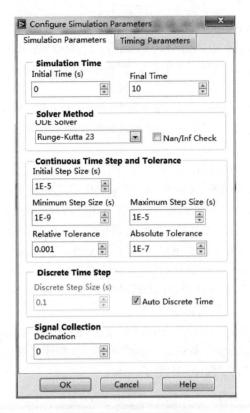

图 10-33　节点参数设置

③ 在 VI 中添加仿真挂起（Halt Simulation）函数来停止控制仿真循环。右键单击，打开函数选板，浏览到 "Control Design & Simulation" / "Simulation" / "Utilities" / "Halt Simulation"。左键单击，并将其拖放到程序框图上，然后在布尔输入上右键单击并选择 "Create" / "Control"。这样就可以在 VI 的前面板上创建一个布尔控件来控制程序的挂起，来停止仿真 VI 的运行，如图 10-34 所示。

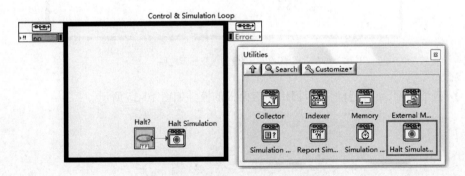

图 10-34　添加 Halt Simulation 函数

10.5.3　放置 Multisim Design VI

Multisim Design VI 用于管理 LabVIEW 和 Multisim 仿真引擎之间的通信。

① 右键单击，打开函数选板，浏览到 "Control Design & Simulation" / "Simulation" / "External Models" / "Multisim" / "Multisim Design"，左键单击，并将其拖放到控制与仿真

循环之中, 注意, 这个 VI 必须放置到控制仿真循环中。

将 Multisim Design VI 放置到程序框图上以后, 会弹出 "选择一个 Multisim 设计" (Select a Multisim Design) 对话框。在对话框中可以直接输出文件的路径, 或者浏览到文件所在的位置来进行指定。

Multisim Design VI 会生成接线端, 接线端的形式与 Multisim 环境中的 Multisim Design VI 预览一致, 具有相对应的输入与输出。如果接线端没有显示出来, 左键单击下双箭头, 展开接线端。

② 要向 Multisim 中的电路传送数据, 必须首先在前面板上创建一个数字控件。可以通过右键单击输入接线端, 然后选择 "Create" / "Control" 来方便地完成 "创建" 命令。这样就能够在程序框图中放置一个数字控件的接线端, 并且该接线端已经连接到了 Multisim VI 的输入上。程序框图中的控件在前面板上有一个对应的控件, 此时可以随意调整它的大小或者移动它, 使前面板更加美观, 或者可以右键单击该控件, 选择 "Replace" / "Silver" / "Numeric", 可以选择转盘、旋钮、滑动杆等需要的数字控件外观。

调用 LabVIEW 子 VI: 在 LabVIEW 的程序框图中, 右键单击选择 "Select a VI", 将前面设计好的子 VI 放在控件与仿真循环中。

③ 分别为 Multisim Design VI 和 LabVIEW 子 VI 创建显示控件。右键单击输出接线端, 然后选择 "Create" / "Indicator" 来完成 "创建" 命令。在控件上单击右键选择 "View as Icon", 可使控件显示为图标形式, 如图 10-35 所示。

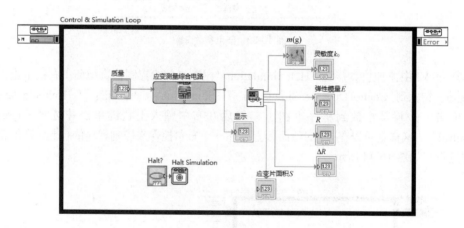

图 10-35　创建输入及显示控件

④ 整理前面板: 打开前面板窗口, 前面板的控件如图 10-36 所示。

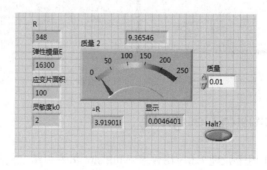

图 10-36　前面板图

⑤ 开始仿真：单击"仿真开始"按钮开始仿真。由图 10-37 所示结果可知设计基本符合要求。

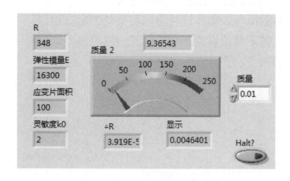

（a）$m=10g$

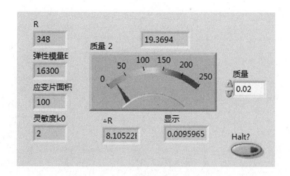

（b）$m=20g$

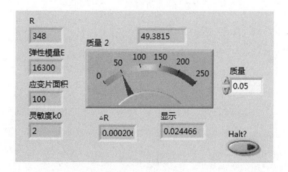

（c）$m=50g$

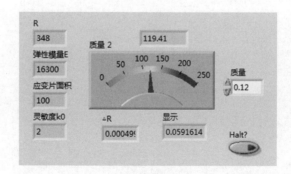

（d）$m=120g$

图 10-37　实验结果

习题与思考题

1. 单臂电桥存在非线性误差，试说明解决方法。
2. 根据应变传感器的原理说明本设计中应变模型的建立过程。
3. 试分析最终显示的质量值误差产生的原因。

参考文献

[1] 周凯. EWB虚拟电子实验室——Multisim 7 & Ultiboard 7电子电路设计与应用. 北京：电子工业出版社，2005.

[2] 童诗白，华成英. 模拟电子技术基础.第三版. 北京：高等教育出版社，2001.

[3] 黄正瑾. 电子设计竞赛赛题解析（一）. 南京：东南大学出版社，2003.

[4] 吕乔青，罗四维，王克路. 从设计到组装——20种实用电子装置详解. 北京：科学技术文献出版社，1994.

[5] 杨乐平，李海涛，等. LabVIEW高级程序设计. 北京：清华大学出版社，2003.

[6] 杨乐平，李海涛，等. LabVIEW程序设计与应用. 北京：电子工业出版社，2001.

[7] 王雪文，张志勇. 传感器原理及应用. 北京：北京航空航天大学出版社，2004.

[8] 何希才. 传感器及其应用电路. 北京：电子工业出版社，2001.

[9] 黄智伟，李传琦，邹其洪.基于NI Multisim的电子电路计算机仿真设计与分析.北京：电子工业出版社，2011.

[10] 王连英. 基于Multisim 11的电子线路仿真设计与实验.北京：高等教育出版社，2013.